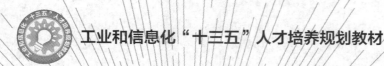

工业和信息化"十三五"人才培养规划教材

黑马程序员 ◉ 编著

附微课
视频

有问题，就找问答精灵！

Python

程序设计现代方法

人民邮电出版社

北 京

图书在版编目（ＣＩＰ）数据

Python程序设计现代方法 / 黑马程序员编著. -- 北京 : 人民邮电出版社，2019.9（2023.8重印）
工业和信息化"十三五"人才培养规划教材
ISBN 978-7-115-51089-1

Ⅰ. ①P… Ⅱ. ①黑… Ⅲ. ①软件工具－程序设计－高等学校－教材 Ⅳ. ①TP311.561

中国版本图书馆CIP数据核字(2019)第087640号

内 容 提 要

Python 作为编程语言的一种，具有高效率、可移植、可扩展、可嵌入、易于维护等优点；同时 Python 语法简洁，代码高度规范，是初学者步入程序开发与设计之路的不二之选。

本书在 Windows 环境下介绍 Python 3.x 的基础语法，讲解程序开发流程，并结合项目介绍 Python 常用模块与通用的程序设计方法。本书分为 10 章，其中第 1、2 章简单介绍计算机与程序的概念，讲解 Python 的基础语法；第 3～6 章对 Python 语法进行详细讲解，并设置了小型实例；第 7 章结合项目介绍程序设计方法，同时讲解 Pygame 模块，巩固 Python 语法知识；第 8 章对 Python 文件和数据格式化等知识进行讲解，为大型项目的开发做好铺垫；第 9、10 章作为拓展学习，对 Python 的主要应用——数据分析与可视化、网络爬虫进行介绍。

本书附有配套视频、源代码、习题、教学课件等资源，为帮助初学者更好地学习本书中的内容，我们还提供了在线答疑，希望得到更多读者的关注。

本书既可作为高等院校本、专科计算机相关专业及其他工科专业的 Python 教材，也可作为自学者使用的辅助教材，是一本适用于程序开发初学者的入门级教材。

◆ 编　著　黑马程序员
　　责任编辑　范博涛
　　责任印制　马振武

◆ 人民邮电出版社出版发行　　北京市丰台区成寿寺路 11 号
　　邮编　100164　　电子邮件　315@ptpress.com.cn
　　网址　http://www.ptpress.com.cn
　　北京天宇星印刷厂印刷

◆ 开本：787×1092　1/16
　　印张：16.25　　　　　　　　　2019 年 9 月第 1 版
　　字数：402 千字　　　　　　　 2023 年 8 月北京第 10 次印刷

定价：49.80 元

读者服务热线：(010)81055256　印装质量热线：(010)81055316
反盗版热线：(010)81055315
广告经营许可证：京东市监广登字 20170147 号

序言   FOREWORD

本书的创作公司——江苏传智播客教育科技股份有限公司（简称"传智教育"）作为第一个实现 A 股 IPO 上市的教育企业，是一家培养高精尖数字化专业人才的公司，公司主要培养人工智能、大数据、智能制造、软件开发、区块链、数据分析、网络营销、新媒体等领域的人才。公司成立以来贯彻国家科技发展战略，始终以前沿技术为讲授内容，已向我国高科技企业输送数十万名技术人员，为企业数字化转型、升级提供了强有力的人才支撑。

公司的教师团队由一批来自互联网企业或研究机构，且拥有 10 年以上开发经验的 IT 从业人员组成，他们负责研究、开发教学模式和课程内容。公司具有完善的课程研发体系，一直走在整个行业的前列，在行业内树立起了口碑。公司在教育领域有 2 个子品牌：黑马程序员和院校邦。

一、黑马程序员——高端 IT 教育品牌

"黑马程序员"的学员多为大学毕业后想从事 IT 行业，但各方面条件还不成熟的年轻人。"黑马程序员"的学员筛选制度非常严格，包括了严格的技术测试、自学能力测试，还包括性格测试、压力测试、品德测试等。百里挑一的筛选制度确保了学员质量，从而降低了企业的用人风险。

自"黑马程序员"成立以来，教学研发团队一直致力于打造精品课程资源，不断在产、学、研 3 个层面创新自己的执教理念与教学方针，并集中"黑马程序员"的优势力量，有针对性地出版了计算机系列教材百余种，制作教学视频数百套，发表各类技术文章数千篇。

二、院校邦——院校服务品牌

院校邦以"协万千名校育人、助天下英才圆梦"为核心理念，立足于中国职业教育改革，为高校提供健全的校企合作解决方案，其中包括原创教材、高校教辅平台、师资培训、院校公开课、实习实训、协同育人、专业共建、传智杯大赛等，形成了系统的高校合作模式。院校邦旨在帮助高校深化教学改革，实现高校人才培养与企业发展的合作共赢。

（一）为大学生提供的配套服务

1. 请同学们登录"高校学习平台"，免费获取海量学习资源。该平台可以帮助同学们解决各类学习问题。

高校学习平台

2. 针对学习过程中存在的压力等问题，院校邦面向学生量身打造了 IT 学习小助手——邦小苑，可提供教材配套学习资源。同学们快来关注"邦小苑"微信公众号。

"邦小苑"微信公众号

（二）为教师提供的配套服务

1. 院校邦为所有教材精心设计了"教案+授课资源+考试系统+题库+教学辅助案例"的系列教学资源。教师可登录"高校教辅平台"免费使用。

高校教辅平台

2. 针对教学过程中存在的授课压力等问题，教师可扫描下方二维码，添加"码大牛"老师微信，或添加码大牛老师 QQ（2770814393），获取最新的教学辅助资源。

码大牛老师微信号

三、意见与反馈

为了让教师和同学们有更好的教材使用体验，您如有任何关于教材的意见或建议，请扫码下方二维码进行反馈，感谢您对我们工作的支持。

调查问卷

前言
Preface

本书在编写的过程中，结合党的二十大精神进教材、进课堂、进头脑的要求，将知识教育与思想政治教育相结合，通过案例加深学生对知识的认识与理解，让学生在学习新兴技术的同时了解国家在科技方面的发展的伟大成果，提升学生的民族自豪感，引导学生树立正确的世界观、人生观和价值观，进一步提升学生的职业素养，落实德才兼备的高素质卓越工程师和高技能人才的培养要求。此外。编者依据书中的内容提供了线上学习资源，体现现代信息技术与教育教学的深度融合，进一步推动教育数字化发展。

随着计算机的普及与智能设备的发展，人们对操作系统、应用程序、游戏等各种软件的需求量越来越大，各种软件都离不开程序开发，因此社会对各种程序的开发人员，如 Python、C、C++、Java、PHP 等开发人员的需求量也不断提升。2016 年，AlphaGo 击败人类职业围棋选手，引起了人工智能和 Python 语言的热潮；2018 年 3 月，Python 成为我国计算机等级考试二级考试新增科目，再次提升了 Python 语言的重要性。

◆ 为什么选择本书

Python 语言语法简单，但语言只是工具，程序开发与设计并非只是对语言的学习，编程思维与程序设计思想才是重中之重。掌握基础语法和理论只是第一步，若想拥有编程能力，必须动手实践；若要编写优秀的代码，更应该结合程序设计思维。

本书在讲解时采用理论与实践相结合的方式，我们为每章配备了实践案例，先对相关知识进行讲解，再以实践案例对相关知识进行巩固。本书语言通俗易懂，相关案例精练实用，旨在帮助读者学习理论知识的同时，提高学习兴趣，强化动手能力。

◆ 如何使用本书

本书在 Windows 平台基础上对 Python 3.x 的语法及程序设计的相关知识进行讲解，全书分为 10 章，各章内容分别如下。

第 1 章首先介绍了程序的载体——计算机的相关知识，包括计算机的诞生、发展和工作原理，其次介绍了计算机语言及执行方式，然后简单介绍了 Python 语言，包括该语言的发展史、2.x 版本和 3.x 版本之间的区别、语言的特点及应用领域，之后介绍了在 Windows 系统中配置 Python 开发环境、运行 Python 程序的方式，最后简单介绍了程序的基本编写方法。通过对本章内容的学习，希望读者能对计算机有所了解，理解人类通过程序使用计算机的过程，成功搭建 Python 开发环境，掌握运行 Python 程序的方式，并了解程序开发与编写方法。

第 2 章结合实例首先介绍 Python 程序的要素，包括 Python 程序的代码风格、变量、输入 / 输出语句、结构控制语句及函数式编程思想，其次介绍了模块化编程思想、模块的导入和使用方法，最后介绍了 Python 中的绘图模块——turtle。通过对本章内容的学习，希望读者能够熟悉程序设计的流程，了解 Python 程序要素，掌握模块化编程思想，并能利用 turtle 模块绘制简单图形。

第 3 章主要介绍 Python 的数据类型的相关内容，包括数字类型和字符串，其次介绍了数学模块 math。通过对本章内容的学习，希望读者能够熟练地使用基本数据类型，为后续的开发打好基础。

第 4 章主要讲解程序表示方法、分支结构、循环结构及异常处理。通过对本章内容的学习，希望读者可对程序表示方法有所了解，并能熟练运用不同的结构控制程序流程，运用异常处理结构处理异常。

第 5 章主要介绍与函数相关的知识，包括函数的概念、定义、调用过程、参数传递、作用域及特殊形式的函数——匿名函数和递归函数。本章也对代码抽象与模块化设计的思想进行了简单介绍。通过对本章内容的学习，希望读者能熟悉函数的相关知识，并能掌握定义函数和使用函数的方法。

第 6 章主要介绍 Python 的组合数据类型，包括列表、元组、集合和字典。通过对本章内容的学习，希望读者能够熟悉组合数据类型的分类及特点，并能在程序中熟练运用组合数据类型表示和存储数据。

第 7 章结合项目——数字推盘，介绍了 MVC 设计模式、自顶向下的设计方法、自底向上的实现方法及 Python 游戏模块 pygame 的基础用法。通过本章的学习，希望读者能够掌握 pygame 模块的用法，了解 MVC 设计模式，并能熟练使用自顶向下方法设计程序。

第 8 章主要讲解文件和数据格式化相关的知识，包括计算机中文件的定义、文件的基本操作、文件迭代、文件操作模块 os 及数据维度和数据格式化等。通过对本章内容的学习，希望读者能够了解计算机中文件的意义，熟练读取、更改文件，熟悉文件操作模块，并了解常见的数据组织形式。

第 9 章介绍数据分析的概念、科学计算工具 numpy、数据可视化工具 matplotlib 的模块 pyplot、数据分析工具 pandas，并结合实例演示数据分析工具的用法。通过对本章内容的学习，读者能够掌握数据分析工具的用法，具备使用数据分析工具分析数据的能力。

第 10 章讲解网络爬虫相关的知识，包括网络爬虫的概念、原理、实现过程、实现网络爬虫功能的第三方模块 requests 和 Beautiful Soup 4，并结合实例演示如何开发简单的爬虫项目。通过对本章内容的学习，希望读者能够了解爬虫的基本原理，具备开发简单爬虫项目的能力。

读者在学习的过程中，务必要勤于练习，确保真正掌握所学知识。读者若在学习的过程中遇到无法解决的困难，不要纠结，继续往后学习，或可豁然开朗。

◆ 致谢

本书的编写和整理工作由传智播客教育科技股份有限公司完成，主要参与人员有高美云、王晓娟等，全体人员在近一年的编写过程中付出了很多，在此一并表示衷心的感谢。

◆ 意见反馈

尽管我们做了最大努力，但书中难免会有不妥之处，欢迎各界专家和读者朋友们来信给予宝贵意见，我们将不胜感激。您在阅读本书时，如发现任何问题，可以通过电子邮件与我们联系。

请发送电子邮件至 itcast_book@vip.sina.com。

黑马程序员
2023 年 5 月于北京

目录
Content

Python 程序设计现代方法

第 1 章

Python 概述

拓展阅读

学习目标

★ 了解计算机语言的分类，熟悉高级语言的翻译执行过程

★ 了解 Python 版本的区别以及 Python 语言的特点和应用领域

★ 熟练搭建 Python 开发环境

★ 掌握 Python 程序的运行方式

★ 了解程序开发流程及编写方法

计算机是 20 世纪最伟大的发明之一，自诞生至今，计算机的相关技术和行业得到了蓬勃发展。目前，计算机已经成为陪伴人类生活、工作、学习的重要伙伴，我们编撰文档、网上交友，听音乐、打游戏、绘图等都离不开计算机。计算机的正常工作离不开程序，程序是一系列计算机指令，不同的程序可为人们提供不同的服务。程序的编写离不开编程语言。接下来，本章将从计算机的诞生与发展入手，带领大家逐步认识计算机、计算机程序以及 Python 语言。

1.1　计算机与计算机语言

1.1.1　计算机的诞生与发展

虽然代表通用电子计算机产生的 ENIAC 诞生于 1946 年，但 "计算机" 这一天才想法在 10 年之前已被提出。1936 年，年仅 24 岁的英国数学家、逻辑学家图灵（Alan Turing）向伦敦权威的数学杂志投送了一篇题为《论数字计算在决断难题中的应用》的论文，并在该论文的附录中描述了一种可以辅助数学研究的机器。图灵设想该机器可以模拟人类用纸笔进行数学运算的过程，他将这个过程视为下列两项简单操作。

（1）在纸上写上或擦除某个符号。

（2）将注意力从纸的一个位置移动到另一个位置。

人在运算的每个阶段又会根据以下两点来决定下一步的动作。

（1）人当前所关注的纸上某个位置的符号。

（2）人当前思维的状态。

为了模拟人力运算过程，图灵将构想出的机器分为以下几个组成部分。

（1）一条无限长的纸带。这条纸带被划分为连续的小格子，每个格子包含一个来自有限字母表的符号，格子从左至右依次被编号为 0，1，2…，纸带的右端无限伸展。

（2）一个读写头。读写头可以在纸带上左右移动、读取当前所指格子上的符号，并能改变格子中的符号。

（3）一个状态寄存器。用来存储机器当前所处的状态。图灵机的状态是有限的，且有一个称为 "停机状态" 的特殊状态。

（4）一套控制规则。可根据机器当前的状态以及读写头当前所指格子中存储的符

号来确定读写头下一步的动作，并改变寄存器的值，使机器进入一个新的状态。

人们将图灵描述的机器模型称为"图灵机"（Turing Machine）。图灵认为图灵机可以模拟人类所能进行的任何计算过程。图灵机的结构模型如图 1-1 所示。

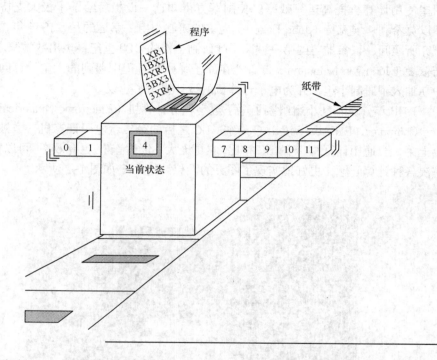

图 1-1
图灵机模型

一台图灵机可以计算一个事先设定的问题，任意一台图灵机的描述都是有限的，因此可以某种方式将其编码为字符串。假设以 <M> 表示图灵机 M 的编码，现有一台图灵机 U，它可以接收任意一台图灵机 M 的编码 <M>，模拟 M 的运作，那么图灵机 U 就被称为通用图灵机（Universal Turing Machine）。通用图灵机可以解决各种各样的问题。

虽然图灵只是提出了图灵机的设想，并未将其加以实现，但这一设想解决了纯数学基础理论问题，并证明了研制通用数字计算机的可行性，为后来通用计算机的出现奠定了理论基础。图灵创造性地指出了人类科学发展的新方向，他也因这一贡献而被称为"计算机科学之父"。

1939 年，美国的阿坦那索夫（John Atanasoff）和其助手贝瑞（Clifford E. Berry）设计并组装了世界上第一台电子数字计算设备 ABC（Atanasoff–Berry Computer），这台设备不可编程，仅设计用于求解线性方程组，并在 1942 年成功进行了测试。

ABC 是世界上第一台电子计算机，它初步实现了图灵机的设想，但受战争影响，阿坦那索夫未能完整实现设计之初的全部理念，尽管如此，这台机器仍为现代计算机的产生奠定了基础。

第二次世界大战期间，各国迫切希望研发新型大炮和导弹，美国陆军军械部也为此设立了"弹道研究实验室"，并要求该实验室每天为陆军炮弹部队提供 6 张射击表以便对导弹的研制技术进行鉴定。但每张射击表的产生都需要进行大量且复杂的运算，即便实验室雇用 200 多名计算员加班加点工作也需两个多月才能完成一张。这显

笔 记

然根本无法满足研发需求。

1942 年，宾夕法尼亚大学莫尔电机工程学院的莫希利（John Mauchly）提出了试制一台电子计算机的设想（莫希利对电子计算机的设想实际上源于阿坦那索夫），他期望使用计算机提高运算效率。美国军方得知这一设想后给予了极大支持，并成立了以莫希利、埃克特（John Eckert）为首的研制小组。幸运的是，1944 年，时任弹道研究所顾问、正参加美国第一颗原子弹研制工作的、20 世纪最杰出数学家之一的冯·诺依曼（John von Neumann）带着他在原子弹研制过程中遇到的大量计算问题于研制中期加入了研制小组，并为电子计算机的设计提出了建议。

1946 年，莫希利小组组装了电子数字积分计算机（Electronic Numerical Integrator And Computer，ENIAC）。ENIAC 是继 ABC 之后的第二台电子计算机，也被认为是世界上第一台通用计算机，与 ABC 相比，它更庞大，也更完善、更有效率，可以重新编程、解决各种计算问题，更好地实现了图灵的设想。ENIAC 如图 1-2 所示。

图 1-2
ENIAC

ENIAC 存在两个问题：一是没有存储器，二是程序用布线接板进行控制，每次更换程序需要重新搭接布线接板，这一过程甚至要耗费几天，大大降低了计算效率。

1945 年，冯·诺依曼和他的研制小组经过讨论，发表了一个全新的电子计算机方案——电子离散变量自动计算机（Electronic Discrete Variable Automatic Computer，EDVAC）。1950 年，EDVAC 在宾夕法尼亚诞生。

在 EDVAC 设计方案中，冯·诺依曼提出以下要点。

（1）将程序本身视为数据，以存储数据的方式，将程序预先存放到存储器中。

（2）计算机的数制采用二进制，计算机应该按照程序顺序执行。

冯·诺依曼的这些理论被称为冯·诺依曼体系结构，后来人们设计的计算机基本都沿用此体系结构。冯·诺依曼因此项贡献被称为"计算机之父"，成为计算机与计算机科学发展史中与图灵并驾齐驱的奠基人。

早期产生的计算机并未将程序存放到存储器中，所有计算机程序的编制都在计算机外部实现，直到冯·诺依曼带队建造了计算机 EDVAC，计算机的体系结构才发生改变。自 1950 年 EDVAC 产生之后，世界各地设计的计算机基本都遵循冯·诺依曼体系结构。冯·诺依曼型计算机的发展大致分为五代。

1. 第一代计算机

第一代计算机（1950—1959 年）体积庞大，通常被锁在房子中，只有操作者与计算机专家才能进入；使用真空电子管作为电子开关，造价昂贵，一般为大型企业拥有。此时的计算机操作难度较大，操作者需了解计算机的电子结构细节才能进行编程。

2. 第二代计算机

第二代计算机（1959—1965 年）采用晶体管代替了真空电子管，此举减小了计算机的体积，也节省了开支，使计算机成为中小型企业有能力负担的设备。此阶段出现了比较高级的程序设计语言，编程人员无须了解计算机的电子结构细节，只需掌握语言便可编写程序，编程任务和计算机的运算任务自此被分离开来。

3. 第三代计算机

第三代计算机（1965—1975 年）采用集成电路代替了晶体管，计算机的体积和成本再度降低，小企业可以负担的小型计算机开始出现。另外市面亦有程序出售，计算机用户可直接购买程序，而不必自己编写程序，软件行业就此诞生。

4. 第四代计算机

第四代计算机（1975—1985 年）使用单块电路板搭载整个计算机子系统，计算机的体积再度缩小。由于与第一代计算机相比，第四代计算机的体积已经非常微小，此时的计算机也被称为微型计算机。此阶段诞生了第一个桌面计算机——Altair 8800，Altair 8800 如图 1-3 所示。

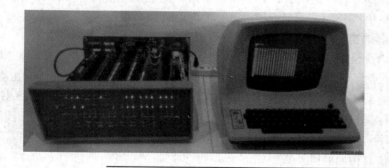

图 1-3
Altair 8800

5. 第五代计算机

1985 年至今产生的计算机被称为第五代计算机。第五代计算机包括台式机、笔记本电脑、平板电脑等设备。与之前的计算机相比，第五代计算机在容量、体积以及性能等方面都有了很大的提升。

虽然计算机已历经 60 余年的发展，计算机的体积、性能、价格都有了很大的改变，但改变的主要是硬件或软件，计算机模型并未发生改变，依然沿用冯·诺依曼模型。可以说，冯·诺依曼是当之无愧的计算机之父。

> **多学一招：冯·诺依曼模型**

基于冯·诺依曼型体系结构设计的计算机必须具有如下功能。

（1）将需要的程序和数据发送至计算机中。

（2）可长期记忆程序、数据、中间结果以及最终运算结果。

（3）具有完成各种算术、逻辑运算和数据传送等数据加工处理的能力。

笔 记

笔记

（4）能够根据需要控制程序走向，并能根据指令控制机器的各部件协调运作。

（5）能够按照要求将处理结果输出给用户。

以上列出的这些功能与冯·诺依曼体系结构对计算机模型的设计有关。此模型将计算机分为存储器、控制器、运算器、输入设备和输出设备 5 个部分。这 5 个部分之间的关系如图 1-4 所示。

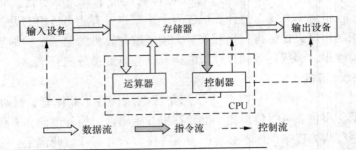

图 1-4
冯·诺依曼模型

1.1.2 计算机语言概述

计算机擅长接受指令，但不能识别人类的语言，人类为保证计算机可以准确地执行指定的命令，需要使用计算机语言向计算机发送指令。计算机语言是用于编写计算机指令，即编写程序的语言，其本质是根据事先定义的规则编写的预定语句的集合。

计算机语言分为 3 类：机器语言、汇编语言和高级语言。

1. 机器语言

机器语言是由 0、1 组成的二进制代码表示的指令。这类语言可以被 CPU 直接识别，具有灵活、高效等特点。但机器语言有个不可忽视的缺点：可移植性差。各公司生产的不同系列、不同型号的计算机使用的机器语言是不同的，编程人员使用机器语言为一台计算机编写程序之前必须先熟记此台计算机的全部指令代码和代码的含义，写出的程序只能在同一款机器中使用，且不直观、容易出错，错误又难以定位。一段表示两个整数相加的机器指令如下所示：

```
0001 1111 1110 1111
0010 0100 0000 1111
0001 1111 1110 1111
0010 0100 0001 1111
0001 0000 0100 0000
0001 0001 0100 0001
0011 0010 0000 0001
0010 0100 0010 0010
0001 1111 0100 0010
0010 1111 1111 1111
0000 0000 0000 0000
```

机器语言是第一代编程语言，早期的计算机语言只有机器语言，但如今已罕有人学习和使用。

2. 汇编语言

汇编语言用带符号或助记符的指令和地址代替二进制代码，因此汇编语言也被称

为符号语言。使用汇编语言编写实现两个整数相加的程序，具体代码与说明如表 1–1
所示。

笔 记

表 1–1　汇编代码示例与说明

代　　码			说　　明
LOAD	RF	Keyboard	从键盘获取数据，存到寄存器 F 中
STORE	Numberl	RF	把寄存器 F 中的数据存入 Number1
LOAD	RF	Keyboard	从键盘获取数据，存到寄存器 F 中
STORE	Number2	RF	把寄存器 F 中的数据存入 Number2
LOAD	R0	Number1	把 Number1 中的内容存入寄存器 0
LORD	R1	Number2	把 Number2 中的内容存入寄存器 1
ADD1	R2	R0　　　　R1	寄存器 0 和寄存器 1 中内容相加，结果存入寄存器 2
STORE	Result	R2	把寄存器 2 中的内容存入 Result
LOAD	RF	Result	把 Result 中的值存入寄存器 F
STORE	Monitor	RF	把寄存器 F 中的值输出到显示器
HALT			停止

　　表 1–1 所示的每一条汇编指令对应前面所示的机器语言编写的一行代码。与机
器语言相比，汇编语言的可读性有所提高，但汇编语言是一种面向机器的低级语言，
是一种为特定计算机或同系列计算机专门设计的语言。换言之，为一种设备编写的汇
编指令只能用于和此台设备同系列、具有同型号 CPU 的设备中，可移植性仍然很差，
对编程人员的要求仍然较高。但也正因为汇编语言与机器的相关性，它可以较好地发
挥机器的特性。此外，汇编语言保持了机器语言的优点，它也可以直接访问和控制计
算机硬件，占用内存少，且执行速度快。

　　汇编语言是第二代编程语言，在某些行业和领域中，汇编语言是必不可少的语
言；对底层程序设计人员而言，汇编语言是必须了解的语言。需要注意的是，汇编语
言无法被计算机识别，在执行之前需要先使用被称为"汇编程序"的特殊程序将汇编
语言代码翻译成机器语言代码。

3. 高级语言

　　由于与硬件相关性较高，且符号与助记符量大又难以记忆，编程人员在开发程序
之前需要花费相当多精力去了解、熟悉设备的硬件，以及目标设备的助记符。为了从
硬件中脱身，专注程序功能的研发，提高程序开发效率，一些编程人员开始研究高级
语言。高级语言与设备硬件结构无关，它更接近自然语言，对数据的运算和程序结构
表述得更加清晰、直观，人们阅读、理解和学习编程语言的难度也大大降低。

　　高级语言并非一种语言，而是诸多编程语言的统称。常见的高级语言有 Python、C、
C++、Java、JavaScript、PHP、Basic、C# 等。例如 Python 语言中，实现两个整数相加
的代码具体如下：

```
num1 = int(input("加数："))      # 从键盘获取内容后转换为整型，存入 num1
num2 = int(input("被加数："))    # 从键盘获取内容后转换为整型，存入 num2
result = num1 + num2            # 计算 num1+num2，并将结果存入 result
print(result)                  # 将结果 result 打印到屏幕
```

　　比较以上 Python 代码与汇编代码，显然 Python 代码更加简洁直观。此外高级语

言的可移植性较好，程序开发人员在某一系列设备中使用高级语言编写的程序，可以方便地移植到其他不同系列的设备中使用。

1.1.3 翻译执行

高级语言被广泛应用于众多领域，但使用高级语言编写的程序无法被计算机识别与执行。在执行之前需要先将高级语言代码翻译成机器语言代码。根据不同的翻译方式，执行分为编译执行和解释执行两种。

1. 编译执行

编译执行是指通过编译程序（也称为编译器）将源代码（source code）一次性编译成目标程序（object code），再由计算机运行目标程序的过程，其中源代码指由高级语言编写的代码。编译执行过程如图 1-5 所示。

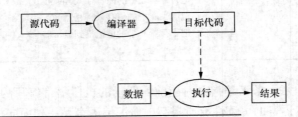

图 1-5
编译执行

图 1-5 中的 "执行" 指计算机运行程序的一次过程，其中编译器内部的执行过程大致可分为以下 5 个阶段。

（1）词法分析。词法分析程序逐个读取源代码中的字符产生助记符表，例如逐个读取的 5 个字符 w、h、i、l、e 会被作为助记符 while 放入助记符表，x、a 等无法串成字符串的字符也会被视为由单个字符构成的助记符放入助记符表。词法分析完成后，源程序由单个字符组成的字符串转换成由助记符串联而成的符号串。

（2）语法分析。语法分析程序以词法分析程序生成的单词符号串作为输入，分析单词符号串是否能够形成指令。例如 num、=、5 这 3 个助记符经语法分析后构成赋值语句 "num=5"。

（3）语义检查和中间代码生成。语义分析程序对语法分析程序生成的语句进行检查，确保语句不存在二义性，之后生成中间代码。中间代码也称为中间语言，是源程序在计算机内部的一种表现形式，其作用是帮助编译程序优化代码、产生目标代码。常用的中间语言有逆波兰记号、四元式、三元式和树。

（4）代码优化。代码优化是指对程序进行多种等价变换，在不改变程序运行结果的前提下提升代码运行效率、降低代码所占空间。经优化后的代码更易于生成有效的目标代码。

（5）目标代码生成。目标代码生成程序将经语法分析或优化后的中间代码转换成目标代码并存储在计算机中。大多数编译程序直接生成由机器语言编写的目标代码，但也有编译程序先生成汇编语言代码，再调用汇编程序将汇编语言代码翻译成机器语言编写的目标代码。

简而言之，编译即编译器读取源代码至生成目标程序的过程。

编译执行方式的特点是：一次解释，多次执行。源程序经编译后不再需要编译器

笔 记

和源代码，目标程序可以在同类型操作系统中自由使用。编译过程只执行一次。相比编译速度，更重要的是编译后生成的目标代码的执行效率。因此编译器一般会集成尽可能多的优化技术，以提高目标代码的性能。

2. 解释执行

解释执行（interpreter）与编译执行主要的区别是翻译时的解释程序不产生目标代码，且解释器在翻译源代码的同时执行中间代码。解释执行过程如图 1-6 所示。

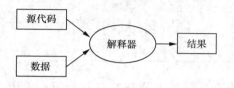

图 1-6
解释图示

解释器在读入源程序时会先调用语言分析程序进行词法分析和部分语法检查，建立助记符表，将源程序字符串转换为中间代码；再调用解释执行程序进行语法检查，并逐条解释执行中间代码。简而言之，解释器逐条读取源程序中的语句并翻译，同时逐条执行翻译好的代码。

解释执行的特点是：边解释，边执行。解释器中通常不会集成过多优化技术，以免解释过程过多耗费时间，影响程序的执行速度。与编译执行相比，解释执行主要具有以下优点。

（1）保留源代码，程序维护和纠错比较方便。

（2）可移植性好，只要存在解释器，源代码可以在任意系统上运行。

> **多学一招：高级语言的分类**
>
> 根据不同的翻译执行方式，高级语言被分为静态语言和脚本语言两类。静态语言采用编译执行方式，常见的静态语言有 C、Java 等；脚本语言采用解释执行方式，常见的脚本语言有 JavaScript、PHP 等。

1.2　Python 语言概述

Python 是一种脚本语言，Python 程序采用解释方式执行；Python 的解释器中保留了编译器的部分功能，程序执行后会生成一个完整的目标代码。因此，Python 被称为高级通用脚本编程语言。Python 易学、易用、可读性良好、性能优异、适用领域广泛，即便与其他优秀的高级语言，如 C 语言、Java 等相比，Python 的表现仍然可圈可点。本节将对 Python 发展史、特点和应用领域等知识进行讲解。

1.2.1　Python 语言发展史

Python 语言诞生于 20 世纪 90 年代，其创始人为吉多（Guido van Rossum）。吉多曾参与设计一种名为 ABC 的教学语言，他本人认为 ABC 这种语言非常优美且强大，但 ABC 最终未能成功。1989 年，身在阿姆斯特丹的吉多为了打发假期时间，决心开发一个新的脚本解释程序作为 ABC 语言的一种继承。由于非常喜欢一部名为

笔记

《蒙提·派森的飞行马戏团》（Monty Python's Flying Circus）的英国肥皂剧，吉多选择了 "Python" 作为这个新语言的名字，Python 语言就此诞生。Python 的图标如图 1-7 所示。

图 1-7
Python 的图标

1991 年，Python 的第一个版本公开发行。此版本使用 C 语言实现，能调用 C 语言的库文件。Python 语法很多来自 C 语言，但又受到 ABC 语言的强烈影响。自诞生开始，Python 已经具有了类（class）、函数（function）、异常处理（exception）、包括列表（list）和字典（dict）在内的核心数据类型，以及以模块为基础的拓展系统。

最初的 Python 完全由吉多本人开发，由吉多的同事使用 Python 并反馈意见，之后同事们纷纷参与到了 Python 的改进中。尽管高级语言都隐藏了底层细节，以便程序开发人员可以专注于程序逻辑，但 Python 语言更好地践行了这一理念，因此吸引了更多程序员使用和研发 Python 语言。

在 Python 首个版本发行之时，计算机的性能已经有了质的提升，计算机对软件性能的要求放宽，硬件厂商甚至渴望高需求软件的产生，以促进硬件的更新。Python 未受制于硬件性能，又容易学习与使用，因此许多人开始使用 Python。此外 Internet 悄然渗入人们的生活，开源开发模式也开始流行，因此维护了一个邮件列表（maillist）以支持 Python 用户通过邮件进行交流。

因为大家对 Python 有不同的需求，Python 足够开放又容易拓展，所以 Python 的许多用户都加入了拓展或改造 Python 的行列中，并通过 Internet 将改动发给吉多。吉多可以决定是否将接收到的改动加入 Python 或标准库中。在这个过程中，Python 吸收了来自不同领域的开发者引入的诸多优点，Python 社区不断扩大，进而拥有了自己的 newsgroup、网站（python.org）以及基金。

2000 年 10 月，Python 2.0 发布，Python 从基于 maillist 的开发方式转为完全开源的开发方式，Python 社区已然成熟，Python 的发展速度再度提高。2010 年，Python 2.x 系列发布了最后一个版本，其主版本号为 2.7，同时，Python 的维护者们声称不再在 2.x 系列中继续对主版本号升级，Python 2.x 系列慢慢退出历史舞台。2018 年 3 月，吉多在 maillist 上宣布 Python 2.7 将于 2020 年 1 月 1 日终止支持。

2008 年 12 月，Python 3.0 版本发布，并被作为 Python 语言持续维护的主要系列。3.0 版本在语法和解释器内部都做了很多重大改进，解释器内部采用完全面向对象的方式实现。3.0 与 2.x 系列不兼容，使用 Python 2.x 系列版本编写的库函数都必须经过修改才能被 Python 3.0 系列解释器运行，Python 从 2.x 到 3.0 的过渡过程显然是艰难的。

2012 年 Python 3.3 版本发布，2014 年 Python 3.4 版本发布，2015 年 Python 3.5

版本发布，2016 年 Python 3.6 版本发布，2018 年 6 月 27 日 Python 3.7.0 发布。目前 Python 的最新版本为 2018 年 12 月 24 日发布的 3.7.2，主要的 Python 标准库更新只针对 3.x 系列。

　　对于初学 Python 的读者而言，Python 3.x 无疑是明智的选择。

1.2.2　Python 语言的特点

　　Python 语言作为一种比较"新"的编程语言，能在众多编程语言中脱颖而出，且与 C 语言、C++、Java 等"元老级"编程语言并驾齐驱，无疑说明其具有诸多高级语言的优点，亦独具一格，拥有自己的特点。下面我们将简单说明 Python 语言的优点。

　　（1）简洁。在实现相同功能时，Python 代码的行数往往只有 C、C++、Java 代码数量的 1/5 ~ 1/3。

　　（2）语法优美。Python 语言是高级语言，它的代码接近人类语言，只要掌握由英语单词表示的助记符，就能大致读懂 Python 代码；此外 Python 通过强制缩进体现语句间的逻辑关系，任何人编写的 Python 代码都规范且具有统一风格，这增加了 Python 代码的可读性。

　　（3）简单易学。与其他编程语言相比，Python 是一门简单易学的编程语言，它使编程人员更注重解决问题，而非语言本身的语法和结构。Python 语法大多源自 C 语言，但它摒弃了 C 语言中复杂的指针，同时秉持"使用最优方案解决问题"的原则，使语法得到了简化，降低了学习难度。

　　（4）开源。Python 自身具有足够多引人注目的优点，这些优点吸引了大量的人使用和研究 Python；Python 是 FLOSS（自由 / 开放源码软件）之一，用户可以自由地下载、复制、阅读、修改代码，并能自由发布修改后的代码，这使相当一部分用户热衷于改进与优化 Python。

　　（5）可移植。Python 作为一种解释型语言，可以在任何安装有 Python 解释器的平台中执行，因此 Python 具有良好的可移植性，使用 Python 语言编写的程序可以不加修改地在任何平台中运行。

　　（6）扩展性良好。Python 从高层上可引入 .py 文件，包括 Python 标准库文件，或程序员自行编写的 .py 形式的文件；在底层可通过接口和库函数调用由其他高级语言（如 C 语言、C++、Java 等）编写的代码。

　　（7）类库丰富。Python 解释器拥有丰富的内置类和函数库，世界各地的程序员通过开源社区又贡献了十几万个几乎覆盖各个应用领域的第三方函数库，使开发人员能够借助函数库实现某些复杂的功能。

　　（8）通用灵活。Python 是一门通用编程语言，可被用于科学计算、数据处理、游戏开发、人工智能、机器学习等各个领域。Python 语言又介于脚本语言和系统语言之间，开发人员可根据需要，将 Python 作为脚本语言来编写脚本，或作为系统语言来编写服务。

　　（9）模式多样。Python 解释器内部采用面向对象模式实现，但在语法层面，它既支持面向对象编程，又支持面向过程编程，可由用户灵活选择。

　　（10）良好的中文支持。Python 3.x 解释器采用 UTF-8 编码表达所有字符信息，该编码不仅支持英文，还支持中文、韩文、法文等各类语言，使得 Python 程序对字

笔 记

符的处理更加灵活与简洁。

　　Python 因自身的诸多优点得到广泛应用，但 Python 的缺点也不可忽视。Python 主要具有以下缺点。

　　（1）执行效率不够高，Python 程序的效率只有 C 语言程序的 1/10。

　　（2）Python 3.x 和 Python 2.x 不兼容。

　　总而言之，Python 瑕不掩瑜，对编程语言初学者而言，它简单易学，是接触编程领域的良好选择；对程序开发人员而言，它通用灵活、简洁高效，是一门强大又全能的优秀语言。

1.2.3　Python 的应用领域

　　Python 具有简单易学、类库丰富、通用灵活、扩展性良好等优点，常被应用在以下领域。

　　（1）Web 开发。Python 是 Web 开发的主流语言，与 JS、PHP 等广泛使用的语言相比，Python 的类库丰富、使用方便，能够为一个需求提供多种方案；此外 Python 支持最新的 XML 技术，具有强大的数据处理能力，因此 Python 在 Web 开发中占有一席之地。Python 为 Web 开发领域提供的框架有 Django、Flask、Tornado、web2py 等。

　　（2）科学计算。Python 提供了支持多维数组运算与矩阵运算的模块 numpy、支持高级科学计算的模块 Scipy、支持 2D 绘图功能的模块 matplotlib，又具有简单易学的特点，因此被科学家用于编写科学计算程序。

　　（3）游戏开发。很多游戏开发者先利用 Python 或 Lua 编写游戏的逻辑代码，再使用 C++ 编写图形显示等对性能要求较高的模块。Python 标准库提供了 pygame 模块，利用这个模块可以制作 2D 游戏。

　　（4）自动化运维。Python 又是一种脚本语言，Python 标准库又提供了一些能够调用系统功能的库，因此 Python 常被用于编写脚本程序，以控制系统，实现自动化运维。

　　（5）多媒体应用。Python 提供了 PIL、Piddle、ReportLab 等模块，利用这些模块可以处理图像、声音、视频、动画等，并动态生成统计分析图表；Python 的 PyOpenGL 模块封装了 OpenGL 应用程序编程接口，提供了二维和三维图像的处理功能。

　　（6）爬虫开发。爬虫程序通过自动化程序有针对性地爬取网络数据，提取可用资源。Python 拥有良好的网络支持，具备相对完善的数据分析与数据处理库，又兼具灵活简洁的特点，因此被广泛应用于爬虫领域之中。

1.2.4　Python 版本的区别

　　Python 3.x 不兼容 Python 2.x，但这两个系列在语法层面的差别不大。Python 3.x 移除了部分混淆的表达方式，但大体语法与 Python 2.x 相似，Python 3.x 的使用者可以轻松阅读 Python 2.x 编写的代码。本节将列举 Python 3.x 和 Python 2.x 的部分区别，以帮助读者了解它们之间的差异。

　　（1）编码方式。Python 3.x 默认采用 UTF-8 编码，对中文和英文都有良好的支持；Python 2.x 默认采用 ASCII 编码，对中文支持不够良好，为了防止因程序包含中文而报错，一般在 Python 2.x 文件首行将编码格式设置为 UTF-8，设置方式如下：

```
# -*- coding:utf-8 -*-
```

笔 记

　　除需在程序首行添加以上代码外，Python 2.x 编写的程序中需要使用 decode( ) 方法和 encode( ) 方法对接收和输出的字符格式进行转换。
　　（2）print 语句。Python 3.x 中用 print( ) 函数取代了 python 2.x 中的 print 语句，两者功能相同，格式不同。具体示例如下：
　　Python 2.x

```
>>> print 3,4
3 4
```

　　Python 3.x

```
>>> print(3,4)
3 4
```

　　（3）除法运算。Python 3.x 中两个整数相除（使用运算符"/"）返回一个浮点数，不再返回整数；使用运算符"//"实现整除的用法一样。具体示例如下：
　　Python 2.x

```
>>> 1 / 2        # 整数相除
0
>>> 1.0 / 2.0   # 浮点数相除
0.5
```

　　Python 3.x

```
>>> 1/2
0.5
>>> 1//2
0
```

　　（4）八进制表示。Python 3.x 中只使用"0o"开头以表示八进制，删除了 Python 2.x 中使用"0"开头的表示方法。
　　（5）比较行为。Python 3.x 只使用"!="表示不等运算，删除了 Python 2.x 中的"<>"表示方法。Python 3.x 中的 <、<=、>、>= 运算符被用于比较两个不存在有意义顺序的元素时不再返回布尔值，而是抛出异常。具体示例如下：
　　Python 2.x

```
>>> 1 < 'a'
Flase
```

　　Python 3.x

```
>>> 1 < 'a'
Traceback (most recent call last):
  File "<stdin>", line 1, in <module>
TypeError: '<' not supported between instances of 'int' and 'str'
```

　　（6）整数类型。Python 3.x 中的整型不再区分整型和长整型，只保留 int 类型，且 int 类型的长度只与计算机的内存有关，内存足够大，整数就能足够长；同时 sys. maxint 常量也被删除。

笔 记

（7）关键字。Python 3.x 中增加了关键字 as、with、True、False、None。

（8）input( ) 函数。Python 3.x 中使用 input( ) 函数取代了 raw_input( ) 函数。

（9）range( ) 函数。Python 3.x 中使用 list( ) 函数对 range( ) 函数的返回值进行转换，以实现 2.x 中 range( ) 返回列表的功能。具体示例如下：

Python 2.x

```
>>> range(5)
[0, 1, 2, 3, 4]
```

Python 3.x

```
>>> range(5)
range(0, 5)
>>> list(range(5))
[0, 1, 2, 3, 4]
```

（10）异常。Python 3.x 中使用 as 关键字标识异常信息。具体示例如下：

Python 2.x

```
>>> try:
...     raise TypeError,"类型错误"
... except TypeError,err:
...     print err.message
类型错误
```

Python 3.x

```
>>> try:
...     raise TypeError("类型错误")
... except TypeError as err:
...     print(err)
...
类型错误
```

此外 Python 3.x 中取消了异常类的序列行为和 .message 属性。

本节只列举了 Python 版本的部分区别，更多内容可参见 Python 官网文档。

1.3　Python 环境配置

在 Python 官网可以下载 Python 解释器。官方 Python 解释器是一个跨平台的 Python 集成开发和学习环境，它支持 Windows、Mac OS 和 UNIX 操作系统，且在这些操作系统中的使用方式基本相同。本节将介绍如何安装和配置 Python 开发环境，以及如何运行 Python 程序。

1.3.1　安装 Python 解释器

下面以 Windows 操作系统为例，演示 Python 解释器的安装过程。具体步骤如下。

（1）访问 Python 官网的下载页面，如图 1-8 所示。

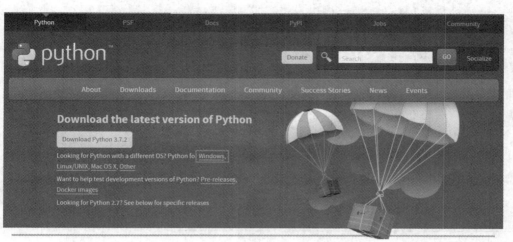

图 1-8
Python 下载页面

（2）单击选择图 1-8 所示的超链接"Windows"，进入 Windows 版本软件下载页面，根据操作系统版本选择相应软件包。本教材使用的是 Windows 7 64 位操作系统，此处选择 3.7.2 版本、.exe 形式的安装包，如图 1-9 所示。

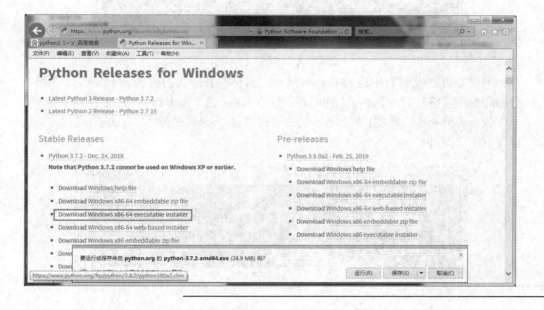

图 1-9
选择合适版本

（3）下载完成后，双击安装包会启动安装程序，如图 1-10 所示。

在图 1-10 所示窗口中可选择安装方式，选择"Install Now"将采用默认安装方式，选择"Customize installation"可自定义安装路径。需要注意窗口下方的"Add Python 3.7 to PATH"选项，若勾选此选项，安装完成后 Python 将被自动添加到环境变量中；若不勾选此选项，则在使用 Python 解释器之前需先手动将 Python 添加到环境变量。

（4）勾选"Add Python 3.7 to PATH"，选择"Install Now"开始自动安装 Python 解释器、配置环境变量。片刻后安装完成。

笔记

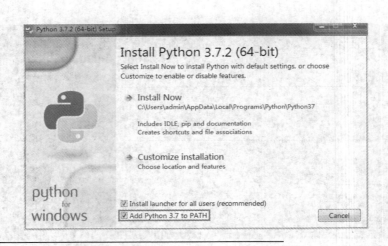

图 1-10
安装程序

（5）在"开始"菜单栏中搜索"python"，找到并单击打开 Python 3.7（64 bit），打开的窗口如图 1-11 所示。

图 1-11
Python 解释器

用户亦可在控制台中进入 Python 环境，具体操作为：打开控制台窗口，在控制台的命令提示符 ">" 后输入 "python"，按下 Enter 键（回车键）。如图 1-12 所示。

若要退出 Python 环境，在 Python 的命令提示符 ">>>" 后输入 "quit()" 或 "exit()"，再按下回车即可。

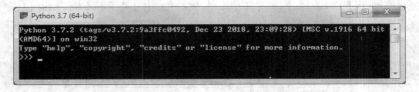

图 1-12
通过控制台进入
Python 环境

多学一招：环境变量

若 Python 解释器安装完成后，在控制台输入 "python"，提示 "python 不是内部或外部命令，也不是可运行的程序或批处理文件。"，说明系统未能找到 Python 解释器的安装路径，此时可以手动为 Python 配置环境变量，以解决此问题。

环境变量（enviroment variables）是操作系统中包含了一个或多个应用程序将会使用的信息的变量。在向 Windows 和 DOS 操作系统中搭建开发环境时常常需要配置环境变量 path，以便系统在运行一个程序时可以获取到程序所在的完整路径。若配置了环境变量，系统除了在当前目录下寻找指定程序，还会到 path 变量所指定的路径中查找程序。下面以 Python 为例，演示配置环境变量path 的方式。

（1）右击【计算机】，单击【属性】选项，打开"系统"窗口。选择该窗口左侧选项列表中的【高级系统设置】，打开"系统属性"窗口，如图 1-13 所示。

（2）单击图 1-13 所示的【环境变量】按钮，打开"环境变量"窗口，如图 1-14 所示。

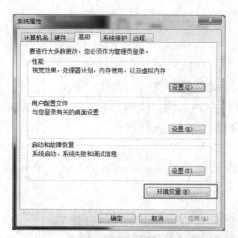 

<table>
<tr><td>图 1-13
"系统属性"窗口</td><td>图 1-14
"环境变量"窗口</td></tr>
</table>

（3）在图 1-14 所示窗口中的"系统变量"里找到环境变量"Path"并双击，以打开"编辑系统变量"对话框，如图 1-15 所示。

（4）在变量值中添加 Python 的安装路径（注意与前面的内容使用英文半角分号";"分隔）"C:\Users\admin\AppData\Local\Programs\Python\Python37"，如图 1-16 所示。

<table>
<tr><td>图 1-15
"编辑系统变量"窗口</td><td>图 1-16
添加 Python 安装路径</td></tr>
</table>

（5）添加完成后单击【确定】按钮，完成环境变量的配置。

若在 1.3.1 小节中安装 Python 解释器时未勾选 "Add Python 3.7 to PATH" 选项，可使用以上方式配置环境变量，以确保在系统的任何路径下都可正常启动 Python 解释器。

1.3.2 Python 程序的运行方式

Python 程序的运行方式有两种：交互式和文件式。交互式指 Python 解释器逐行接收 Python 代码并即时响应；文件式也称批量式，指先将 Python 代码保存在文件中，再启动 Python 解释器批量解释代码。

1. 交互式

Python 解释器或控制台都能以相同的操作通过交互方式运行 Python 程序。下面以控制台为例，进入 Python 环境后，在命令提示符 ">>>" 后输入如下代码：

```
print("hello world")
```

按下回车键，控制台将立刻打印运行结果。运行结果如下所示：

```
hello world
```

2. 文件式

创建文件，在其中写入 Python 代码，将该文件保存为 .py 形式的 Python 文件。此处以代码 "print（"hello world"）" 为例，在文件中写入此行代码，并以文件名 "hello.py" 保存文件。在该文件所在路径下按下组合键 "Shift+ 鼠标右键"，单击选择选项列表中的 "在此处打开命令窗口" 选项，以打开控制台窗口。

打开控制台窗口，在命令提示符 ">" 后输入命令 "python hello.py" 运行 Python 程序，具体如图 1–17 所示。

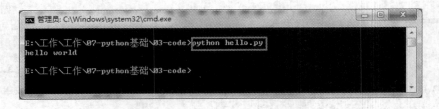

图 1–17
运行 hello.py 文件

图 1–17 所示的命令提示符前的路径 "E:\ 工作 \ 工作 \07–python 基础 \03–code" 是 hello.py 的存储路径。由图 1–17 可知，命令执行后成功输出了运行结果。

1.3.3   运行 Python 程序

为了帮助读者熟练掌握 Python 程序的运行方法，这里提供了几个简单的 Python 程序，读者只要使用 1.3.2 小节中介绍的两种方式运行程序，得到程序运行结果即可。

1. 计算圆的面积

根据圆的半径计算圆的面积。

（1）交互式运行

```
>>> r = 5                                       # 设置半径
>>> s = 3.14 * r * r
>>> print(s)
78.5
```

示例程序中以 "#" 开头的部分为代码的注释，可不输入。

（2）文件式运行

将以下代码存储在文件 01_calc_area.py 中：

```
r = 5                                           # 设置圆的半径
s = 3.14 * r * r                                # 计算圆的面积
print(s)                                        # 打印计算结果
```

在文件所在路径下打开终端，执行"python 01_calc_area.py"，查看程序运行结果。

2. 信息录入

根据提示录入个人信息，并根据输入将信息打印到终端。

（1）交互式运行

```
>>> name = input("请输入姓名：")
请输入姓名：李永忠
>>> spec = input("请输入专业：")
请输入专业：计算机
>>> cls = input("请输入班级：")
请输入班级：3
>>> print("%s 同学来自 %s 专业 %s 班。"%(name,spec,cls))
李永忠同学来自计算机专业 3 班。
```

（2）文件式运行

将以下代码存储在文件 02_info.py 中：

```
name = input("请输入姓名：")
spec = input("请输入专业：")
cls = input("请输入班级：")
print("%s 同学来自 %s 专业 %s 班。"%(name, spec, cls))
```

在文件所在路径下打开终端，执行"python 02_info.py"，根据提示输入信息并查看程序运行结果。

3. 兔子数列

兔子数列即斐波那契数列，该数列从第 3 项起，每个数的值为前两个数之和。编写程序，打印 1000 以内的兔子数列。

（1）交互式运行

```
>>> a = 0
>>> b = 1
>>> while b < 1000:
...     print(b, end=',')
...     a, b = b, a + b
...
1,1,2,3,5,8,13,21,34,55,89,144,233,377,610,987,
```

以上示例中的"…"为二级输入的提示符，换行之后自动显示。第 4、5 行"..."与代码之间为使用 Tab 键造成的缩进（亦可使用 4 个空格）。换行后再次按下回车键将退出二级输入。

（2）文件式运行

将以下代码存储在文件 03_fibo_seq.py 中：

```
a = 0
b = 1
while b < 1000:
    print(b, end = ',')
    a, b = b, a + b
```

从文件所在路径下打开终端，执行"python 03_fibo_seq.py"，查看程序运行结果。

笔记

4. 绘制五角星

导入 turtle 模块，绘制五角星。绘制的五角星如图 1-18 所示。

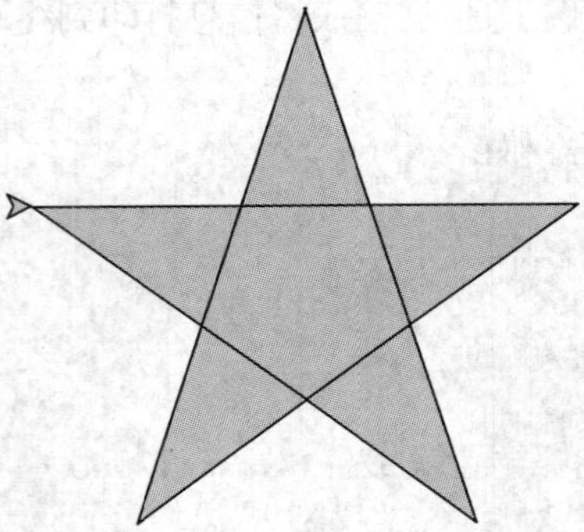

图 1-18
五角星

（1）交互式运行

```
>>> import turtle as t
>>> t.pencolor("red")
>>> t.fillcolor("yellow")
>>> t.begin_fill()
>>> while True:
...     t.forward(200)
...     t.right(144)
...     if abs(t.pos()) < 1:
...             break
...
>>> t.end_fill()
```

交互运行过程中，程序会打开 turtle 窗口并在该窗口中根据代码绘制图形。

（2）文件式运行

将以下代码存储在文件 04_pentagram.py 中：

```
import turtle as t              # 导入 turtle 模块
t.pencolor("red")              # 设置画笔颜色
t.fillcolor("yellow")          # 设置填充颜色
t.begin_fill()
while True:
    t.forward(200)             # 设置五角星的大小
    t.right(144)
    if abs(t.pos()) < 1:
        break
t.end_fill()
```

从文件所在路径下打开终端，执行"python 04_pentagram.py"，查看程序运行结果。

5. 随机排序

使用 random 模块对列表随机排序，并输出排序前后的列表。

（1）交互式运行

```
>>> import random
>>> ls = [1, 2, 3, 4, 5]
```

```
>>> print(ls)
[1, 2, 3, 4, 5]
>>> random.shuffle(ls)
>>> print(ls)
[3, 5, 4, 2, 1]
```

（2）文件式运行

将以下代码存储在文件 05_random_sort.py 中：

```
import random
ls = [1, 2, 3, 4, 5]
print(ls)
random.shuffle(ls)
print(ls)
```

从文件所在路径下打开终端，执行"python 05_random_sort.py"，查看程序运行结果。

1.4　集成开发环境

安装 Python 解释器、配置环境变量之后，方可开始 Python 程序的开发。但在实际学习与开发中，往往还会用到代码编辑器，或者集成的开发编辑器（IDE）。这些工具通常提供一系列插件，帮助开发者加快开发速度，提高效率。常用的 Python IDE 有 Sublime Text、Eclipse+PyDev、Vim、PyCharm 等。这几种 IDE 的特点分别如下。

（1）Sublime Text。Sublime Text 是在开发者群体中最流行的编辑器之一，它功能丰富、支持多种语言、有自己的包管理器，开发者可通过包管理器安装组件、插件和额外的样式，以提升编码体验。

（2）Eclipse+PyDev。Eclipse 是古老且流行的程序开发工具，支持多种编程语言；PyDev 是 Eclipse 中用于开发 Python 程序的 IDE。Eclipse+PyDev 通常被用于创建和开发交互式的 Web 应用。

（3）Vim。Vim 是 Linux 系统中自带的高级文本编辑器，也是 Linux 程序员广泛使用的编辑器，它具有代码补全、编译及错误跳转等功能，并支持以插件形式进行扩展，实现更丰富的功能。

（4）PyCharm。PyCharm 具备一般 IDE 的功能，如调试、语法高亮、Project 管理、代码跳转、智能提示、自动完成、单元测试、版本控制等。使用 PyCharm 可以实现程序编写、运行、测试的一体化。

读者可根据自己的喜好选择一款 IDE，本教材选择 PyCharm 作为集成开发环境。下面将介绍如何在 Windows 操作系统中安装和使用 PyCharm。

1.4.1　PyCharm 的下载和安装

访问 PyCharm 官方网址，进入 PyCharm 的下载页面，如图 1–19 所示。

图 1-19
PyCharm 下载页面

　　图 1-19 所示的 Professional 和 Community 是 PyCharm 的两个版本，这两个版本的特点如下。

1. Professional 版本的特点

（1）提供 Python IDE 的所有功能，支持 Web 开发。

（2）支持 Django、Flask、Google App 引擎、Pyramid 和 web2py。

（3）支持 JavaScript、CoffeeScript、TypeScript、CSS 和 Cython 等。

（4）支持远程开发、Python 分析器、数据库和 SQL 语句。

2. Community 版本的特点

（1）轻量级的 Python IDE，只支持 Python 开发。

（2）免费、开源、集成 Apache2 的许可证。

（3）智能编辑器、调试器、支持重构和错误检查，集成 VCS 版本控制。

　　单击相应版本下的【DOWNLOAD】按钮即可以开始下载 PyCharm 的安装包。这里选择下载 Community 版本。下载成功后，只需要运行下载的安装程序，按照安装向导提示一步一步操作即可。这里以 Windows 为例，讲解如何安装 PyCharm，具体步骤如下。

　　（1）双击下载好的 exe 安装文件（pycharm-community-2018.3.4.exe），打开 PyCharm 安装向导，如图 1-20 所示。

　　（2）单击图 1-20 所示的【Next >】按钮，进入 "Choose Install Location" 界面，用户可在此界面设置 PyCharm 的安装路径。此处使用默认路径，如图 1-21 所示。

　　（3）单击图 1-21 所示的【Next >】按钮，进入 "Installation Options" 的界面，在该界面可配置 PyCharm 的选项，如图 1-22 所示。

　　（4）本教材使用的是 64 位操作系统，在图 1-22 所示界面中勾选除 "32-bit launcher" 外的所有选项，单击【Next >】按钮，进入 "Choose Start Menu Folder" 界面，如图 1-23 所示。

图 1-20

进入安装 PyCharm 界面

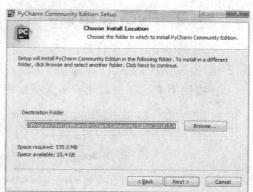

图 1-21

选择 PyCharm 安装的路径

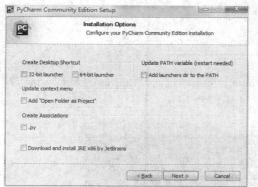

图 1-22

"Installation Options" 窗口

图 1-23

"Choose Start Menu Folder" 窗口

（5）单击图 1-23 中的【Install】按钮，开始下载 JRE，安装 PyCharm，如图 1-24 所示。

（6）片刻后 PyCharm 安装完成，如图 1-25 所示。单击【Finish】按钮结束安装。

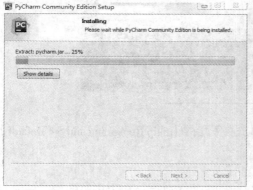

图 1-24

"Installing" 窗口

图 1-25

安装完成

1.4.2 PyCharm 的使用

完成 PyCharm 的安装后，双击桌面的 PC 图标打开 PyCharm；或勾选图 1–25 所示的选项 "Run Pycharm Community Edition"，在完成安装的同时打开 PyCharm。

首次使用 PyCharm 时用户需先接受相关协议，如图 1–26 所示。

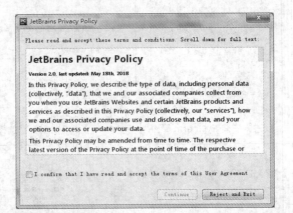

图 1–26
用户协议

勾选图 1–26 所示的选项，单击【Continue】按钮，进入 "Customize PyCharm" 界面，在此界面可选择 PyCharm 的 UI 主题，如图 1–27 所示。

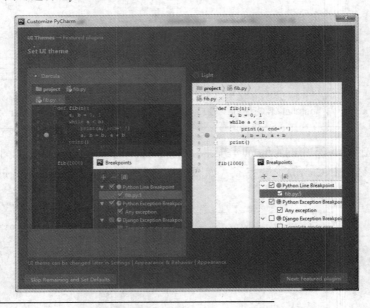

图 1–27
"Customize PyCharm" 窗口

此处选择 "Light" 主题，选择完毕后单击右下角的【Skip Remaining and Set Default】按钮跳过以保持默认设置并启动 PyCharm。

启动完成后将进入欢迎界面，如图 1–28 所示。

图 1–28 所示的欢迎界面中有 3 个选项，这 3 个选项的功能分别如下。

（1）Creat New Project：创建新项目。

（2）Open：打开已经存在的项目。

（3）Check out from Version Control：从版本控制中检出项目。

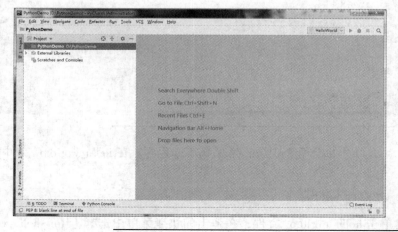

图 1-28
欢迎界面

下面创建一个新项目。单击【Create New Project】进入【Create Project】界面，如图 1-29 所示。

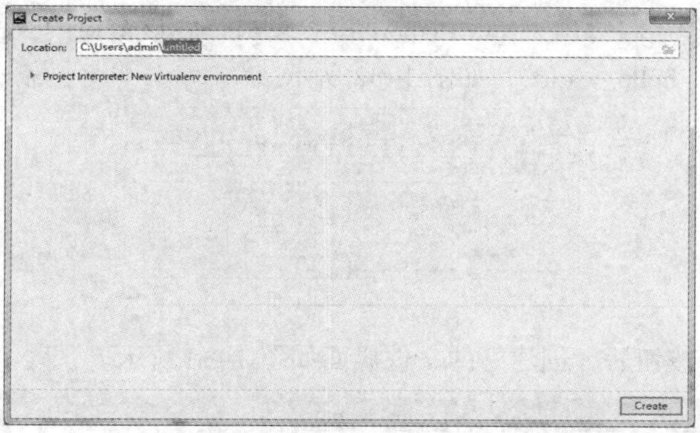

图 1-29
"Create Project"窗口

这里设置项目存储路径为 D:\PythonDemo，之后单击【Create】进入项目界面，如图 1-30 所示。

图 1-30
项目界面

笔 记

笔 记

此时创建的项目是空项目，之后还需要在项目中创建 Python 文件。选中项目名称，单击鼠标右键，在弹出的快捷菜单中选择【New】→【Python File】，如图 1–31 所示。

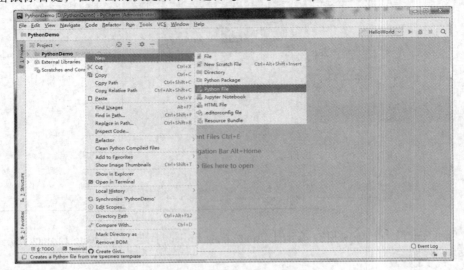

图 1–31
新建 Python 文件（1）

进行以上操作后将弹出 "New Python file" 窗口，在该窗口的 Name 文本框中设置 Python 文件名为 "hello_world"，如图 1–32 所示。

图 1–32
新建 Python 文件（2）

单击【OK】按钮后，创建好的文件界面如图 1–33 所示。

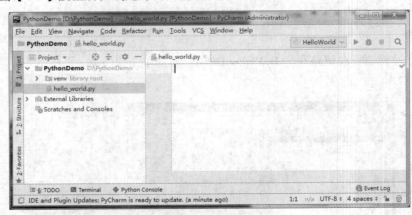

图 1–33
HelloWorld.py 文件

至此，方可开始使用 PyCharm 编写 Python 程序。在 hello_world.py 文件中输入下列代码：

```
print("Hello World!")
```

右键单击 hello_world.py 文件，在弹出的快捷菜单中选择【Run 'hello_world'】运行程序，如图 1-34 所示。

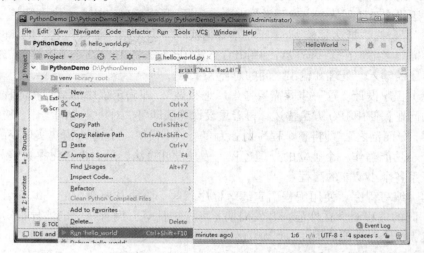

图 1-34
运行程序

程序的运行结果如图 1-35 所示。

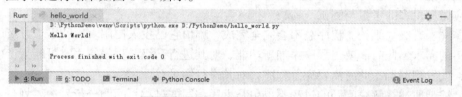

图 1-35
运行结果

至此，集成开发环境 PyCharm 安装完成。

1.5 程序的开发与编写

程序是运行在电子计算机之上，用于实现某种功能的一组指令的集合。程序的规模与功能的复杂度有关，一般而言，功能越复杂，程序的规模就越大。下面从程序开发流程和编写方式两个方面对程序实现方法进行说明。

1.5.1 程序开发流程

为了保证程序与问题统一，也保证程序能长期稳定使用，人们将程序的开发过程分为以下 6 个阶段。

程序开发流程

（1）分析问题。编程的目的是控制计算机解决问题，在解决问题之前，应充分了解要解决的问题，明确真正的需求，避免因理解偏差而设计出不符合需求的程序。

例如，"小张问小李明天做什么，小李说他明天必须要去补课，不能有其他安排"这一描述有两种理解：其一，"他"指小张，小张明天要去补课，小李的回答是提醒他（小张）已有安排，既然无法一起活动，何必问自己（小李）的安排；其二，"他"指小李，小李表示自己明天要去补课，这就是他（小李）明天要做的事。

在实际开发中，提出问题和解决问题的通常是不同的人，自然语言又容易产生歧义，因此与需求方充分沟通，理清所需解决的问题是程序设计的前提。

（2）划分边界。准确描述程序要"做什么"，此时无须考虑程序具体要"怎么做"。例如对于"小李计划从家出发到学校"这一问题，只需要确定核心人物"小李"从"家里出发"，最终"抵达学校"，至于小李如何实现"家"到"学校"这一地址的转换，这里不需要考虑。在这一阶段可利用 IPO 方法（该方法将在 1.5.2 小节讲解）描述问题，确定程序的输入、处理和输出之间的总体关系。

（3）程序设计。这一步骤需要考虑"怎么做"，即确定程序的结构和流程。对于简单的问题，使用 IPO 方法描述，再着重设计算法即可。对于复杂的程序，应先"化整为零，分而治之"，即将整个程序划分为多个"小模块"，每个小模块实现小的功能，将每个小功能当作一个独立的处理过程，为其设计算法，最后再"化零为整"，设计可以联系各个小功能的流程。

（4）编写程序。使用编程语言编写程序。这一阶段首要考虑的是编程语言的选择，不同的编程语言在性能、开发周期、可维护性等方面有一定的差异，实际开发中开发人员会对性能、周期、可维护性等因素进行一定考量。

（5）测试与调试。运行程序，测试程序的功能，判断功能是否与预期相符，是否存在疏漏。如果程序存在不足，应着手定位和修复（即"调试"）程序。在这一过程中应做尽量多的考量与测试。

（6）升级与维护。程序总不会完全完成，哪怕它已投入使用。后续需求方可能提出新的需求，此时需要为程序添加新功能，对其进行升级；程序使用时可能会产生问题，或发现漏洞，此时需要完善程序，对其进行维护。

综上所述，解决问题的过程不单单是程序编写的过程，问题分析、边界划分、程序设计、程序测试与调试、升级与维护亦是解决问题不可或缺的步骤。

1.5.2　程序编写的基本方法

无论是解决四则运算的小规模程序，还是航天器使用的复杂的控制程序，都遵循输入数据、处理数据和输出数据这一运算模式。这一基础的运算模式形成了基本的程序编写方法——IPO（Input，Process，Output）方法。

1. 输入

程序总是与数据有关，在处理数据之前需要先获取数据。程序中数据的获取称为数据的输入（Input），根据待处理数据来源的不同，数据输入分为多种方式。

（1）控制台输入。程序使用者通过控制台执行程序，或与程序交互时，可在控制台中输入数据，将数据传送给程序。这种情况下，程序中一般会设置提示信息，帮助使用者正确输入数据。

（2）随机数据输入。程序可以调用特定的随机数生成器程序或随机数函数生成随机数，将随机数作为输入数据。

（3）内部变量输入。在编写程序时可定义并初始化变量，将此类变量作为输入数据。

（4）文件输入。程序中可读取文件，将文件存储的内容作为输入数据。

（5）交互界面输入。程序可搭建图形化界面，通过图形界面与用户交互，并接收用户输入的数据。

（6）网络输入。程序中可通过特定接口从网络中获取数据，将网络数据作为程序的输入。从网络获取数据时需要遵循一定的协议，获取到的数据需要进行解析。

2. 处理

处理（Process）是程序的核心，它蕴含程序的主要逻辑。程序中实现处理功能的方法也被称为"算法（Algorithm）"，算法是程序的灵魂。实现一个功能的算法有很多，但不同的算法性能有高有低，选择优秀的算法是提高程序效率的重要途径之一。

3. 输出

输出（Output）是程序对数据处理结果的展示与反馈，程序的输出方式分为以下几种。

（1）控制台输出。程序中使用输出语句将数据输出到计算机屏幕，通过命令行窗口打印输出结果。

（2）系统内部变量输出。系统中存在着一些预先定义的内部变量，如管道、线程、信号等。系统内部变量输出即将程序运行过程中产生的数据保存到系统内部变量，以访问系统内部变量的方式输出数据。

（3）文件输出。将程序运行时产生的数据以覆盖或追加的方式写入已存在的文件，或生成新文件保存数据。

（4）图形输出。程序运行后启动独立的图形输出窗口，并在该窗口中绘制数据处理结果。

（5）网络输出。以访问网络接口的方式输出数据。

程序应有 0 个或多个输入，至少 1 个或多个输出，但也存在一些只有"处理"这个部分的程序。具体示例如下：

```
while True:
    print(1)
```

以上示例代码是一个会无限循环执行的特殊程序，也称死循环。这种不间断执行的程序会快速消耗 CPU 资源。从处理问题的角度讲，死循环的意义不大，这种程序一般只用来辅助测试 CPU 或系统的性能。

IPO 不仅是编写程序的基本方法，也是在设计程序时描述问题的方式。下面以 1.3.3 小节中给出的计算圆的面积的问题为例，使用 IPO 对该问题进行描述，具体如下。

（1）输入：获取圆的半径 r。

（2）处理：根据圆面积计算公式 $s=\pi r^2$（π 取 3.14），计算圆的面积 s。

（3）输出：输出求得的面积 s。

1.6 本章小结

本章首先介绍了程序的载体——计算机，包括计算机的诞生和发展，其次介绍了用于编写程序的计算机语言和程序的执行方式，然后简单介绍了 Python 语言，包括该语言的发展史、2.x 版本和 3.x 之间的区别、语言特点以及应用领域，之后介绍了在 Windows 系统中配置 Python 开发环境、运行 Python 程序的方法，最后简单介绍了程序开发流程与编写方式。通过本章的学习，希望读者对计算机有所了解，可理解人类通过程序使用计算机的过程，熟练搭建 Python 开发环境以及运行 Python 程序，并熟悉程序设计的流程与编写程序的基本方法。

1.7　习题

1.使用交互式和文件式两种方式运行下列程序。

（1）整数求和。接收用户输入的整数 n，计算并输出 1 ~ n 之和。

```python
n = int(input("请输入一个整数："))
sum = 0
for i in range(n+1):
    sum += i
print("1~%d 的求和结果为 %d"%(n, sum))
```

（2）整数排序。接收用户输入的 3 个整数，并把这 3 个数由小到大输出。

```python
l = []
for i in range(3):
    x = int(input('请输入整数：'))
    l.append(x)
l.sort()
print(l)
```

（3）打印九九乘法表。

```python
for i in range(1,10):
    for j in range(1, i + 1):
            print("%d×%d=%-2d "%(j,i,i*j), end = '')
    print('')
```

（4）绘制多个起点相同但大小不同的五角星，如图 1-36 所示。

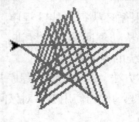

图 1-36
重叠五角星

```python
import turtle as t
def draw_fiveStars(leng):
    count = 1
    while count <= 5:
            t.forward(leng)          # 向前走 50
            t.right(144)             # 向右转 144 度
            count += 1
    leng += 10                       # 设置星星大小
    if leng <= 100:
            draw_fiveStars(leng)
def main():
    t.penup()
    t.backward(100)
    t.pendown()
    t.pensize(2)
```

```
    t.pencolor('red')
    segment = 50
    draw_fiveStars(segment)
    t.exitonclick()
if __name__ == '__main__':
    main()
```

（5）使用列表实现斐波那契数列。

```
list_nums = [1, 1]
n = int(input("斐波那契数列长度:"))
while(len(list_nums) < n):
  list_nums.append(list_nums[len(list_nums) - 1] +
      list_nums[len(list_nums) - 2])
print(list_nums)
```

（6）若一个数刚好等于它的因子之和，那么这个数就称为"完数"，例如 6=1+2+3，6 就是完数。编程打印 1000 以内的所有完数。

```
from sys import stdout
for j in range(2, 1001):
    k = []
    n = -1
    s = j
    for i in range(1, j):
        if j % i == 0:
            n += 1
            s -= i
            k.append(i)
    if s == 0:
        print(j)
        for i in range(n):
            stdout.write(str(k[i]))
            stdout.write(' ')
        print(k[n])
```

（7）有 5 个人坐在一起，问第 5 个人多少岁。他说比第 4 个人大 2 岁。问第 4 个人岁数，他说比第 3 个人大 2 岁。问第 3 个人，又说比第 2 人大 2 岁。问第 2 个人，说比第 1 个人大 2 岁。最后问第 1 个人，他说他 10 岁。请问第 5 个人多大?

```
def age(n):
    if n == 1:
        c = 10
    else:
        c = age(n - 1) + 2
    return c
print(age(5))
```

（8）倒序输出列表 ls 中的值。

```
ls = ['one', 'two', 'three']
for i in ls[::-1]:
    print(i)
```

2.简述程序开发的各个阶段。

3.简述程序编写的基本方法。

P ython 程序设计现代方法

第 2 章

Python 实例设计与分析

拓展阅读

学习目标

★ 熟悉程序编写与设计方法

★ 掌握 Python 语言的基本语法

★ 熟悉 Python 程序的结构

★ 掌握模块的导入方法

★ 了解 turtle 模块的基础函数

本章将结合两个简单的 Python 实例，引领读者了解 Python 的语法，熟悉 Python 程序的结构，掌握程序编写与设计方法。

2.1　实例 1：货币兑换

货币兑换是指按照一定的汇率将外币现钞、旅行支票兑换成我国货币（简称"兑入"），或将我国货币兑换成外币现钞（简称"兑回"）的一种经济行为。人民币是中华人民共和国的法定货币，我国境内禁止外币流通，人民币尚未成为自由兑换货币（可不受限制地兑换为其他货币），在其他国家和地区无法直接使用。简而言之，人民币只能在中国境内使用，中国人若要在境外消费，需将人民币兑换为其他货币，境外人士若要在境内消费，则需将外币兑换为人民币。兑换不同的货币要使用不同的汇率。汇率是一种货币与另一种货币的比率或比价，是用一种货币表示另一种货币的价格。

实例 1：货币兑换

假设 1 美元等于 6.8833 人民币，1 人民币等于 0.1452 美元，下面结合第 1 章中介绍的程序编写与设计方法，分 6 个阶段设计与编写解决"人民币与美元相互兑换"这一问题的程序。

（1）分析问题。对"人民币与美元相互兑换"这一问题进行分析，得出"人民币兑换美元"和"美元兑换人民币"都是程序应解决的问题。

（2）划分边界。程序中可接收人民币数值或美元数值，并将其转换为另一种数值输出，此问题的 IPO 描述如下。

· 输入：由输入 ¥ 标识的人民币数值，或由 $ 标识的美元数值。

· 处理：根据货币符号选择适当的汇率对货币数值进行转换。

· 输出：将转换后的货币数值输出，并使用货币符号标识。

（3）程序设计。由于此问题比较简单，在划分边界时程序流程已经很明确，即"输入货币—货币转换—货币输出"，此处着重考虑如何实现货币转换。已知人民币兑换美元的汇率为 6.8833，美元兑换人民币的汇率为 0.1452，则货币转换算法具体如下。

· CNY=6.8833×USD

· USD=0.1452×CNY

其中，CNY 表示人民币数值，USD 表示美元数值。

笔记

（4）编写程序。根据以上分析和设计，使用 Python 语言编写程序，具体代码如下：

```python
# 01_cur_exchange.py
mWorth = input("请依次输入币值与符号（￥/$）：")
if mWorth[-1] in ['$']:
    CNY = (eval(mWorth[0:-1]))*6.8833
    print("可兑换的人民币为%.3f"%CNY)
elif mWorth[-1] in ['￥']:
    USD = (eval(mWorth[0:-1]))*0.1452
    print("可兑换的美元为%.3f"%USD)
else:
    print("输入有误")
```

（5）测试与调试。将以上代码保存到文件"01_cur_exchange.py"中，如图 2-1
所示。

```
1   #01_cur_exchange.py
2   mWorth = input("请依次输入币值与符号(￥/$): ")
3   if mWorth[-1] in ['$']:
4       CNY = (eval(mWorth[0:-1]))*6.8833
5       print("可兑换的人民币为%.3f"%CNY)
6   elif mWorth[-1] in ['￥']:
7       USD = (eval(mWorth[0:-1]))*0.1452
8       print("可兑换的美元为%.3f"%USD)
9   else:
10      print("输入有误")
```

图 2-1
程序 01_cur_exchange.py

在程序所在路径下打开控制台窗口，输入命令"python 01_cur_exchange.py"，执
行该程序，根据不同的用户输入，程序的执行结果分别如下。

① 输入币值 34 与人民币符号￥

```
请依次输入币值与符号（￥/$）：34￥
可兑换的美元为 4.937
```

② 输入币值 45 与美元符号 $

```
请依次输入币值与符号（￥/$）：45$
可兑换的人民币为 309.749
```

③ 仅输入币值

```
请依次输入币值与符号（￥/$）：23
输入有误
```

上述程序实现了人民币和美元相互兑换的功能。当然，此处设计的程序比较简单，
因此测试过程也非常简单，且不涉及调试。实际开发中一次编写出正确、完善的程
序是非常困难的，测试与调试阶段不可忽略，甚至可能会占据比开发更多的时间与
精力。

（6）维护与升级。为保证程序的文档可持续使用，程序需要被日常维护；随着平
台的更换、使用方法的变更、功能的完善，程序需要被升级。就此处实现的程序而言，
程序开发人员应保证程序总能保证人民币与美元的正确兑换，同时将实时获取汇率、
更多国家货币的转换、更友好的用户界面等作为程序改善升级的方向。

实际开发中一般按照以上流程设计与实现程序。

2.2 代码风格

笔 记

2.2.1 缩进

Python 代码使用"缩进",即一行代码之前的空白区域来确定代码之间的逻辑关系和层次关系。Python 代码的缩进可以通过 Tab 键控制,也可使用空格键控制。使用空格键是 Python 3 首选的缩进方法,Python 3 不允许混合使用 Tab 键和空格键来缩进。缩进的代码从属于之上最近的一行非缩进或非同级缩进的代码,例如程序 01_cur_exchange.py 中的第 4、5 行代码从属于第 3 行代码、第 7、8 行代码从属于第 6 行代码、第 10 行代码从属于第 9 行代码,具体如图 2-2 所示。

```
1   #01_cur_exchange.py
2   mWorth = input("请依次输入币值与符号(¥/$): ")
3   if mWorth[-1] in ['$']:
4       CNY = (eval(mWorth[0:-1]))*6.8833
5       print("可兑换的人民币为%.3f"%CNY)
6   elif mWorth[-1] in ['¥']:
7       USD = (eval(mWorth[0:-1]))*0.1452
8       print("可兑换的美元为%.3f"%USD)
9   else:
10      print("输入有误")
```

图 2-2
从属关系

并非所有 Python 代码都可以缩进,一般来说,条件(if)、循环(while、for)、函数(def)、类(class)等形式可以通过缩进体现代码的逻辑关系,其他语句不允许缩进。图 2-2 所示的缩进是包含在条件语句 if-elif-else 之中的缩进。

Python 语言对代码的缩进有严格的规定,缩进的改变会导致代码语义的改变;程序中不允许出现无意义的缩进,否则运行时会产生错误。

2.2.2 注释

注释

注释是代码中穿插的辅助性文字,用于标识代码的含义与功能,以提高程序的可读性。Python 程序中的注释分为单行注释和多行注释。

1. 单行注释

单行注释以"#"标识,程序 01_cur_exchange.py 中的第一行内容就是单行注释,具体如下:

```
# 01_cur_exchange.py
```

单行注释可以单独占据一行,亦可放在一行语句之后,具体示例如下:

```
mWorth = input(" 请依次输入币值与符号(¥/$): ")          # 接收用户输入
```

习惯上"#"与注释文本之间由一个空格分隔;语句之后的注释与语句之间至少有两个空格。

2. 多行注释

多行注释包含在 3 对英文半角单引号("'''")或三对英文半角双引号('''""''')之间,具体示例如下:

```
'''
这是由 3 对单引号括起的注释
'''
"""
这是由 3 对双引号括起的注释
"""
```

程序在执行时，注释将被解释器或编译器忽略，不会执行。

2.3 变量

程序运行期间可能会用到一些临时数据，程序将这些数据保存在计算机的内存单元中，为了区分这些存放了数据的内存单元，同时方便访问和修改内存单元中存储的数据，Python 提供了变量。Python 使用不同的变量名标识不同的内存区域，通过变量名访问和修改这些内存中存放的数据。

标识符和关键字

2.3.1 标识符和关键字

变量名是标识符的一种，关键字是一种特殊的标识符。为了帮助读者理解变量，这里先对标识符和关键字以及变量的命名规范进行讲解。

1. 标识符

变量名也称为标识符，Python 语言允许使用字母、数字、下划线（_）及其组合作为变量名标识变量，但不允许变量名以数字开头。以下是合法的标识符：

str_1、num、_name、_alp_elric、_elric_2_

注意 Python 的标识符区分大小写，例如 "Name" 和 "name" 是两个不同的标识符。

2. 关键字

关键字又称保留字，它是 Python 语言预先定义好、具有特定含义的标识符，用于记录特殊值、标识程序结构。原则上编程人员可以在遵守规则的前提下任意为变量命名，但变量名不能与 Python 语言中的关键字相同。Python 3.7 版本共有 35 个关键字，具体如表 2-1 所示。

表 2-1 Python 3.7 关键字列表

False	await	else	import	pass
None	break	except	in	raise
True	class	finally	is	return
and	continue	for	lambda	try
as	def	from	nonlocal	while
assert	del	global	not	with
async	elif	if	or	yield

3. 命名规范

Python 语言对标识符的要求非常宽泛，原则上符合语法要求的字符或字符串都可以作为标识符，但为了提高程序的规范性与可读性，命名时应尽量遵循以下共识。

（1）见名知意。即标识符应能体现其表示的变量的含义。例如：使用 name 标识记录姓名的变量，使用 sex 标识记录性别的变量，使用 age 标识记录年龄的变量等。

（2）统一命名方式。常见的命名方式如下。

· 单个小写字母，如 a、b、p、q、r。

· 单个大写字母，如 A、B、P、Q、R。

· 多个小写字母，一般为小写单词或单词缩写的组合，如 lowercase、tftpserver。

· 多个大写字母，一般为大写单词或单词缩写的组合，如 UPPERCASE、FTPCLIENT。

· 下划线分隔的小写字母段，一般每个字段为一个小写单词，如 lower_case_with_underscores。

· 下划线分隔的大写字母段，一般每个字段为一个大写单词，如 UPPER_CASE_WITH_UNDERSCORES。

· 大写词，即首字母大写的多个单词，也称驼峰命名，如 CapitalizedWords、CapWords、CamelCase。此种命名方式单词的首字母为大写，若标识符中存在缩写，缩写的所有字母都用大写，例如 FTPServer，其中 FTP 为缩写。

2.3.2　数据类型

数据类型

许多高级语言，如 C、C++、Java 等将变量分为不同的类型，在赋值之前可以先通过声明语句声明变量的类型，赋值时该变量只能接收与变量类型相同的数据。Python 语言并未明确定义变量类型，Python 中定义的变量可以接收任何类型的数据，Python 变量的类型指的是该变量所标识的内存中数据对象的类型。

根据数据存储形式的不同，数据类型分为基础的数字类型和比较复杂的组合类型，其中数字类型又分为整型、浮点型、布尔类型和复数类型；组合类型分为字符串、列表、元组、字典等。Python 的数字类型与数学概念中数值的类型基本相同，其中布尔类型是特殊的整型，它只有 True 和 False 两个取值；组合类型的定义分别如下。

（1）字符串。由 0 个或多个字符组成的集合，使用引号（ '' 或 " " ）标识，如 'Alp3'、"0_Elric"、"Python 3.7"。

（2）列表。由 0 个或多个不同元素组成的集合，使用方括号（ [] ）标识，其中的元素使用逗号（,）分隔，如 [3, 's', 'Alp3']、[' 张三 ',452,{ 'Elric': ' 钢 '}]。

（3）元组。与列表相似，由 0 个或多个不同元素组成的集合，但它使用圆括号（ () ）标识，如 (3, 's', 'Alp3')、(' 张三 ',452,{ 'Elric': ' 钢 '})。

（4）字典。由 0 个或多个键值对组成的集合，使用花括号（ {} ）标识，其中键值对由表示数据名称的键（ key ）和数据的值（ value ）组成，key 和 value 通过冒号（ : ）分隔，如 ' 中国 ': ' 北京 '、' 英国 ': ' 伦敦 '；键值对使用逗号（,）分隔，如 {' 中国 ': ' 北京 ', ' 英国 ': ' 伦敦 '}。

2.3.3　变量赋值

变量赋值

将数值赋给变量的过程称为赋值，实现赋值过程的语句称为赋值语句。变量在使用之前必须先被赋值，变量在程序中的赋值语句执行后才被创建。Python 中使用赋值

笔 记

运算符"="实现赋值，其语法格式如下：

> 变量 = 数值

以上语法格式类似数学中的公式，如"x=3""y=4""z=x+3*y""t=z"，赋值运算符右侧可以是具体的数值，也可以是运算后能得到具体数值的表达式，或其他已被赋值的变量。具体示例如下：

```
a = 5                    # 将数值 5 赋给变量 a
b = 3 * 5                # 将表达式 3*5 的运算结果 15 赋给变量 b
c = a                    # 使用变量 a 为变量 c 赋值
```

程序 01_cur_exchange.py 中第 2 行代码使用 input() 函数的返回值为变量 mWorth 赋值。以上示例以及程序 01_cur_exchange.py 中赋值语句的"="左侧只有一个变量，形如此类的赋值语句称为单一赋值语句。Python 还支持一种同步赋值语句，此种语句可同时为多个变量赋值，具体示例如下：

```
a, b = 5, 3 * 5
```

以上示例分别使用 5、3*5 为变量 a、b 赋值，等同于单一赋值语句"a=5"和"b=3*5"的组合。

同步赋值语句可在一定程度上减少代码量，使程序的赋值过程更加简洁。但需要注意的是，同步赋值语句在执行时先计算赋值运算符右侧的表达式，再将计算结果一一赋值给左侧变量，因此右侧不能出现未赋值的变量。例如：

```
a, b, c = 5, 3 * 5, a
```

变量 a 在以上赋值语句被执行之前尚未被赋值，因此在运算右侧表达式时，会产生以下错误：

```
NameError: name 'a' is not defined
```

2.3.4　字符串索引和切片

字符串索引和切片

Python 语言为字符串中的元素编号，以实现对字符串中的单个字符或字符片段的索引。按照不同的方向，索引分为正向索引和逆向索引。假设字符串的长度为 L，正向索引中字符串的字符编号从左至右由 0 递增为 L-1，逆向索引中字符串的字符编号从右至左由 -1 递减为 -L。下面以长度为 14 的字符串"Alphonse Elric"为例，其字符的两种索引编号如图 2-3 所示。

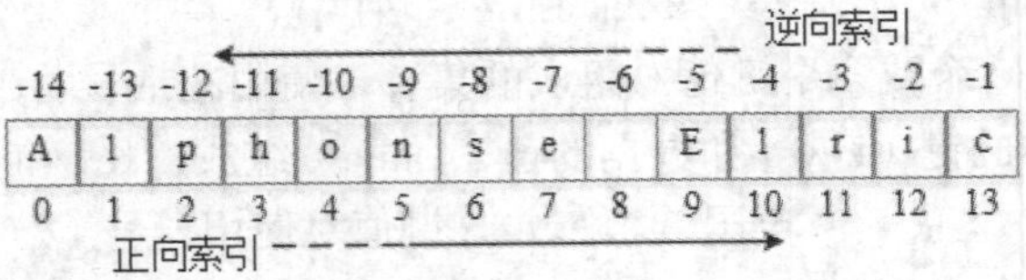

图 2-3
Python 字符串索引

将字符串"Alphonse Elric"存储在变量 s 中：

```
s = "Alphonse Elric"
```

使用"s[索引]"这一形式可取出索引对应的字符。具体示例如下：

```
s[2]                # 取得字符串 s 中第 3 个字符 p
s[-5]               # 取得字符串 s 中倒数第 5 个字符 E
```

Python 语言还支持使用索引区间取出字符串片段，即切片。使用"s[索引 1: 索引 2]"
这一形式可取得从索引 1 ～索引 2(不包括索引 2) 之间的字符串片段。具体示例如下：

```
s[0:4]              # 获取索引 0 ～ 4( 不包含索引 4 ) 之间的字符串片段，即 Alph
s[:5]               # 获取索引 0 ～ 5( 不包含索引 5 ) 之间的字符串片段，即 Alpho
s[-5:-1]            # 获取索引 -5 ～ -1( 不包含索引 -1 ) 之间的字符串片段，即 Elri
s[-5:]              # 获取索引 -5 到字符串末尾的字符串片断，即 Elric
```

在使用索引区间取字符串片段时可以混合使用正向索引和逆向索引，具体示例
如下：

```
s[0:-6]             # 取得从正索引 0 开始到逆索引 -6 之前的字符串片段，即 Alphonse
```

程序 01_cur_exchange.py 中第 3、4、6、7 行代码都通过索引方式从字符串变量
mWorth 中进行了取值。

2.4　基本输入 / 输出

程序中最基础的输入 / 输出是从控制台向程序中输入数据，将程序中的信息打印
到控制台。Python 程序中通过几个函数实现程序基本的输入 / 输出功能。下面分别对
这些函数进行讲解。

2.4.1　input() 函数

input( ) 是 Python 标准函数库中的函数，其功能是获取用户从控制台输入的内容，
并以字符串形式将其返回。input( ) 函数在获取用户输入之前可先在控制台中打印提
示信息，它的用法具体如下：

```
变量 = input(< 提示信息 >)
```

程序 01_cur_exchange.py 中第 2 行代码使用 input( ) 函数在控制台打印提示信息"请
依次输入币值与符号（ ￥/$ ）："，接收用户输入的数据，并将数据以字符串形式返回，
存储到变量 mWorth 中。具体如下：

```
mWorth = input(" 请依次输入币值与符号（ ￥/$ ）：")
```

需要注意的是，无论用户在控制台输入的是数字、单个字母还是任何其他信息，
input( ) 函数都将其以字符串形式返回。

2.4.2　eval() 函数

eval( ) 函数可以接收一个字符串，以 Python 表达式的方式解析与执行该字符串，
并将执行结果返回。该函数的语法格式如下：

```
eval(< 字符串 >)
```

程序 01_cur_exchange.py 中的第 4、7 两行代码是赋值语句，这两行代码使用

eval( ) 函数将字符串类型的数据 mWorth[0:-1] 转换为可计算的数值，将转换后的数值与汇率进行计算，再将计算结果分别保存到变量 CNY 和 USD 之中。具体如下：

```
CNY = (eval(mWorth[0:-1]))*6.8833
USD = (eval(mWorth[0:-1]))*0.1452
```

以上两行代码是整个程序的核心，它们实现了程序中对数据的运算操作。

2.4.3　print() 函数

print( ) 函数

print( ) 是 Python 程序中最常出现、也是最基本的函数，它用于将信息输出到控制台，即在控制台窗口打印信息。下面介绍 print( ) 函数的几种基本用法。

1. 打印字符串

print( ) 函数可以直接打印字符串，例如程序 01_cur_exchange.py 的第 10 行代码直接打印字符串 "输入有误"，具体如下：

```
print("输入有误")
```

以上代码直接打印由双引号括起的字符串，print( ) 函数也可接收打印字符串变量。具体示例如下：

```
>>> words = "Alphonse Elric"        # 定义字符串变量
>>> print(words)                    # 打印
Alphonse Elric                      # 打印结果
```

2. 格式化输出

print( ) 函数可以将变量与字符串组合，按照一定格式输出组合后的字符串。例如程序 01_cur_exchange.py 的第 5、8 行代码分别将变量 CNY、USD 和提示文字组合并打印。具体如下：

```
print("可兑换的人民币为%.3f"%CNY)
print("可兑换的美元为%.3f"%USD)
```

以上代码 print( ) 函数中的内容包含由双引号括起的格式字符串、百分号（%）和变量，% 用于分隔格式字符串和变量。字符串中的 %f 为格式控制符，用于接收浮点型数据 CNY 和 USD，".3" 控制输出小数点后的前 3 位小数。

如果 print( ) 函数打印的字符串中包含一个或多个变量，则 % 后的变量需要被放入圆括号中。具体示例如下：

```
print("变量 a=%f, 变量 b=%f"%(a,b))
```

假设 a 的值为 3.4，b 的值为 4.9，则以上代码的输出结果如下：

```
变量 a=3.4, 变量 b=4.9
```

3. 不换行输出

print( ) 函数将信息输出到控制台后会自动换行，控制台中的光标会出现在输出信息的下一行。具体示例如下：

```
>>> print('Alphonse')
Alphonse
>>>(光标在此)
```

　　以上示例中之所以会出现换行现象，是因为 print( ) 函数在打印出字符串之后，还会打印结束标志——换行符 "\n"。如果希望 print( ) 函数打印信息后不换行，可以通过设置 print( ) 函数的 end 参数修改结束标志。下面以打印字符串 words = "Alphonse Elric" 为例，具体示例如下。

（1）删除换行符

```
>>> print(words, end='')
Alphonse Elric>>>|                              # "|" 为光标
```

（2）改为空格

```
>>> print(words, end=' ')
Alphonse Elric >>>|
```

（3）改为 "___"

```
>>> print(words, end='___')
Alphonse Elric___>>>|
```

4. 更换间隔字符

　　默认情况下，print( ) 函数一次性输出的两个字符串使用空格分隔。具体示例如下：

```
>>> a = 'hello'
>>> s = "Alphonse"
>>> print(a, s)
hello Alphonse
```

　　以上输出的字符串变量 a 和 s 之间由空格分隔。使用参数 sep 可以修改间隔字符。具体示例如下：

```
>>> print(a, s, sep=',')                       # 更换为逗号（,）
hello,Alphonse
>>> print(a, s, sep='.')                       # 更换为句号（.）
hello.Alphonse
```

　　以上介绍的 3 个函数都是 Python 解释器中默认提供的函数，可以直接使用。除此之外，print( ) 函数还有更多参数和其他的用法，有兴趣的读者可查阅资料自行学习。

2.5　结构控制

　　程序中的结构指程序运行的逻辑，Python 程序的结构分为顺序结构、分支结构和循环结构 3 种。本节将对常见的程序结构进行讲解。

2.5.1　顺序结构

　　顺序结构是最简单的结构，从执行方式上看，此结构中的语句从第一条到最后一条完全按从上到下的顺序依次执行。例如有如下代码：

```
a = 3
b = 5
```

顺序结构

笔 记

```
c = a + b
print(c)
```

以上代码的执行顺序如下。

· 定义变量 a，赋值为 3。

· 定义变量 b，赋值为 5。

· 定义变量 c，使用 a 与 b 之和为其赋值。

· 输出变量 c 的值。

2.5.2　分支结构

分支结构

分支结构在程序中根据条件产生分支，在程序执行时根据条件表达式的结果有选择地执行不同的代码。程序 01_cur_exchange.py 中的条件结构为 if-elif-else，其语法格式如下：

```
if 条件表达式 1:
    代码段 1
elif 条件表达式 2:
    代码段 2
...
else:
    代码段 n
```

以上语法中的 if、elif 和 else 都是 Python 语言中的关键字，if 和 elif 关键字之后跟条件表达式，else 关键字之后没有条件表达式。程序运行到分支结构时开始对条件进行判断，若条件满足，执行相应代码段后跳出分支结构；若条件不满足，判断下一个条件；若所有条件都不满足，执行 else 对应的代码段。若无需求，分支结构中的 elif、else 可以省略，此时 if 后的条件表达式满足则执行相应代码段，不满足则跳出分支结构，继续向下执行。

程序 01_cur_exchange.py 中涉及分支结构的代码如下：

```
if mWorth[-1] in ['$']:
    CNY = (eval(mWorth[0:-1]))*6.8833
    print("可兑换的人民币为 %.3f"%CNY)
elif mWorth[-1] in [' ￥']:
    USD = (eval(mWorth[0:-1]))*0.1452
    print("可兑换的美元为 %.3f"%USD)
else:
    print("输入有误")
```

若以上代码 if 语句中条件表达式 "mWorth[-1] in ['$']" 返回 True，执行第 2、3 行代码；若条件表达式返回 False，执行第 4 行代码，判断第 2 个条件。若 elif 语句中条件表达式 "mWorth[-1] in [' ￥']" 返回 True，执行第 5、6 行代码；若条件表达式返回 False，执行第 8 行代码，即 else 语句之后的代码。

多学一招：关键字 in

程序 01_cur_exchange.py 第 3 行代码的表达式 "mWorth[-1] in ['$']" 中使用到了关键字 "in"，该关键字的功能是判断两边元素的包含关系。以上表达式判断字符串

mWorth 的最后一个字符（mWorth[-1]）是否包含在由字符 $ 组成的集合中，如果包含，条件满足，返回 True；如果不包含，条件不满足，返回 False。

2.5.3　循环结构

循环结构根据条件表达式的结果重复执行某段代码，直到条件不再满足。01_cur_exchange.py 实现的货币转换程序在一次运行后就会退出，用户每使用一次转换功能，就需要启动一次程序，这显然比较麻烦。Python 语言中提供了循环语句，其功能是根据条件控制程序是否再次或多次执行。

下面对程序 01_ cur_exchange.py 进行改进，为其添加循环语句，使用户运行一次程序便可多次使用程序的功能，具体代码如下：

循环结构

```
# 02_cur_exchange_calc.py
while True:
    mWorth = input("请依次输入币值与符号（￥/$）：")
    if mWorth[-1] in ['$']:
        CNY = (eval(mWorth[0:-1]))*6.8833
        print("可兑换的人民币为%.3f"%CNY)
    elif mWorth[-1] in ['￥']:
        USD = (eval(mWorth[0:-1]))*0.1452
        print("可兑换的美元为%.3f"%USD)
    else:
        print("输入有误")
```

以上代码在原程序的基础上添加了 while 语句，使用 True 作为循环的判断条件，并将原程序的可执行代码全部放在 while 结构之中。改进后的程序被执行后会一直运行，每当用户输入数据后，程序会根据其输入执行不同的条件分支，并在分支执行完毕后继续等待用户输入。具体如下所示：

```
请依次输入币值与符号（￥/$）：45$
可兑换的人民币为 309.749
请依次输入币值与符号（￥/$）：54￥
可兑换的美元为 7.841
请依次输入币值与符号（￥/$）：
```

若有需要，用户可使用组合键 Ctrl+C 终止循环，退出程序。

2.6　函数式编程

程序 01_cur_exchange.py 只包含单一的两种货币相互转换的功能，在实际开发中，程序一般包含多个功能，每个功能封装在不同的函数（function）中。

Python 语言使用关键字 def 定义函数，具体语法格式如下：

函数式编程

```
def 函数名 (< 参数 1, 参数 2,…>) :
    代码段
```

以上语法格式中的函数名是函数的名称，命名规则与变量名相同。函数名后小括号中的参数构成参数列表，参数列表可以为空。参数需要在函数中使用，但参数列表

笔记

中的参数尚未被赋值，只是形式参数，用于标记函数被调用时参与运算的变量所处的位置。函数在被调用时接收数据为形参赋值，此时接收的数据称为实参。实参是函数被执行时真正会使用的变量。

下面修改程序 01_cur_exchange.py，使用函数封装货币转换功能。修改后程序的代码具体如下：

```
# 03_cur_exchange_func.py
def curExchange(mWorth):                          # 定义函数
    if mWorth[-1] in ['$']:
        CNY = float(mWorth[0:-1])*6.8833
        print("可兑换的人民币为%.3f ¥"%CNY)
    elif mWorth[-1] in ['¥']:
        USD = float(mWorth[0:-1])*0.1452
        print("可兑换的美元为%.3f$"%USD)
    else:
        print("输入有误")
mWorth = input("请依次输入币值与符号（¥/$）：")
curExchange(mWorth)                               # 调用函数
```

以上程序将货币转换功能中的处理和输出部分封装在了函数 curExchange( ) 中，在主流程中接收用户输入存入变量 mWorth，并调用了 curExchange( ) 函数，将变量 mWorth 作为参数传递到了函数中。封装后的程序其执行方式与运行结果与原程序相同，此处不再演示。

虽然对于这个程序而言，修改后的代码只比原代码多了两行，但在实际开发中，某一功能在整个程序中更可能多次出现，通过一句代码调用函数以使用功能远比多次编写代码实现同一功能更加方便，也更加简洁。函数是程序代码的重要封装方式，它使程序开发人员可按照功能将程序划分为不同模块，使代码得以重复利用，也使程序代码更加紧凑灵活。关于函数的更多知识将在第 5 章中讲解。

2.7　实例 2：Turtle Star

实例 2：Turtle Star

Turtle Star 是 Python 官方文档在图形模块 turtle 中给出的示例程序，具体代码如下所示：

```
# 04_turtle_star.py
from turtle import *
color('red', 'yellow')
begin_fill()
while True:
    forward(200)
    left(170)
    if abs(pos()) < 1:
        break
end_fill()
done()
```

执行程序 04_turtle_star.py，程序将打开一个图形窗口，并在其中绘制图形，绘制结果如图 2-4 所示。

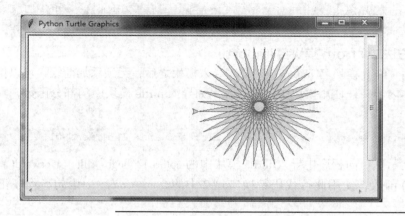

图 2-4
Turtle Star

与实例 1 不同，实例 2 中没有显式的输入 / 输出语句，运行结果也并未在控制台的黑窗口中展示，而是显示在图形窗口 "Python Turtle Graphics" 中；程序中除结构语句与条件语句外的几乎所有代码都调用了函数。

事实上实例 2 在实现功能之前先在第 2 行代码中通过 "from…import…" 语句导入了 Python 提供的图形模块 turtle 中的所有内容，并在后续代码中调用 turtle 模块中的方法、变量实现了绘制 Turtle Star 的功能。

2.8　模块化编程

模块（module）的功能与函数相似，从本质上讲，使用模块和函数都是为了更好地组织代码，减小程序体积，提高代码的利用率。在 Python 程序中，一个 .py 文件便可构成一个模块，通过在当前 .py 文件中导入其他 .py 文件，可以调用被导入文件中定义的内容，例如变量、函数等。

2.8.1　模块的导入和使用

向程序中导入模块的方法有两种，其一为 "import 模块名"，其二为 "from 模块名 import…"。以导入 turtle 模块为例，具体示例如下：

模块的导入和使用

```
import turtle                    # 方法一
from turtle import *             # 方法二
```

以上两种方式都可向程序中导入指定模块的全部内容。需要说明的是，这两种方式导入模块后，使用模块中内容的形式有所不同。

1. 方法一：import 模块名

使用 "import 模块名" 方法导入模块之后，使用模块中内容的方式如下：

```
模块名 . 变量
模块名 . 函数 (< 参数列表 >)
```

笔 记

使用 "as" 关键字可为导入的模块取别名，若导入 turtle 模块时为其取别名 t，在程序中可通过别名 t 使用模块中的内容，具体示例如下：

```
import turtle as t                          # 导入模块 turtle 并为其取别名为 t
t.color('red', 'yellow')                    # 通过别名使用模块中的函数 color()
```

2. 方法二：from 模块名 import…

使用 "from 模块名 import…" 方法导入模块之后，无须添加前缀，可以像调用当前程序中内容一样使用模块中的内容。例如导入 turtle 模块中的部分函数，具体示例如下：

```
from turtle import color, begin_fill, forward, left, end_fill
```

以上示例可向程序中导入 turtle 模块中的 color()、begin_fill()、forward()、left()、end_fill() 函数，使用此行代码替换实例 2 中的 from…import…语句，程序仍能正常运行。

若要导入指定模块中的全部内容，可以使用通配符 "*" 指代导入的内容。例如导入 turtle 模块中的全部内容，具体方法如下：

```
from turtle import *
```

实例 2 正是使用此种方式导入了 turtle 模块中的全部内容，进而直接使用 turtle 模块中的 color()、begin_fill()、forward()、left()、abs() 函数。

虽然 "from 模块名 import…" 形式可简化模块中内容的引用，但可能会出现函数重名问题，例如当前程序中定义了名为 color() 的函数，又使用 from…import…方法导入定义了 color() 函数的 turtle 模块，仅通过函数名调用函数，程序会无法确定应调用哪个函数，因此需酌情使用。

2.8.2 模块的分类

模块的分类

Python 中的模块分为 3 类：内置模块、第三方模块和自定义模块。其中内置模块是 Python 内置标准库中的模块，也是 Python 的官方模块，可直接导入程序；第三方模块是由非官方制作发布，供给大众使用的 Python 模块，在使用之前需要用户自行安装；自定义模块是用户在程序编写中自行编写，存放功能性代码的 .py 文件。

1. 查看内置模块

在安装 Python 解释器的同时，Python 的内置模块会被存储到本地目录中。通过控制台执行 "python –m pydoc –p port" 命令，可在 http://localhost:port 中查看本地所有的 Python 模块。其中 port 用于指定端口号，假设端口号为 1234，通过控制台执行以下命令：

```
python -m pydoc -p 1234
```

在浏览器中输入网址 http://localhost:1234，查看本地 Python 模块，如图 2-5 所示。图 2-5 所示的 "Built-in Modules" 下为 Python 的所有内置模块。

2. 管理第三方模块

pip 工具是 Python 中常用的模块管理工具，在使用 pip 工具之前需要先进行安装，访问 pip 工具的 Python 官网找到 pip 的软件包，如图 2-6 所示。

笔 记

图 2-5
查看本地模块

图 2-6
pip 下载页

此处单击下载图 2-6 所示的 pip 压缩包 pip-18.1.tar.gz。下载完成后使用解压工具解压安装包，进入安装包目录，找到 setup.py 文件，在其中执行"python setup.py install"命令，安装 pip 工具。控制台打印如下信息后，说明 pip 安装成功。

```
Installed
c:\users\admin\appdata\local\programs\python\python37\lib\site-packages\
pip-18.1-py3.7.egg
Processing dependencies for pip==18.1
Finished processing dependencies for pip==18.1
```

此处安装的 pip 版本为 18.1。pip 工具安装成功后可使用 pip 命令管理第三方模块。pip 的常用命令如表 2-2 所示。

表 2-2　pip 常用命令

命　令	说　明
pip list	查看已安装的模块
pip install 模块名	安装模块
pip install –upgrade 模块名	升级模块

命　　令	说　　明
pip uninstall 模块名	卸载模块
pip install –U pip	升级 pip
python –m pip uninstall pip	卸载 pip

笔记

3. 制作自定义模块

下面以实例 1 为例，将文件 01_ cur_exchange_func.py 视为一个模块文件。需要注意的是，模块的命名规则与变量相同，不能以数字开头，因此这里将该文件更名为 cur_exchange_func.py，则模块名为 cur_exchange_func。

新建 05_test.py 文件，在该文件中导入 cur_exchange_func 模块，使用该模块中定义的变量，调用该模块中的函数。具体代码如下：

```
# 05_test.py
import cur_exchange_func          # 导入 cur_exchange_func 模块
mw = cur_exchange.mWorth          # 使用模块中的变量
cur_exchange.curExchange(mw)      # 调用模块中的函数
```

上述代码中，第 2 行代码以 “import 模块名” 形式导入了 cur_exchange_func 模块，第 3 行代码以“模块名 . 变量名”的形式使用了模块中的变量，第 4 行代码以“模块名 . 函数名（参数）”的形式调用了模块中的函数。

执行存储以上代码的 05_test.py 文件，输入数值，运行结果如下：

```
请依次输入币值与符号（￥/$）：65$
可兑换的人民币为 447.415 ￥
可兑换的人民币为 447.415 ￥
```

以上运行结果中程序打印了两次转换结果，这是因为，若 Python 程序中导入了模块，程序被执行时其中的模块文件也会被执行。由于程序整体自上而下执行，05_test.py 运行结果中的前两行其实是模块文件 cur_exchange_func.py 的执行结果，第 3 行打印的信息才是 05_test.py 文件中调用的 curExchange( ) 函数的执行结果。

为了避免作为模块的 .py 文件中的某些代码被执行，可以在其中添加如下分支语句：

```
if __name__ == '__main__':
```

以上分支语句的功能是，判断执行的文件是否为当前文件，若是则执行该分支，否则不执行。

对自定义模块 cur_exchange_func 进行修改，在其中添加上述语句。修改后的模块代码内容如下：

```
# cur_exchange_func.py
def curExchange(mWorth):
    if mWorth[-1] in ['$']:
        CNY = float(mWorth[0:-1])*6.8833
        print("可兑换的人民币为 %.3f ￥"%CNY)
    elif mWorth[-1] in ['￥']:
```

```
        USD = float(mWorth[0:-1])*0.1452
        print(" 可兑换的美元为 %.3f$"%USD)
    else:
        print(" 输入有误 ")
mWorth = input(" 请依次输入币值与符号（￥/$）: ")
if __name__ == '__main__':
    curExchange(mWorth)
```

再次执行 05_test.py 文件。因为当前被执行的是 01_test.py 文件，所以模块文件 cur_exchange_func 中 if 条件分支中的语句不会被执行。输入数值，运行结果如下：

```
请依次输入币值与符号（￥/$）: 65$
可兑换的人民币为 447.415 ￥
```

除了自定义模块外，Python 还支持官方模块和第三方模块，使用这些模块可有效降低代码量，提高开发效率。

2.9　绘图模块——turtle

turtle（海龟）是 Python 内置的一个标准模块，它提供了绘制线、圆及其他形状的函数，使用该模块可以创建图形窗口，在图形窗口中通过简单、重复的动作直观地绘制界面与图形。turtle 模块的逻辑非常简单，利用该模块内置的函数，用户可以像使用笔在纸上绘图一样，在 turtle 画布上绘制图形。turtle 的使用主要分为创建窗口、设置画笔和绘制图形 3 个方面。

绘图模块——
turtle 创建窗口

1. 创建窗口

图形窗口也称为画布（canvas）。控制台无法绘制图形，使用 turtle 模块绘制图形化界面，需要先使用 setup() 函数创建图形窗口。该函数的用法如下：

```
turtle.setup(width, height, startx=None, starty=None)
```

setup() 函数中的 4 个参数依次表示窗口宽度、高度、窗口在计算机屏幕上的横坐标和纵坐标。width、height 的值为整数时，表示以像素为单位的尺寸；值为小数时，表示图形窗口的宽或高与屏幕的比例。startx、starty 的取值可以为整数或 None，当取值为整数时，分别表示图形窗口左侧、顶部与屏幕左侧、顶部的距离（单位为像素）；当取值为 None 时，窗口位于屏幕中心。假设在程序中使用以下语句创建窗口：

```
turtle.setup(800, 600)
```

程序执行后，窗口与屏幕的关系如图 2-7 所示。

需要说明的是，使用 turtle 模块实现图形化程序时 setup() 函数并不是必须的，如果程序中未调用 setup() 函数，程序执行时会生成一个默认窗口。

2. 设置画笔

画笔（pen）的设置包括画笔属性（如尺寸、颜色）的设置和画笔状态的设置。turtle 模块中定义了设置画笔属性和状态的函数，下面分别对这些函数进行讲解。

（1）画笔属性函数

turtle 模块中用于设置画笔属性的函数如下：

绘图模块——
turtle 设置画笔

笔记

```
turtle.pensize(<width>)                    # 设置画笔尺寸
turtle.speed(speed)                        # 设置画笔移动速度
turtle.color(color)                        # 设置画笔颜色
```

图 2-7
画布与屏幕

pensize() 函数的参数 width 可以设置画笔绘制出的线条的宽度，若参数为空，则 pensize() 函数返回画笔当前的尺寸。width() 函数是 pensize() 函数的别名，它们具有相同的功能。

speed() 函数的参数 speed 用于设置画笔移动的速度，其取值范围为 [0,10] 内的整数，数字越大，速度越快。

color() 函数的参数 color 用于设置画笔的颜色，该参数的值有以下几种表示方式。

·字符串，如 "red"、"orange"、"yellow"、"green"。

·RGB 颜色，此种方式又分为 RGB 整数值和 RGB 小数值两种，RGB 整数值如（255，255，255）、（190，213，98），RGB 小数值如（1，1，1）、（0.65，0.7，0.9）。

·十六进制颜色。如 "#FFFFFF"，"#0060F6"。

常见颜色的各种表现形式及其对应关系如表 2-3 所示。

表 2-3　常见颜色对照表

颜　色	字　符　串	RGB 整数值	RGB 小数值	十六进制
白色	white	（255,255,255）	（1，1，1）	#FFFFFF
黄色	yellow	（255，255，0）	（1，1，0）	#FFFF00
洋红	magenta	（255，0，255）	（1，0，1）	#FF00FF
青色	cyan	（0，255，255）	（0，1，1）	#00FFFF
蓝色	blue	（0，0，255）	（0，0，1）	#0000FF
黑色	black	（0，0，0）	（0，0，0）	#000000
海贝色	seashell	（255，245，238）	（1，0.96，0.93）	#FFF5EE
金色	gold	（255，215，0）	（1，0.84.0）	#FFD700

续表

颜　色	字　符　串	RGB 整数值	RGB 小数值	十六进制
粉红色	pink	（255，192，203）	（1，0.75，0.80）	#FFC0CB
棕色	brown	（165，42，42）	（0.65，0.16，0.16）	#A22A2A
紫色	purple	（160，32，240）	（0.63，0.13，0.94）	#A020F0
番茄色	tomato	（255，99，71）	（1，0.39，0.28）	#FF6347

参数 color 的 3 种表示方式中，字符串、十六进制颜色可直接使用，具体示例如下：

```
turtle.color('pink')
turtle.color('#A22A2A')
```

在使用 RGB 颜色之前，需先使用 colormode( ) 函数设置颜色模式。具体示例如下：

```
turtle.colormode(1.0)                          # 使用 RGB 小数值模式
turtle.color((1, 1, 0))
turtle.colormode(1.0)                          # 使用 RGB 整数值模式
turtle.color((165, 42, 42))
```

（2）画笔状态与相关函数

正如在纸上绘制一样，turtle 中的画笔分为提起（UP）和放下（DOWN）两种状态。只有画笔为放下状态时，移动画笔，画布上才会留下痕迹。turtle 中的画笔默认为放下状态，使用以下函数可以修改画笔状态：

```
turtle.penup()                                 # 提起画笔
turtle.pendown()                               # 放下画笔
```

turtle 模块中为 penup( ) 和 pendown( ) 函数定义了别名，penup( ) 函数的别名为 pu( )，pendown( ) 函数的别名为 pd( )。

3. 绘制图形

在画笔状态为 DOWN 时，通过移动画笔可以在画布上绘制图形。此时可以将画笔想象成一只海龟（这也是 turtle 模块名字的由来）：海龟落在画布上，它可以向前、向后、向左、向右移动，海龟爬动时在画布上留下痕迹，路径即为所绘图形。

为了使图形出现在理想的位置，我们需要了解 turtle 的坐标体系，以确定画笔出现的位置。turtle 坐标体系以窗口中心为原点，以右方为默认朝向，以原点右侧为 x 轴正方向，原点上方为 y 轴正方向，如图 2-8 所示。

turtle 模块中画笔控制函数主要分为移动控制、角度控制和图形绘制 3 种。

（1）移动控制

移动控制函数控制画笔向前、向后移动，具体函数如下：

```
turtle.forward(distance)                       # 向前移动
turtle.backward(distance)                      # 向后移动
turtle.goto(x,y=None)                          # 移动到指定位置
```

函数 forward( ) 和 backward( ) 的参数 distance 用于指定画笔移动的距离，单位为像素；函数 goto( ) 用于将画笔移动到画布上指定的位置，该函数可以使用 x、y 分别

绘图模块——
turtle 绘制图形

接收表示目标位置的横坐标和纵坐标，也可以仅接收一个表示坐标向量的参数。

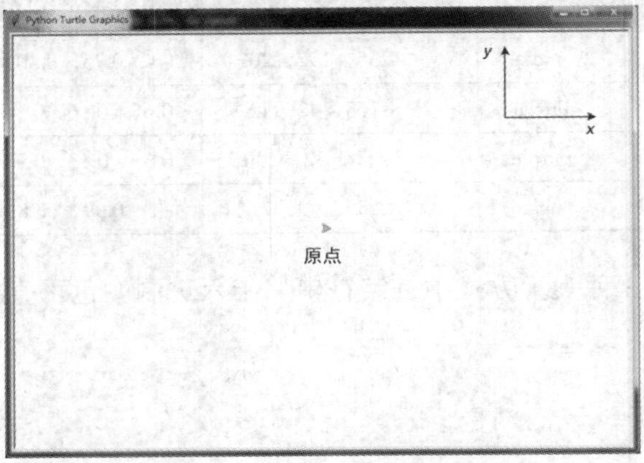

图 2-8
turtle 坐标体系

（2）角度控制

角度控制函数可更改画笔朝向，具体函数如下：

```
turtle.right(degree)                    # 向右转动
turtle.left(degree)                     # 向左转动
turtle.seth(angle)                      # 转动到某个方向
```

　　函数 right( ) 和 left( ) 的参数 degree 用于指定画笔向右与向左的角度。函数 seth( ) 的参数 angle 用于设置画笔在坐标系中的角度。angle 以 x 轴正向为 0°，以逆时针方向为正，角度从 0° 逐渐增大；以顺时针方向为负，角度从 0° 逐渐减小，角度与坐标系的关系如图 2-9 所示。

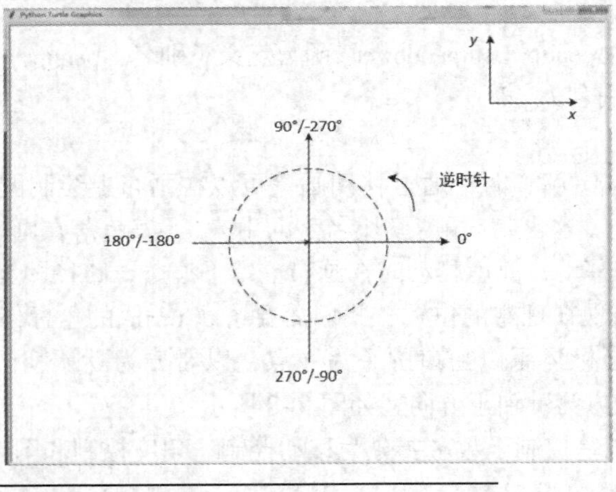

图 2-9
坐标系中的角度

　　若要使画笔向左或向右移动某段距离，应先调整画笔角度，再使用移动函数。例如使用以上函数绘制边长为 200 像素的正方形，具体代码如下：

```
#06_drawRect.py
import turtle as t
t.forward(200)              # 向前移动 200 像素
t.seth(-90)                 # 调整画笔朝向，使其朝向 -90° 方向
t.forward(200)              # 向前移动 200 像素
```

```
t.right(90)                          # 调整画笔朝向，向右转动 90°
t.forward(200)                       # 向前移动 200 像素
t.left(-90)                          # 调整画笔朝向，向左转动 -90°（即向右转动 90°）
t.forward(200)                       # 向前移动 200 像素
t.right(90)                          # 调整画笔朝向，向右转动 90°
```

执行以上程序，执行结果如图 2-10 所示。

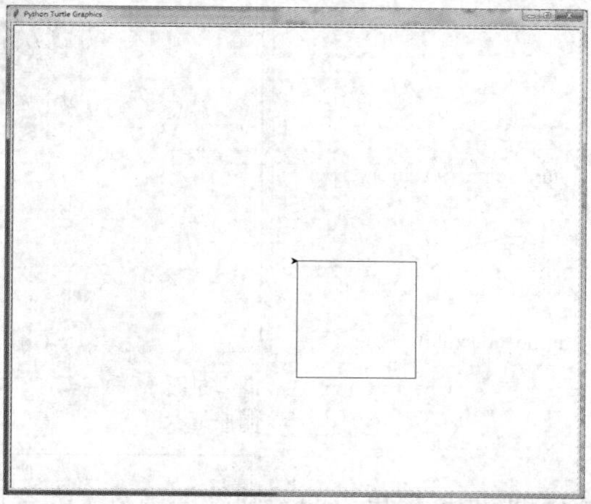

笔 记

图 2-10
绘制正方形

（3）图形绘制

turtle 模块中提供了 circle( ) 函数，使用该函数可绘制以当前坐标为圆心，以指定像素值为半径的圆或弧。circle( ) 函数的用法如下：

```
turtle.circle(radius, extent=None, steps=None)
```

函数 circle( ) 的参数 radius 用于设置半径，extent 用于设置弧的角度。radius 和 extent 的取值可正可负，其中：

·当 radius 为正时，画笔以原点为起点向上绘制弧线；radius 为负时，画笔以原点为起点向下绘制弧线。

·当 extent 为正时，画笔以原点为起点向右绘制弧线；extent 为负时，画笔以原点为起点向左绘制弧线。

假设绘制半径为 90/-90 像素、角度为 60°/-60° 的弧线，则绘制结果如图 2-11 所示。

参数 steps 用于设置步长。圆由近似正多边形描述，若 steps 为 None，步长将自动计算；若给出步长，circle( ) 函数可用于绘制正多边形，例如在程序中写入 "turtle.circle(100,steps=3)"，程序将绘制一个边长为 100 像素的等边三角形。

（4）图形填充

turtle 模块中可通过 fillcolor( ) 函数设置填充颜色，使用 begin_fill( ) 函数和 end_fill( ) 函数填充图形，实现 "面" 的绘制。下面以绘制一个被红色填充的圆为例，具体代码如下：

```
# 07_graph_fill.py
import turtle
turtle.fillcolor("red")                          # 设置填充颜色为红色
```

笔记

```
turtle.begin_fill()                           # 开始填充
turtle.circle(20)
turtle.end_fill()                             # 填充结束
```

以上代码的执行结果如图 2-12 所示。

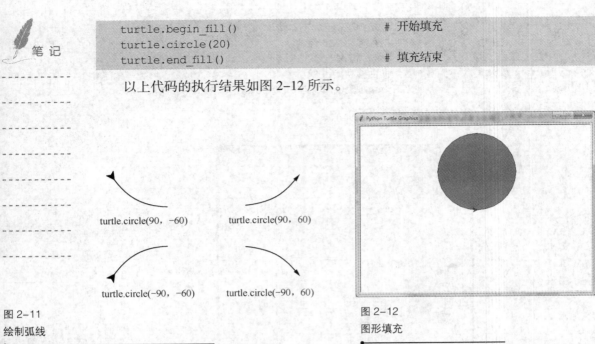

图 2-11
绘制弧线

图 2-12
图形填充

绘图模块——
turtle 介绍

合理利用以上介绍的 turtle 模块中的基础绘图函数，大家即可绘制简单有趣的图形，亦可结合逻辑代码，生成可视化图表。除了此处介绍的函数外，turtle 模块中还定义了实现更多功能的函数，有兴趣的读者可自行查阅 Python 官方文档进行深入学习。

2.10　本章小结

本章首先通过实例"货币兑换"实践了程序设计方法，结合实例介绍了 Python 程序要素，包括 Python 程序的代码风格、变量、输入 / 输出语句、结构控制语句以及函数式编程思想；其次通过 Turtle Star 展示了基础的图形化编程，介绍了模块化编程思想以及为 Python 程序导入模块、使用模块的方法，并介绍了如何查看本地模块、管理第三方模块和制作自定义模块；最后介绍了 Python 中基础的绘图模块——turtle。通过本章的学习，希望读者能够熟悉程序设计的流程，了解 Python 程序要素，掌握模块化编程思想，并能利用 turtle 模块绘制简单图形。

2.11　习题

1. 修改程序 01_cur_exchange.py，将功能代码放在函数中，并使程序循环执行。

2. 在程序中利用 turtle 模块绘制图 2-13 所示的 5 个图形，为这些图形填充不同的颜色。

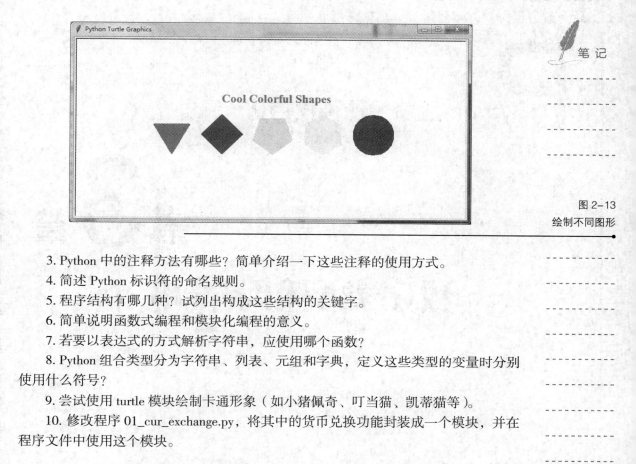

笔 记

图 2-13
绘制不同图形

3. Python 中的注释方法有哪些？简单介绍一下这些注释的使用方式。

4. 简述 Python 标识符的命名规则。

5. 程序结构有哪几种？试列出构成这些结构的关键字。

6. 简单说明函数式编程和模块化编程的意义。

7. 若要以表达式的方式解析字符串，应使用哪个函数？

8. Python 组合类型分为字符串、列表、元组和字典，定义这些类型的变量时分别使用什么符号？

9. 尝试使用 turtle 模块绘制卡通形象（如小猪佩奇、叮当猫、凯蒂猫等）。

10. 修改程序 01_cur_exchange.py，将其中的货币兑换功能封装成一个模块，并在程序文件中使用这个模块。

P

Python 程序设计现代方法

第 3 章

数字类型和字符串

拓展阅读

学习目标

★掌握数字类型，可以使用运算符实现常见的数值运算

★认识 math 模块，可以使用它实现复杂的数学运算

★认识什么是字符串，掌握字符串的基本操作

★熟练判断数据的类型，并实现类型之间的相互转换

Python 支持 4 种数字类型，具体包括整型、浮点型、复数类型、布尔类型。它们可以通过运算符进行数学运算。此外，Python 还提供了一种相对比较简单的组合数据类型——字符串。本章将带领大家认识数据类型，并着重对字符串类型的常见操作进行介绍。

3.1　数字类型

表示数字或数值的数据类型称为数字类型。Python 内置的数字类型有整型（int）、浮点型（float）、复数类型（complex），它们分别对应数学中的整数、小数和复数，此外，还有一种比较特殊的整型——布尔类型（bool）。本节将对 Python 中的这 4 种数字类型分别进行讲解。

3.1.1　整型

形如 –88、0、10 的数据称为整型数据。

Python 3 中整型数据的长度不会受到机器字长的影响，它的取值范围只与计算机的内存有关。换言之，无论整型的长度为多少，只要计算机的内存足够大，用户就无须再考虑溢出问题。

Python 中可以使用 4 种进制表示整型，分别为：二进制、八进制、十进制和十六进制，默认采用十进制表示。若要用其他进制表示，需要增加引导符号，其中二进制数以"0B"或"0b"开头（比如 0b101），八进制数以"0o"或"0O"开头（比如 0o510），十六进制数以"0x"或"0X"开头（比如 0xA7A）。

使用不同的进制来表示整数 10，代码分别如下所示：

```
a = 0b1010          # 二进制
print("a 的结果为：%d"%a)
b = 0o12            # 八进制
print("b 的结果为：%d"%b)
c = 10              # 十进制
print("c 的结果为：%d"%c)
d = 0xa             # 十六进制
print("d 的结果为：%d"%d)
```

程序的执行结果如下：

```
a 的结果为：10
b 的结果为：10
c 的结果为：10
```

数字类型

```
d 的结果为：10
```

不同进制之间可以相互转换，Python 为整型数据提供了 4 个进制转换函数，分别是 bin( )、oct( )、hex( ) 和 int( )，关于这些函数的说明如表 3-1 所示。

表 3-1   进制转换函数

函　　　数	说　　　明
bin( )	将十进制整数转换为二进制字符串
oct( )	将十进制整数转换为八进制字符串
hex( )	将十进制整数转换为十六进制字符串
int( )	接收一个符合整型规范的字符串，并将该字符串转换为整型

接收用户输入的一个十进制整数，再将其转换为其他进制，示例如下：

```
# 01_binary_conversion.py
round_number = int(input("请输入一个整数："))
print("十进制数为：", round_number)
print("转换为二进制为：", bin(round_number))
print("转换为八进制为：", oct(round_number))
print("转换为十六进制为：", hex(round_number))
```

程序输出的结果如下：

```
请输入一个整数：20
十进制数为：20
转换为二进制为：0b10100
转换为八进制为：0o24
转换为十六进制为：0x14
```

3.1.2   浮点型

浮点型用来表示实数，比如 1.23、3.14 等。

Python 中浮点型一般以十进制表示，由整数和小数部分（可以是 0）组成，示例如下：

```
1.23, 10.0, 36.5
```

很大或很小的浮点数可以使用科学记数法表示，其形式为 ae+n（或 aE+n）（$1 \leqslant |a| < 10$，$n \in N$），其中 e（或 E）表示底数 10，此形式等价于数学中的 $a \times 10^n$，具体示例如下：

```
-3. 14e2, 3.14e-3              # 合法的浮点型
314e, e2, 3.14e-1.5           # 非法的浮点型
```

Python 中的浮点型是双精度的，每个浮点型数据占 8 个字节（即 64 位），且遵守 IEEE 标准，其中 52 位用于存储尾数，11 位用于存储阶码，剩余 1 位用于存储符号。Python 中浮点型的取值范围大约为 –1.8e308 ～ 1.8e308，若超出这个范围，Python 会将值视为无穷大（inf）或无穷小（–inf）。例如：

```
>>> 3.14e500
```

```
inf
>>> -3.14e500
-inf
```

Python 中最长可输出浮点型的 17 个数字，但是计算机只能保证 15 个数字的精度。由于浮点型的有效位只有 17 位，一旦浮点型数据的位数超过了 17 位，之后的数据就会被截断。例如，在终端输入一个超长的浮点数：

```
>>> 3.12347698902871978504          # 浮点型有效位超过 17 位
3.12347698902872
```

以上代码的超长浮点数被截断成了 3.12347698902872。因为会产生截断，所以超过 15 位的浮点数在参与运算时所得的结果会有一定的偏差，它们无法进行高精度的数学运算。为了解决这个问题，Python 通过标准库 decimal 提供了一个更精确的数字类型 Decimal，它采用整数运算方法实现高精度浮点数运算，并且可以使用 getcontext( ).prec 自定义浮点数精度的位数。示例如下：

```
>>> import decimal
>>> a = decimal.Decimal('3.1415926535')
>>> b = decimal.Decimal('1.12233445566')
>>> decimal.getcontext().prec = 30          # 设置浮点数的精度为 30 位
>>> a * b
Decimal('3.52591768067137749381 0')
```

3.1.3　复数类型

形如 3+2j、3.1+4.9j 的数据被称为复数。复数由"实部"和"虚部"两部分组成。其中实部是一个实数，虚部则是一个实数与 j 或 J 的组合。

复数必须具备以下几个特点。

（1）虚部不能单独存在，它总是和一个值为 0.0 的实数部分构成一个复数。

（2）实数部分和虚数部分都是浮点型。

（3）虚数部分后面必须有 j 或 J。

例如，定义一个实部是 3 虚部是 2j 的复数，如下所示：

```
>>> a = 3 + 2j
>>> print(a)
(3+2j)
```

使用内置函数 complex(real,imag) 可以通过传入实部（real）和虚部（imag）的方式定义复数。若是没有传入虚部，则虚部默认为 0j，如下所示：

```
>>> a = complex(3, 2)
>>> print(a)
(3+2j)
>>> complex(5)
(5+0j)
```

通过点字符可以单独获取复数的实部和虚部。例如，分别获取以上定义的复数 a 的实部和虚部，具体如下：

笔记

```
>>> a.real
3.0
>>> a.imag
2.0
```

　　求一个复数的共轭复数的操作是比较常见的，两个实部相等、虚部互为相反数的复数互为共轭复数。复数可以通过 conjugate( ) 方法返回它的共轭复数。例如，使用 conjugate( ) 方法返回复数 a 的共轭复数，代码如下所示：

```
>>> a.conjugate()
(3-2j)
```

3.1.4　布尔类型

　　Python 中的布尔类型只有 True(真) 和 False(假) 两个取值。实际上，布尔类型也是一种特殊的整型，其值 True 对应整数 1，False 对应整数 0。

　　任何对象都具有布尔属性，下面数据的布尔值都是 False。

（1）None。

（2）False。

（3）任何为 0 的数字类型，如 0、0.0、0j。

（4）任何空序列，如 ""、( )、[]。

（5）空字典，如 {}。

（6）用户定义的类实例，如类中定义了 __bool__( ) 或者 __len__( ) 方法，并且该方法返回 0 或者布尔值 False。

　　其他数据的布尔值都是 True，可以使用 bool( ) 函数进行查看，示例如下：

```
>>> bool('')
False
>>> bool('this is a test')
True
>>> bool(42)
True
>>> bool(0)
False
```

3.2　数字类型的运算

　　与其他编程语言相比，Python 语言具有更加丰富的运算符，而且功能更加强大，因此，Python 数据可以用相对简单的方式，实现丰富的运算功能。接下来，本节将对 Python 中的运算符，以及运算符的优先级进行详细的介绍。

3.2.1　数值运算符

　　运算符是告诉编译程序执行特定算术或逻辑操作的符号，它针对操作数进行运算。比如表达式 "2+3" 中，"2" 和 "3" 都是操作数，"+" 则是运算符。按照不同的功能，运算符被划分为以下类型：算术运算符、赋值运算符、比较运算符、逻辑运算符、成员运算符、身份运算符，下面来逐一进行介绍。

笔 记

1. 算术运算符

Python 中的算术运算符包括 +、-、*、/、//、% 和 **，它们都是双目运算符，只要在终端输入由两个操作数和一个算术运算符组成的表达式，Python 解释器就会解析表达式，并打印计算结果。

以操作数 a = 2，b = 8 为例，Python 算术运算符的功能说明及示例如表 3-2 所示。

数字类型的运算
——算术运算符

表 3-2　算术运算符

运算符	说　明	示　例
+	加：使两个操作数相加，获取操作数的和	a + b，结果为 10
-	减：使两个操作数相减，获取操作数的差	a-b，结果为 -6
*	乘：使两个操作数相乘，获取操作数的积	a * b，结果为 16
/	除：使两个操作数相除，获取操作数的商	a / b，结果为 0.25
//	整除：使两个操作数相除，获取商的整数部分	a // b，结果为 0
%	取余：使两个操作数相除，获取余数	a % b，结果为 2
**	幂：使两个操作数进行幂运算，获取 a 的 b 次幂	a ** b，结果为 256

Python 中的算术运算符既支持对相同类型的数值进行运算，也支持对不同类型的数值进行混合运算。在混合运算时，Python 会强制将数值进行临时类型转换。这些转换遵循如下原则。

（1）布尔类型进行算术运算时，将其视为数值 0 和 1。

（2）整型与浮点型进行混合运算时，将整型转化为浮点型。

（3）其他类型与复数运算时，将其他类型转换为复数类型。

简单来说，类型相对简单的数值与类型相对复杂的数值进行运算时，所得的结果为更复杂的类型。示例如下：

```
>>> 10 + True           # 整型 + 布尔类型，布尔型会转换为 1
11
>>> 10 / 2.0            # 整型 / 浮点型，整型会转换为浮点型 10.0
5.0
>>> 10-(3+5j)           # 整型 - 复数，整型会转换为复数 10+0j
(7-5j)
```

需要注意的是，除法操作符可能会导致运算结果与操作数的类型不一致，例如，两个整型数值 10 和 2 进行除法运算，所得的结果是浮点型：

```
>>> 10 / 2              # 整型 / 整型，结果会转换为浮点型
5.0
```

2. 赋值运算符

赋值运算符的作用是将一个表达式或对象赋给一个左值。左值是指一个能位于赋值运算符左边的表达式，它通常是一个可修改的变量。

所有的算术运算符都可以与 "=" 组合成复合赋值运算符，包括 +=、-=、*=、

数字类型的运算
——赋值运算符

笔记

/=、//=、%=、**=，它们的功能相似，比如 "a+=b" 等价于 "a=a+b"，"a-=b" 等价于 "a=a-b"，诸如此类。

以操作数 a = 2，b = 8 为例，Python 赋值运算符的功能说明及示例如表 3-3 所示。

表 3-3   赋值运算符

运算符	说　明	示　例
=	等：将右值赋给左值	a = b，a 为 8
+=	加等：将左值加上右值的和赋给左值	a += b，a 为 10
-=	减等：将左值减去右值的差赋给左值	A-= b，a 为 -6
*=	乘等：将左值乘以右值的积赋给左值	a *= b，a 为 16
/=	除等：将左值除以右值的商赋给左值	a /= b，a 为 0.25
//=	整除等：将左值整除右值的商的整数部分赋给左值	a //= b，a 为 0
%=	取余等：将左值除以右值的余数赋给左值	a %= b，a 为 2
**=	幂等：将左值的右值次方的结果赋给左值	a **= b，a 为 256

数字类型的运算
——比较运算符

3. 比较运算符

比较运算符用于比较它两边的操作数，以判断操作数之间的关系。Python 中的比较运算符包括 ==、!=、>、<、>=、<=，它们通常用于布尔测试，测试的结果只能是 True 或 False。

以操作数 a = 2，b = 8 为例，Python 中每个比较运算符的功能及示例如表 3-4 所示。

表 3-4   比较运算符

运算符	说　明	示　例
==	比较左值和右值，若两者相同则为 True，否则为 False	a == b 不成立，结果为 False
!=	比较左值和右值，若两者不相同则为 True，否则为 False	a != b 成立，结果为 True
>	比较左值和右值，若左值大于右值则为 True，否则为 False	a > b 不成立，结果为 False
<	比较左值和右值，若左值小于右值则为 True，否则为 False	a < b 成立，结果为 True
>=	比较左值和右值，若左值大于或等于右值则为 True，否则为 False	a >= b 不成立，结果为 False
<=	比较左值和右值，若左值小于或等于右值则为 True，否则为 False	a <= b 成立，结果为 True

数字类型的运算
——逻辑运算符

4. 逻辑运算符

假设现在有两个逻辑命题分别为 "天正在下雨" 和 "我在屋里"，它们可以被组成更加复杂的命题，比如 "天正在下雨，并且我在屋里" "天正在下雨，我不在屋里" 或 "如果天正在下雨，那么我在屋里"，像这种由两个（或两个以上）语句组成的新语句称为复合语句。

逻辑运算符可以把多个条件按照逻辑进行连接，变成更复杂的条件。Python 中逻辑运算符包括 "or"（或）、"and"（与）、"not"（非）3 种，下面分别来进行介绍它们的功能。

当用 or 运算符连接两个操作数时，若左操作数的布尔值为 True，则返回左操作数，否则返回右操作数或其计算结果（若为表达式）。示例如下：

```
>>> 2+3 or None      # 左侧表达式的布尔值为 True
5
>>> 0 or 3+5         # 左操作数的布尔值为 False
8
```

当用 and 运算符连接两个操作数时，若左操作数的布尔值为 False，则返回左操作数或其计算结果（若为表达式），否则返回右操作数的执行结果。示例如下：

```
>>> 3-3 and 5
0
>>> 3-4 and 5
5
```

当用 not 运算符时，若操作数的布尔值为 False，则返回 True，否则返回 False。示例如下：

```
>>> not(3-5)
False
>>> not False
True
```

5. 成员运算符

Python 提供了成员运算符，用于测试给定值是否在序列（列表、字符串等）中。成员运算符有 in 和 not in，关于它们的介绍如下。

（1）in：如果指定元素在序列中，返回 True，否则返回 False。

（2）not in：如果指定元素不在序列中，返回 True，否则返回 False。

成员运算符的用法示例如下：

```
>>> words = 'abcdefg'
>>> 'h' in words          # 'h' 是否在 'abcdefg' 中
False
>>> 'g' not in words      # 'g' 是否不在 'abcdefg' 中
False
```

6. 身份运算符

Python 的一切数据都可以视为对象，每个对象都有 3 个属性：类型、值和身份。其中，类型决定了对象可以保存什么样的值；值代表对象表示的数据，比如 100、3.14 等；身份就是内存地址，它是每个对象的唯一标识，对象被创建以后身份不会再发生任何变化。

Python 中的身份运算符为：is 和 is not，用于判断两个对象的内存地址是否相同。身份运算符的功能如下。

（1）is：测试两个对象的内存地址是否相同，相同返回 True，否则返回 False。

（2）is not：测试两个对象的内存地址是否不同，不同返回 True，否则返回 False。

例如，变量 a 的值为 10，变量 b 的值为 10，通过 is 来检查它们两个的内存地址是否相同，另外再通过 id( ) 函数进行验证，代码如下：

笔 记

数字类型的运算
——成员和身份
运算符

```
>>> a = 10              # 定义变量 a
>>> b = a               # 将 a 引用的内存地址赋值给 b
>>> a is b              # 此时 a 和 b 引用的内存地址一样
True
>>> id(a)               # 查看 a 的内存地址
34639664
>>> id(b)               # 查看 b 的内存地址
34639664
```

运算符优先级

3.2.2　运算符优先级

假设有一个表达式 "2 + 3 * 4"，是先做加法，还是先做乘法呢？数学告诉我们应当先做乘法，这就意味着乘法运算符的优先级要高于加法运算符。

Python 支持使用多个不同的运算符连接简单表达式，实现相对复杂的功能，为了避免含有多个运算符的表达式出现歧义，Python 为每种运算符都设定了优先级。Python 中各种运算符的优先级由低到高排列如表 3-5 所示。

表 3-5　运算符优先级

运 算 符	说 明
or	布尔 "或"
and	布尔 "与"
not	布尔 "非"
in, not in	成员测试（字符串、列表、元组、字典中常用）
is, is not	身份测试
<, <=, >, >=, !=, ==	比较
|	按位或
^	按位异或
&	按位与
<<, >>	按位左移、按位右移
+, –	加法，减法
*, /, %	乘法、除法，取余
+x, –x	正负号
~	按位取反
**	指数

一般来说，运算符按照从左向右的顺序结合，比如表达式 "1+2-3" 中，"+" 和 "–" 的优先级相同，所以解释器先执行 "1+2"，再将所得的结果 "3" 与操作数 "3" 一起执行 "3-3"。赋值运算符的结合性为自右向左，如表达式 "a = b = c" 中，Python 解释器会先将 c 的值赋给 b，再将 b 的值赋给 a。

运算符的优先级决定了复杂表达式中哪个单一表达式会先执行，但是用户可以用圆括号来改变表达式的执行顺序，使得括号中的表达式优先执行。例如，表达式 "1+2*7" 中，如果希望先执行加法运算，则可以将表达式改写成 "(1+2)*7"。

3.2.3　数字类型转换

Python 内置了一系列可实现强制类型转换的函数，保证用户在有需求的情况下，将目标数据转换为指定的类型。数字间进行转换的函数有 int( )、float( )、complex( )、bool( )。关于这些函数的功能如表 3-6 所示。

数字类型转换

表 3-6　类型转换函数

函　　数	说　　明
int( )	将浮点型、布尔类型和符合数值类型规范的字符串转换为整型
float( )	将整型和符合数值类型规范的字符串转换为浮点型
complex( )	将其他数值类型或符合数值类型规范的字符串转换为复数类型
bool( )	将任意类型转换为布尔类型

当浮点数转换为整数时，小数部分会发生截断，而非四舍五入。复数不能直接转换为其他数字类型，但是可以获取复数的实部或虚部分别转换。

使用 Python 中的 type( ) 函数可以准确获取数值的类型。使用类型转换函数转换数据类型，并使用 type() 函数验证是否转换成功，示例如下：

```
>>> a = 21.8                    # a 为浮点型
>>> type(a)                     # 查看 a 的类型
<class 'float'>
>>> b = int(a)                  # 将浮点型转为整型，舍弃小数部分
>>> type(b)                     # 查看 b 的类型
<class 'int'>
>>> c = 21 + 8j                 # 定义复数
>>> float(c.imag)               # 将复数的虚部转为浮点型
8.0
>>> float(c.real)               # 将复数的实部转为浮点型
21.0
>>> complex('3+2j')             # 字符串转为复数
(3+2j)
```

3.3　实例 3：模拟商家收银抹零行为

逛超市购物结账的时候，商家都会给顾客回馈一张清单小票，票面上的金额往往会精确到角或分。大部分商家通常会采用四舍五入的原则进行结算，不过有些商家为了让利顾客，会将小数点后面的数字金额全部抹零。下面通过程序模拟收银抹零行为。

程序的基本实现思路为：使用 input( ) 函数模仿扫描商品二维码的功能，依次录入用户输入的金额，金额使用浮点数表示。当录入完所有选购的商品之后，对这些金额进行相加运算，得到一个由浮点数表示的结果。对程序而言，抹零功能可通过浮点数到整数的转换实现。

实例 3：模拟商家
收银抹零行为

笔 记

模拟商家收银抹零行为的代码如下所示：

```
# 02_bank_cashier.py
one = float(input('扫描的第1个商品价格:'))
two = float(input('扫描的第2个商品价格:'))
thr = float(input('扫描的第3个商品价格:'))
total = one + two + thr
print('总计:%d'%int(total))
```

执行程序，程序的输出结果如下：

```
扫描的第1个商品价格:10.5
扫描的第2个商品价格:62.1
扫描的第3个商品价格:36.9
总计:109
```

3.4 数学模块——math

数字类型不仅可以参与简单的加减乘除等基本运算，还可以参与更加复杂的数学运算，比如求弦、求根、求对数等，在 Python 程序中实现这些运算需要用到 Python 的一个数学模块——math。在使用 math 模块之前，需要先用 import 语句导入 math 模块：

```
import math
```

math 模块提供了几个数学常量和众多数学函数，接下来将带领大家从这两方面认识一下 math 模块。

1. 常数

在众多数字运算中都会用到一些特别的常数，例如，圆周率 π、自然对数的底 e 等。math 模块提供了 4 个常数：pi、e、inf、nan，它们对应的数学符号和表示的含义如表 3–7 所示。

表 3–7　math 常数

常　　数	数学表示	说　　明
pi	π	圆周率，值为 3.1415926535898
e	e	自然对数，值为 2.7182818284590
inf	∞	正无穷大，负无穷大为 –math.inf
nan		非浮点数标记，值为 NaN

下面利用 math 模块来输出圆周率 π 和自然常数 e 的值（精确到小数点后 20 位）：

```
# 03_calculation.py
import math
print("圆周率π : %.20f"% math.pi)      # 精确到小数点后20位
print("自然常数e: %.20f" % math.e)      # 精确到小数点后20位
```

程序输出的结果如下：

```
圆周率 π : 3.14159265358979311600
自然常数 e: 2.71828182845904509080
```

笔记

2. 数值表示函数

数学中除了基本的运算以外，还支持一些特殊运算，比如求绝对值、阶乘、最大公约数等。math 模块提供了一些数值表示函数。这些函数的数学符号和功能描述如表 3-8 所示。

表 3-8　数值表示函数

函　数	数学表示	说　明
ceil(x)	$\lceil x \rceil$	向上取整，返回不小于 x 的最小整数
copysign(x, y)		复制符号位，用 y 的正负号替换 x 的正负号
fabs(x)	$\vert x \vert$	返回 x 的绝对值
factorial(x)	x!	返回 x 的阶乘，x 必须为正整数或 0，否则会报错
floor(x)	$\lfloor x \rfloor$	向下取整，返回不大于 x 的最大整数
fmod(x, y)	x % y	返回 x 与 y 的模
frexp(x)	x = m *2**e	返回 (m, e)，若 x 为 0，则返回 (0.0, 0)
fsum(iterable)		浮点数精确求和
gcd(a, b)		返回 a 和 b 的最大公约数
isclose(a, b)		比较 a 和 b 的相似性，相近返回 True，否则返回 False
isfinite(x)		若 x 既不是无穷大也不是 NaN，则返回 True，否则返回 False
isinf(x)		若 x 是无穷大，则返回 True，否则返回 False
isnan(x)		若 x 是 NaN，则返回 True，否则返回 False
ldexp(x, i)		返回 x*(2**i)
modf(x)		返回 x 的小数和整数部分
trunc(x)		返回 x 的整数部分。

Python 中浮点数的精度有限，无法支持高精度浮点数的运算。为了解决这个问题，math 库提供了一个计算多个浮点数和的函数 math.fsum(iterable)。这个函数不仅高效，还可以减少因计算导致的误差。

数学中 10 个 0.1 相加的结果为 1.0，下面分别用 Python 中的运算符和 math 模块中的 fsum( ) 函数进行计算，代码如下：

```
>>> 0.1 + 0.1 + 0.1 + 0.1 + 0.1 + 0.1 + 0.1 + 0.1 + 0.1 + 0.1
0.9999999999999999
>>> math.fsum([0.1, 0.1, 0.1, 0.1, 0.1, 0.1, 0.1, 0.1, 0.1, 0.1])
1.0
```

由上述示例结果可知，直接使用运算符计算的结果不是 1.0，而使用 fsum( ) 函数计算的结果为 1.0。产生这种情况，主要是因为 Python 中表示 0.1 时小数点后存在若干位的精度尾数，在 0.1 参与加法运算时，这个精度尾数可能会影响输出结果。因此，在涉及到浮点数运算和结果比较时，建议使用 math 模块中提供的函数。

3. 幂函数与对数函数

数学中的幂运算和指数运算是比较常见的，math 模块针对这些运算提供了相应的函数，关于这些函数所对应的数学符号和功能说明如表 3-9 所示。

表 3-9　幂函数和对数函数

函　　数	数 学 表 示	说　　明
exp(x)	e^x	返回 e 的 x 次幂
expm1(x)	e^x-1	返回 e 的 x 次幂减去 1
log(x[, base])	$\log_{base}x$	返回 x 的自然对数
log1p(x)	$\ln(1+x)$	返回 1+x 的自然对数
log2(x)	$\log_2 x$	返回 x 的以 2 为底的对数
log10(x)	$\log_{10} x$	返回 x 的以 10 为底的对数
pow(x, y)	x^y	返回 x 的 y 次幂
sqrt(x)	$\sqrt{x}$	返回 x 的平方根

当底数为 1 或者指数为 0 时，指数运算所得的结果均是 1；若底数或指数为 math.nan，幂运算和指数运算返回的结果均为 nan。示例如下：

```
>>> math.pow(1.0, 5)        # 返回 1.0 的 5 次幂
1.0
>>> math.pow(5, 0.0)        # 返回 5 的 0.0 次幂
1.0
>>> math.exp(math.nan)      # 返回 e 的 math.nan 次幂
nan
```

在指数运算中，如果调用 pow( ) 函数时传入的指数小于 1，则表示该函数做的是开根运算。例如，对 27 执行开立方根运算：

```
>>> math.pow(27, 1/3)       # 返回 27 的立方根
3.0
```

4. 三角函数

三角函数将三角形中的角与其边长相互关联。在标准库中，所有的三角函数的输入都是弧度。math 模块中三角函数的数学表示与功能说明如表 3-10 所示。

表 3-10　三角函数

函　　数	数 学 表 示	说　　明
sin(x)	$\sin x$	返回 x 的正弦函数值
cos(x)	$\cos x$	返回 x 的余弦函数值
tan(x)	$\tan x$	返回 x 的正切函数值
asin(x)	$\arcsin x$	返回 x 的反正弦函数值
acos(x)	$\arccos x$	返回 x 的反余弦函数值
atan(x)	$\arctan x$	返回 x 的反正切函数值
atan2(y, x)	$\arctan y/x$	返回 y/x 的反正切函数值

5. 高等特殊函数

除此之外，math 模块中还增加了一些具有特殊功能的函数，关于它们的功能说明如表 3–11 所示。

表 3–11　高等特殊函数

函　　数	说　　明
math.erf(x)	高斯误差函数
math.erfc(x)	余补高斯误差函数
math.gamma(x)	伽玛函数，也叫欧拉第二积分函数
math.lgamma(x)	伽玛函数的自然对数

高斯误差函数在概率论、统计学以及偏微分方程中有着广泛的应用，而伽玛函数在分析学、概率论、偏微分方程和组合数学中有着广泛的应用，它们均不属于初等数学，但是非常有趣。例如，利用伽玛函数计算浮点数的"阶乘"，代码如下：

```
>>> math.gamma(6)          # 求 0 ~ 5 范围内的整数阶乘
120.0
```

多学一招：弧度和角度

"弧度"和"度"是度量角的两种不同的单位，就好比"米"和"市尺"是度量长度的不同单位一样。旋转角度的角是以"度"为单位的，而三角函数里的角是以"弧度"为单位的。

度的定义如下：两条射线从圆心向圆周射出，形成一个夹角与一段夹角正对的弧，当这段弧长正好等于圆周长的 360 分之一时，则两条射线的夹角大小为 1 度，如图 3–1（a）所示。角度与圆的半径无关。

弧度的定义是：两条射线从圆心向圆周射出，形成一个夹角和一段与夹角正对的弧。当这段弧长正好等于圆的半径时，两条射线的夹角大小为 1 弧度，如图 3–1（b）所示。

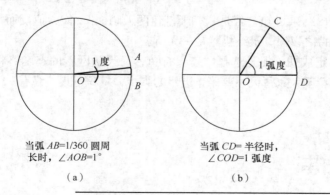

当弧 AB=1/360 圆周长时，∠AOB=1°
（a）

当弧 CD= 半径时，∠COD=1 弧度
（b）

图 3–1
弧度与角度图示

若角所对的弧长是半径的 n 倍，那么角的大小就是 n，单位为弧度，弧度和半径之间的关系可以使用如下公式表示和计算：

$$角（弧度）= 弧长/半径$$

圆的周长是半径的 2π 倍，所以一个周角（360 度）是 2π 弧度，半圆的长度是半径的 π 倍，所以一个平角（180 度）是 π 弧度。由此可知：

$$180度 = π弧度$$
$$1度 = π/180弧度$$

math 模块中提供了方便角度和弧度进行转换的函数，具体如下。

（1）math.degrees(x)：将 x 的弧度值转换为角度值。

（2）math.radians(x)：将 x 的角度值转换为弧度值。

实例 4：三天
打鱼两天晒网

3.5　实例 4：三天打鱼两天晒网

"三天打鱼，两天晒网"出自于曹雪芹《红楼梦》第九回："因此也假说来上学，不过三日打鱼，两日晒网。"汉语中常以此来比喻一个人对学习或工作没有恒心，经常中断，不能长久坚持。使用 Python 程序进行模拟，将 1.0 作为能力值的基数，好好学习一天能力值相比前一天提高 1%，懒惰懈怠一天能力值比前一天下降 1%，因此，可以得出"三天打鱼，两天晒网"的公式如下所示：

$$(1.0+0.01)^3 × (1.0-0.01)^2 < (1.0+0.01)$$

将上述公式转换为代码进行验证，具体如下所示：

```
# 04_fishing.py
import math
fish = math.pow((1.0 + 0.01), 3)        # 三天打鱼
net = math.pow((1.0 - 0.01), 2)         # 两天晒网
print(fish * net)
print(fish * net < 1.0 + 0.01)
```

程序执行的结果如下：

```
1.0097980101000001
True
```

由以上输出结果可知，若是"三天打鱼两天晒网"，能力值反而小于 1.01，说明一个人若不能持之以恒，最终仍然是一无所获。

坚持不一定成功，但是选择"三天打鱼，两天晒网"的态度终将一无所获，一定不会成功。希望大家每天不要停止进步的脚步，日积月累，终有一天会得到惊人的回报。

3.6　字符串

很多编程语言中都包含字符串这个数据类型，字符串是一组由字符构成的序列。与其他编程语言不同，Python 中的字符串是不支持动态修改的。本节将对字符串，包括字符串的定义方式、索引与切片、格式化字符串、字符串操作符、字符串处理函数和处理方法进行详细地介绍。

3.6.1　字符串的定义方式

根据字符串中是否包含换行符，可以将字符串划分成单行字符串和多行字符串两种，它们各自定义的方式有所不同。

字符串的定义
方式

1. 单行字符串

单行字符串包含在一对单引号或一对双引号中，例如：

```
# 合法的字符串
'Hello', 'He"llo'
"Python", "Pyth'on"
# 非法的字符串
'He'llo'
"Pyth"on"
```

单引号括起的字符串中可以包含双引号，但不能直接包含单引号，因为 Python 解释器会将字符串中出现的单引号与标识字符串的第一个单引号配对，认为字符串到此已经结束。同样，使用双引号标识的字符串中不可以直接包含双引号。

若要解决以上问题，可以对字符串中的特殊字符（单引号、双引号或其他）进行转义处理，即在特殊字符的前面插入转义字符（\），使得转义字符与特殊字符组成新的含义，例如：

```
>>> 'let\'s go'      # 对单引号进行转义
"let's go"
```

以上代码使用转义字符对单引号进行了转义，解释器此时不再将单引号视为字符串的语法标志，而是将其与转义字符视为一个整体。

除此之外，还可以在字符串的前面添加 r 或者 R，将字符串中的所有字符按字面的意思使用，禁止转义字符的实际意义。例如：

```
>>> print(r'C:\user\name')    # \n 表示换行符，通过 r 禁止其实际意义
C:\user\name
```

2. 多行字符串

多行字符串以一对三单引号或三双引号作为边界来表示，示例如下：

```
words = '''多行字符串的第 1 行
多行字符串的第 2 行'''
print(words)
```

程序输出的结果如下：

```
多行字符串的第 1 行
多行字符串的第 2 行
```

通常情况下，三引号表示的字符串代表文档字符串（多行注释），主要用来说明包、模块、类或者函数的功能。例如，官方文档中对 len( ) 函数的说明如下：

```
def len(*args, **kwargs):
    """ Return the number of items in a container. """
    pass
```

笔 记

以上文档字符串翻译成中文是返回容器中的项数。另外，函数的说明也可以通过"函数名 .__doc__"查看，例如：

```
>>> len.__doc__
'Return the number of items in a container.'
```

通过函数的文档字符串，开发者可以快速地了解该函数的功能，从而提升开发效率。

需要注意的是，C 语言中由引号包含的单字符数据属于字符类型，但 Python 不支持字符类型，单个字符也被视为字符串。

▊ 多学一招：字符串定义规范

字符串的定义需要遵守以下几条规则。

（1）字符串可以使用单引号或双引号定义，但是应选择一种方式在源文件中统一使用，避免混合使用。

（2）如果在字符串中包含某种引号，那么应优先使用另一种形式的引号包含字符串，而非使用转义字符。

3.6.2　字符串格式化

字符串格式化

若希望程序输出如下内容：

计算机Mac：IP地址为192.168.1.12，端口为8888。

由于以上内容横线处的字符是不断变化的，通过普通的字符串在程序中实现此种字符串显然比较烦琐，此时可以使用字符串格式化来实现生成格式固定但不完全相同的字符串的需求。在 Python 中，字符串的格式化可以使用格式符（%）和 format( ) 方法实现，下面分别对这两种方式进行详细介绍。

1. 使用格式符（%）对字符串格式化

以格式符对字符串格式化时，Python 会使用一个带有格式符的字符串作为模板，这个格式符用于为真实值预留位置，并说明真实数值应该呈现的格式。例如：

```
"我叫 %s" % '小明'
```

以上所示的字符串"我叫 %s"是一个模板，该字符串中的"%s"是一个格式符，用来给字符串类型的数据预留位置。"小明"是替换"%s"的真实值。模板和真实值之间有一个"%"，表示执行格式化操作。"小明"会替换模板中的"%s"，最终返回字符串"我叫小明"。

另外，Python 可以用一个元组（小括号里面包含多个基本数据类型）将多个值传递给模板，元组中的每个值对应着一个格式符。例如：

```
"我叫 %s，今年 %d 岁了" % ('小明', 18)
```

上述示例中，"我叫 %s，今年 %d 岁了"是一个模板，其中"%s"为第 1 个格式符，表示给字符串类型的数据占位，"%d"为第 2 个格式符，表示给整型占位。('小明', 18) 中的"小明"和"18"是替换"%s"和"%d"的真实值，在模板和元组之间使用"%"分隔，最终返回的字符串是"我叫小明，今年 18 岁了"。

Python 还支持其他类型的格式符，这些格式符的作用如表 3–12 所示。

表 3–12　常见的格式符

格　式　符	说　　明
%c	字符
%s	通过 str( ) 转换后的字符串
%i 或 %d	有符号十进制整数
%o	八进制整数
%x	十六进制整数（小写字母）
%X	十六进制整数（大写字母）
%e	指数（基底为 e）
%E	指数（基底为 E）
%f	十进制浮点数（小写字母）
%F	十进制浮点数（大写字母）
%g	浮点数或指数，根据值的大小选择采用 %f 或 %e
%G	浮点数或指数，根据值的大小选择采用 %F 或 %E

以格式符方式格式化字符时支持通过字典传值，这时需要先以"(name)"形式对变量进行命名，每个命名对应字典的一个键。示例如下：

```
"我叫 %(name)s，今年 %(age)d 岁了" % {'name': '小明', 'age': 18})
```

还可以进一步控制字符串的格式。示例如下：

```
print("%+10x" % 10)      # +表示右对齐，宽度为10，十六进制
print("%04d" % 5)        # 表示用0填充，宽度为4，十进制整型
print("%.3f" % 2.3)      # 表示精确到小数点后3位
```

格式符可以控制字符串所呈现的格式，操作是比较方便的。

2. 使用 format( ) 方法对字符串格式化

Python 3 中引入了一种新的字符串格式化方法：format( )，它摆脱了"%"操作符的特殊用法，使字符串格式化的语法更加规范。

format( ) 方法的基本使用格式如下：

```
< 模板字符串 >.format(< 参数列表 >)
```

以上格式中的模板字符串由字符串和"{}"组成，"{}"的作用与 % 相同，用来控制修改字符串中插入值的位置。示例如下：

```
>>> "{} 是人类进步的阶梯。".format(" 书籍 ")
' 书籍是人类进步的阶梯。'
```

如果模板字符串中有多个"{}"，并且"{}"内没有指定任何序号（从 0 开始编号），则默认按照"{}"出现的顺序分别用参数进行替换，如图 3–2 所示。

如果模板字符串中的"{}"明确使用了参数的序号，则需要按照序号对应的参数进行替换，如图 3–3 所示。

format( ) 方法中，模板字符串的花括号中除了参数序号以外，还可以包括其他控制信息，这时，"{}"内部的样式如下：

笔 记

{< 参数序号 >:< 格式控制标记 >}

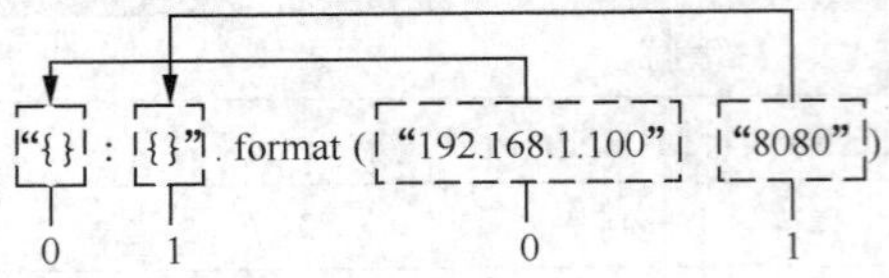

"{}" : {}".format ("192.168.1.100" | "8080")
　　0　　1　　　　　　　　　0　　　　　　　1

"{1}" :{0}".format ("192.168.1.100" | "8080")
　　　　　　　　　　　　　　　0　　　　　　　1

图 3-2
{} 顺序和参数顺序的关系

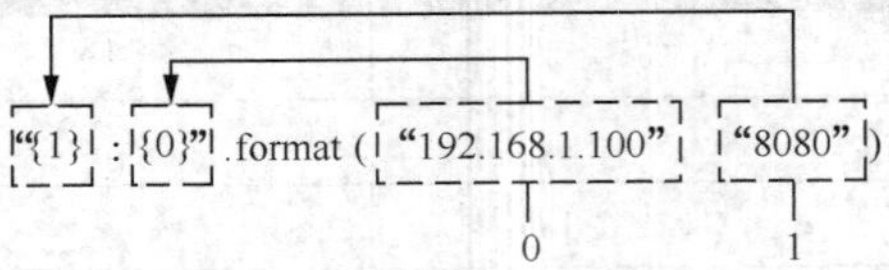

图 3-3
{} 和参数的对应关系

　　以上样式中的格式控制标记包括 < 填充 >、< 对齐 >、< 宽度 >、<,>、<. 精度 >、< 类型 > 这 6 个字段,这些字段都是可选的,可以组合使用。下面分别对这 6 个字段的功能进行说明。

　　(1)< 填充 > 字段是一个字符,默认使用空格填充。

　　(2)< 对齐 > 字段分别使用 <、> 和 ^3 个符号表示左对齐、右对齐和居中对齐。

　　(3)< 宽度 > 字段是指 "{}" 所设定的输出字符串的宽度,如果 < 宽度 > 设定值比参数的实际长度小,则使用参数的实际长度,否则就使用 < 宽度 > 设定值。示例如下:

```
>>> words = "design"
>>> "{:10}".format(words)            # 左对齐,填充空格至宽度为 10
'design    '
>>> "{:>10}".format(words)           # 右对齐,填充空格至宽度为 10
'    design'
>>> "{:@^10}".format(words)          # 居中对齐,且填充 @ 至宽度为 10
'@@design@@'
>>> "{:@^1}".format(words)           # 宽度不足,则返回原字符串
'design'
```

　　(4)<,> 用于显示数字类型的千位分隔符,例如:

```
>>> '{0:,}'.format(31415926)         # 显示千位分隔符
'31,415,926'
```

　　(5)<. 精度 > 字段以小数点开头。对于浮点数而言,精度表示小数部分输出的有效位数;对于字符串而言,精度表示输出的最大长度。示例如下:

```
>>> "{:.5f}".format(3.1415926)       # 输出浮点数,保留 5 位小数
'3.14159'
>>> "{:.5}".format("python")         # 字符串的长度为 5
'pytho'
```

　　(6)< 类型 > 字段用于控制整型和浮点型的格式规则。针对整型的不同进制形式,特提供了不同的输出格式,具体分别如下。

　　· b : 输出整型的二进制形式。

　　· c : 输出整型对应的 Unicode 字符。

　　· d : 输出整型的十进制形式。

　　· o : 输出整型的八进制形式。

　　· x : 输出整型的小写十六进制形式。

·X：输出整型的大写十六进制形式。

针对浮点型，输出格式可以分为以下几种。

·e：输出浮点数对应的小写字母 e 的指数形式。

·E：输出浮点数对应的大写字母 E 的指数形式。

·f：输出浮点数的标准形式。

·%：输出浮点数的百分比形式。

整型和浮点型的输出格式示例如下：

```
>>> "{:c}".format(97)           # Unicode 字符
'a'
>>> "{:X}".format(10)           # 大写的十六进制
'A'
>>> "{:E}".format(1568.736)     # E 的指数
'1.568736E+03'
>>> "{:%}".format(0.80)         # 百分比
'80.000000%'
```

值得一提的是，格式符的方式在 Python 2.x 中用得比较广泛，在 Python 3.x 中，format( ) 方法的应用更加广泛。

现在使用的九九乘法表自上而下从"一一如一"开始到"九九八十一"为止，表格中每个表达式都有着固定的格式："乘数 * 乘数 = 积"。下面使用 format() 方法输出一条符合以上格式的表达式，具体代码如下：

```
a = int(input('请输入第 1 个数:'))
b = int(input('请输入第 2 个数:'))
print("{}*{}={:2d}".format(a, b, a*b))
```

执行程序，程序输出的结果如下：

```
请输入第 1 个数:1
请输入第 2 个数:1
1*1 = 1
```

3.6.3　字符串操作符

Python 提供了众多字符串的操作符，下面以 a ="Hello"，b="itcast" 为例，演示 Python 中适用于字符串的操作符的功能，具体如表 3–13 所示。

字符串操作符

表 3–13　字符串操作符

操 作 符	说　明	示　例
+	连接字符串	a+b，结果为 Helloitcast
*	复制字符串	a*2，结果为 HelloHello
>，<，==，!=，>=，<=	按照 ASCII 值的大小比较字符串	a==b，结果为 False
in，not in	检查字符串中是否存在或不存在某个子串	a in b，结果为 False

下面是字符串操作符的部分示例，具体如下：

笔 记

```
>>> 'secret' + 'garden'              # 使用 + 连接两个字符串
'secretgarden'
>>> 'Python!' * 3                    # 复制 3 次字符串
'Python!Python!Python!'
>>> 'it' in 'itcast'                 # 检测 it 是否存在于 itcast 中
True
>>> 'cast' not in 'itheima'          # 检测 cast 是否不存在于 itheima 中
True
```

　　虽然通过"+"操作符可以连接多个字符串，但是效率非常低，这是因为 Python 中字符串属于不可变类型，在循环连接字符串的时候会生成新字符串，每生成一个新字符串就需要申请一次内存空间，内存操作过于频繁。Python 不建议使用"+"操作符拼接字符串，后续内容会介绍一些其他的字符串连接方法。

3.6.4　字符串处理函数

字符串处理函数

　　Python 为开发者提供了很多内置函数，使用这些内置函数可以便捷地对字符串执行一些常见的操作，例如计算字符串的长度、返回单字符 Unicode 编码等。关于字符串常用函数的功能描述如表 3-14 所示。

表 3-14　字符串类型相关函数

函　　数	说　　明
len( )	返回字符串的长度，或返回其他组合数据类型的元素个数
str( )	返回任何类型所对应的字符串形式
ord( )	返回单字符对应的 Unicode 编码

　　使用表 3-14 中的函数处理字符串，具体示例如下：

```
>>> words = "Python 程序设计 "
>>> print("words 的长度为 :%d" % len(words))   # 计算字符串的长度
words 的长度为 :10
>>> a = 100                                   # 将整型转换成字符串
>>> str(a)
'100'
>>> word = 'a'
>>> ord(word)                                 # 返回单字符的 ASCII 值
97
```

3.6.5　字符串处理方法

字符串处理方法

　　Python 中还提供了许多字符串操作的方法，方法与函数非常相似，但是调用方式不同，函数是直接以"函数名（实参）"的形式调用的，而方法则需要通过前导对象来调用。有关字符串处理的方法非常多，按照不同的功能，常用的方法可以分为以下几种：大小写转换、判断字符串中字符的类型、填充字符串、从字符串中搜索子串、判断字符串前缀 / 后缀、替换字符串、分割字符串等。下面根据功能对不同的方法进行详细地介绍。

1. 大小写转换

如果希望将字符串中所有的字符统一转换为小写或大写，可以通过 lower( )、upper( ) 方法实现。例如，将字符串 "Hello，Python" 中全部的字符分别转换为小写和大写形式，具体如下：

```
words = 'Hello,Python'
print(" 全部转换为小写 :%s" % words.lower())
print(" 全部转换为大写 :%s" % words.upper())
```

程序输出的结果如下：

```
全部转换为小写 : hello,python
全部转换为大写 : HELLO,PYTHON
```

此外，如果想转换为标题形式的字符串，则可以通过 title( )、capitalize( ) 方法实现，前者会返回所有首字母大写且其他字符小写的新字符串，后者返回的是首字母大写其余字符全部小写的新字符串。将字符串 "hello,python" 转换成标题式字符串的示例如下：

```
words = 'hello,python'
print(" 所有单词的首字母转换为大写 :%s" % words.title())
print(" 首字母转换为大写 :%s" % words.capitalize())
```

程序输出的结果如下：

```
所有单词的首字母转换为大写 : Hello,Python
首字母转换为大写 : Hello,python
```

还可以通过 swapcase( ) 方法将字符串中所有的大写字母转换为小写、小写字母转换成大写。例如，将字符串 "HELLO,python" 中的字符的大小写进行互换，具体如下：

```
words = 'HELLO,python'
print(" 大写转换为小写，小写转换为大写 :%s" % words.swapcase())
```

程序输出的结果如下：

```
大写转换为小写，小写转换为大写 : hello,PYTHON
```

2. 判断字符串中字符的类型

字符串中包含的字符可以是字母、数字、汉字和符号，例如 1、2、3、A、B、C、！、#、￥、% 等。在注册一些网站时，可以看到有关账号和密码中可输入字符的提醒，有的只能键入字母类型，有的不支持键入中文字符，如果用户填写的过程中出现了不符合要求的字符，输入框的右侧会出现红色的提示文字。Python 中提供了一些针对字符串进行判断的方法，它们的功能说明如表 3-15 所示。

表 3-15　字符串类型相关方法

方　法	说　明
isdecimal( )	如果字符串中只包含十进制数字则返回 True，否则返回 False
isdigit( )	如果字符串中只包含数字则返回 True，否则返回 False
isnumeric( )	如果字符串中只包含数字则返回 True，否则返回 False
isalpha( )	如果字符串中至少有一个字符，并且所有字符都是字母则返回 True，否则返回 False
isalnum( )	如果字符串中至少有一个字符，并且所有字符都是字母或数字则返回 True，否则返回 False

笔记

检查字符串中字符类型的示例具体如下：

```
>>> print('34'.isdigit())      # 字符串 '34' 中是否只包含数字
True
>>> print('abc'.isalpha())     # 字符串 'abc' 中是否只包含字母
True
>>> print('a34'.isalnum())     # 字符串 'a34' 中是否只包含字母和数字
True
```

3. 填充字符串

若想使输出的字符串整齐美观，可以对字符串进行填充。填充字符串是指使用指定的字符（默认是空格）填充字符串至一定的长度，并通过填充位置来控制原字符串的对齐方式。字符串的对齐方式分为左对齐、居中对齐或右对齐。例如，字符串"Hello"的初始长度为 5，使用 "*" 填充其长度变为 11，3 种对齐方式的填充方法分别如图 3-4 所示。

图 3-4
字符串填充对齐的方式

Python 针对以上 3 种对齐方式均提供了对应的方法，有关它们的介绍如下。

（1）ljust(width, fillchar=None)：使用字符 fillchar 以右对齐方式填充字符串，使其长度变为 width。

（2）center(width, fillchar=None)：使用字符 fillchar 以居中对齐方式填充字符串，使其长度变为 width。

（3）rjust(width, fillchar=None)：使用字符 fillchar 以左对齐方式填充字符串，使其长度变为 width。

如果指定字符串填充的长度小于字符串本身的长度，则只会返回字符串本身。另外，指定填充的字符串长度只能为 1，即只有一个字符。

填充字符串的示例具体如下：

```
words = 'Hello!'
print("采用左对齐的方式填充：%s" % words.ljust(20, '-'))
print("采用居中对齐的方式填充:%s" % words.center(20, '-'))
print("采用右对齐的方式填充： %s" % words.rjust(20, '-'))
```

程序输出的结果如下：

```
采用左对齐的方式填充：  Hello!--------------
采用居中对齐的方式填充:-------Hello!-------
采用右对齐的方式填充： --------------Hello!
```

4. 从字符串中搜索子串

如果需要在指定的范围内检索字符串中是否包含子串，可以通过 find() 和 index()

方法实现。find( ) 和 index( ) 方法默认会从整个字符串中进行搜索，也可以在指定的
范围内搜索。这两个方法的语法格式如下：

```
find(sub, start=None, end=None)
index(sub, start=None, end=None)
```

以上两个方法中，参数 sub 表示待检索的子串；参数 start 表示开始索引，默认
为 0；参数 end 表示结束索引，默认为字符串的长度。

若使用 find( ) 方法查找到子串，则返回子串出现的最小索引值，否则返回 –1；
若使用 index( ) 方法查找到子串，则返回子串第一次出现的最小索引值，否则抛出
ValueError 异常。示例如下：

```
>>> word = 'Hello,Welcome to python!'
>>> word.find('python')          # 检查整个字符串中是否包含 python
17
>>> word.find('to', 0, 10)       # 检查 [0,10] 范围内是否包含 to
-1
>>> word.index('to')             # 检查整个字符串中是否包含 to
14
>>> word.index('python', 5, 17)  # 检查 [5,17] 范围内是否包含 python
Traceback (most recent call last):
  File "<stdin>", line 1, in <module>
ValueError: substring not found
```

5. 判断字符串前缀 / 后缀

Python 提供了 startswith( ) 和 endswith( ) 方法实现判断字符串的前缀和后缀的功能，
这两个方法的语法格式如下：

```
startswith(prefix, start=None, end=None)
endswith(suffix, start=None, end=None)
```

前者用于判断字符串是否以 prefix 开头，后者用于判断字符串是否以 suffix 结尾，
若结果为是则返回 True，否则返回 False。

例如，判断字符串 "hm_python" 是否以 "hm" 为开头，具体如下：

```
>>> words = "hm_python"
>>> words.startswith("hm")       # 在整个字符串中，判断是否以 hm 开头
True
>>> words.startswith("hm", 2,6)  # 在 [2,6] 范围中，判断是否以 hm 开头
False
```

还可以通过 count( ) 方法判断子串在字符串中出现的次数，示例如下：

```
>>> print('xyabxyxy'.count('xy'))
3
```

6. 替换字符串

replace( ) 方法用于使用新字符串替换目标字符串中的指定子串，可指定替换次数，
该方法的语法格式如下：

```
str.replace(old, new, count=None)
```

以上方法中，参数 old 表示将被替换的子串，参数 new 表示替换的新子串，参数

count 表示替换的次数。

replace( ) 方法的使用示例如下：

```
>>> word = "我是小明，我今年 28 岁"
>>> word.replace("我", "他")
'他是小明，他今年 28 岁'
>>> word.replace("我", "他", 1)
'他是小明，我今年 28 岁'
```

如果在字符串中没有找到匹配的子串，直接返回原字符串。示例如下：

```
>>> word.replace("他", "我")
'我是小明，我今年 28 岁'
```

7. 分割字符串

split( ) 方法用于将字符串以分隔符分割成字符串列表，该方法的语法格式如下：

```
str.split(sep=None, maxsplit=-1)
```

以上方法中，参数 sep 表示分隔符，默认为空格，亦可被设置为其他字符，例如空格、换行（\n）、制表符（\t）等；参数 maxsplit 表示分割的次数。

通过 split( ) 方法分割字符串的示例如下：

```
>>> word = "1 2 3 4 5"
>>> word.split()
['1', '2', '3', '4', '5']
>>> word = "a,b,c,d,e"
>>> word.split(",")
['a', 'b', 'c', 'd', 'e']
>>> word.split(",", 3)
['a', 'b', 'c', 'd,e']
```

因为字符串的不可变性，所以前面所讲的这些操作都会产生新的字符串。

3.7　实例 5：过滤敏感词

实例 5：过滤
敏感词

敏感词一般是指带有敏感政治倾向（或反执政党倾向）、暴力倾向、不健康色彩的词或不文明用语，论坛、网站管理员一般会设定一些敏感词，以防不当发言影响论坛、网站环境。若论坛、网站设置了敏感词，用户编辑的内容又含有敏感词，论坛和网站会将其判定为不文明用语，阻止内容的发送，或使用 "*" 替换其中的敏感词。下面将编写 Python 程序实现过滤敏感词的功能。

实现过滤敏感词功能的思路是：首先设定敏感词库，之后对用户输入的语句进行检查，如果其中包含敏感词库中的词汇，通过 replace( ) 方法使用 "*" 替换敏感词。

实现过滤敏感词功能的代码如下：

```
# 05_Filtering_words.py
# 建立敏感词库
sensitive_character = ["操作"]
result = ''
test_sentence = input('请输入一段话：')
```

```
# 遍历输入的字符是否存在敏感词库中
for line in sensitive_character:
    if line in test_sentence: # 判断是否包含敏感词
        result = test_sentence.replace(line, '*')
        test_sentence = result
print(test_sentence)
```

笔 记

程序运行的结果如下：

请输入一段话：你的键盘操作很流畅
你的键盘 * 很流畅

3.8　本章小结

本章主要介绍了与 Python 基本数据类型——数字类型和字符串相关的知识，包括数字类型的运算、字符串格式化、字符串操作符、字符串函数和方法，另外还介绍了数学模块 math。希望通过对本章知识的学习，大家可以熟练地使用基本数据类型，为后续的开发打好基础。

3.9　习题

1. 思考操作符的优先级，给出 30-3**2+8//3**2+10%3 的运算结果。

2. 请使用两种记数方式表示 314159.26。

3. Python 中 5/5 的结果为？

4. 请利用 math 模块把角度制 60 度转换成弧度制，并计算其对应的余弦值。

5. 一年 365 天，以 1.0 作为每天的能力值基数，每天原地踏步则能力值为 1.0，每天努力一点则能力值提高 1%，每天再努力一点则能力值提高 2%，一年后，这 3 种行为收获的成果相差多少呢？请利用 math 模块编写程序，求解下列公式。

$$1^{365}=?$$
$$(1+0.01)^{365}=?$$
$$(1+0.02)^{365}=?$$

6. Python 中 "4"+"6" 的结果为 "10"？

7. 请采用简便的方式输出如下线条：

___*___*___*___*___*___*___*___*___*___*___*

8. 简述 str.rjust( ) 方法的功能。

9. 用户键入一个字符串 s，请将其反转后进行输出。

10. 请采用任一种字符串格式化方式，分别输出 198 的二进制、八进制、十进制、十六进制。

P ython 程序设计现代方法

第 4 章

流程控制

拓展阅读

····· **学习目标**

★ 熟练使用流程图表示程序流程

★ 熟练应用分支结构编写程序

★ 掌握循环结构的使用方法

★ 熟悉 Python 异常处理方式

　　程序中的语句在默认情况下自上而下顺序执行，流程控制是指在程序运行时，通过一些特定的指令更改程序中语句的运行顺序，使其产生跳跃、回溯等现象。本章将对程序表示方法和流程控制等知识进行讲解。

4.1　程序表示方法

　　设计程序时，人们常用一些不可编程，但能体现程序特性的方法来描述程序的功能与流程，自然语言、流程图和伪代码法是 3 种较为常用的表示方法，其中以流程图法最为形象直观。本节将说明如何使用流程图表示程序。

4.1.1　程序流程图

程序流程图

　　程序流程图是一种用图形、流程线和文字说明描述程序基本操作和控制流程的方法，它是程序分析和过程描述的最基本方式。程序流程图使用特定符号表示，它的基本元素如图 4-1 所示。

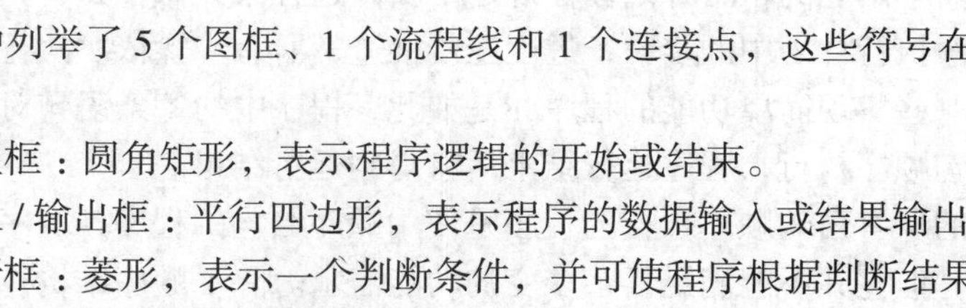

起止框　　　输入/输出框　　　判断框　　　注释框

处理框　　　流向线　　　连接点

图 4-1
常用流程图符号

　　图 4-1 中列举了 5 个图框、1 个流程线和 1 个连接点，这些符号在表示流程图时的功能如下。

　　（1）起止框：圆角矩形，表示程序逻辑的开始或结束。

　　（2）输入 / 输出框：平行四边形，表示程序的数据输入或结果输出。

　　（3）判断框：菱形，表示一个判断条件，并可使程序根据判断结果产生分支。

　　（4）注释框：表示对程序的说明。

　　（5）处理框：直角矩形，表示顺序执行的程序逻辑。

　　（6）流向线：单向实箭头，表示程序的流向。

　　（7）连接点：圆形，表示多个流程图的连接方式，常用于组织表示复杂程序各部分功能的多个子流程图。

　　一个基本的程序流程图如图 4-2 所示。

笔记

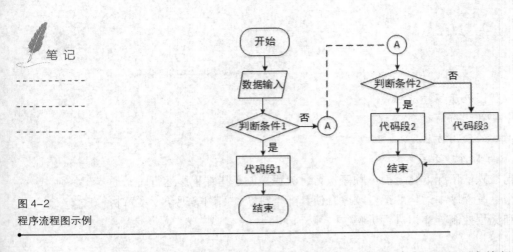

图 4-2
程序流程图示例

图 4-2 使用流程图表示了一个包含 2 个判断条件、3 段顺序执行逻辑的程序流程。第 2 章中的实例 1 与图 4-2 所示流程图的流程基本相同，也包含 2 个判断条件和 3 段顺序代码。使用流程图表示第 2 章的实例 1，具体如图 4-3 所示。

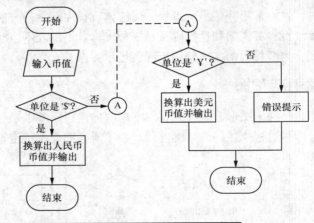

图 4-3
实例 1 流程图

4.1.2 程序的基本结构

程序的基本结构

一个解决简单问题的粗略计划往往规定了实施过程中先做什么，然后做什么，最后做什么。顺序执行计划中的步骤，进度逐步推进，所有步骤依次执行完成，问题最终得以解决。一些实现简单功能的程序亦是如此，程序中的每条语句对应问题的解决步骤，所有语句顺序执行，程序运行结束后将得到运行结果。

如上所述的所有语句顺序执行的程序是使用顺序结构的程序，顺序结构是程序的基础结构之一，但它并不能满足复杂多变的功能需求。除了顺序结构外，程序中还有两种基础结构：分支结构和循环结构。这 3 种结构有以下共同特点。

（1）只有一个入口。

（2）只有一个出口。

下面将结合程序流程图，对程序的这 3 种结构进行说明和描述。

1. 顺序结构

顺序结构是最简单的一种基本结构，其流程图如图 4-4 所示。

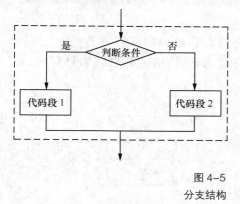

图 4-4
顺序结构

以上所示的顺序结构中，代码段 1 执行完毕后必定执行之后的代码段 2、代码段 2 执行完毕后必定执行之后的代码段 3，程序中的语句从上到下依次执行。

2. 分支结构

分支结构又称选择结构，此种结构必定包含判断条件，是一种根据判断条件的结果选择不同执行路径的结构。分支结构的流程图如图 4-5 所示。

图 4-5 所示的分支结构有两个分支，因此也称为二分支结构。图 4-5 所示的二分支结构可根据判断条件是否成立选择执行代码段 1 或代码段 2。

值得说明的是，无论判断条件是否成立，代码段 1 和代码段 2 只能执行一个，不可能都执行；无论执行哪条分支，分支执行完成后都继续向下执行；代码段 1 和代码段 2 可以有一个为空，即不执行任何操作，此时只有一个分支，这种结构称为单分支结构，其流程图如图 4-6 所示。

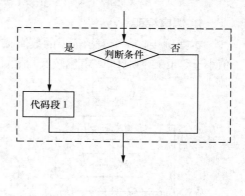

图 4-5
分支结构

图 4-6
单分支结构

多个分支结构可组合使用，形成多分支结构。分支结构的详细内容将在 4.2 节讲解。

3. 循环结构

循环结构又称重复结构，此结构同样包含判断条件，是一种根据判断条件的结果选择是否重复执行某段代码的结构。根据判断条件的触发方式，循环结构可分为条件循环和遍历循环，它们的流程图分别如图 4-7（a）和 4-7（b）所示。

循环结构的详细内容将在 4.3 节中讲解。

笔记

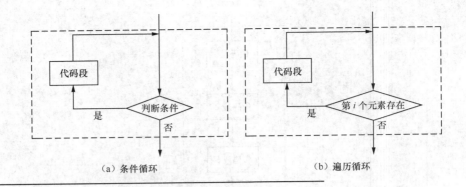

图 4-7
循环结构

（a）条件循环　　　　　　　　　　（b）遍历循环

使用程序流程图
描述程序

4.1.3　使用程序流程图描述程序

下面结合实际案例，演示如何使用程序流程图描述程序，并通过程序展示不同的程序结构。

1. 数值运算

本案例从键盘获取两个数据 num1 和 num2，并在对两数求和与求差之后将结果分别输出。使用流程图描述该问题，如图 4-8 所示。

由图 4-8 中的流程图可知，解决该问题的程序会用到顺序结构。程序的代码具体如下：

```
#01_calc.py
num1 = input("num1=")
num2 = input("num2=")
sum = eval(num1) + eval(num2)
differ = eval(num1) - eval(num2)
print("sum=%d,differ=%d"%(sum, differ))
```

2. 温度提醒

本案例接收一个表示气温的数值 temp，若数值大于 15，则打印"温度适宜"，若数值小于等于 15，则打印"气温较低，请酌情添衣"。使用流程图描述该案例，如图 4-9 所示。

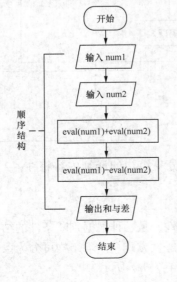

图 4-8
数值运算问题流程图

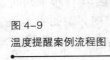

图 4-9
温度提醒案例流程图

由图 4-9 所示的流程图可知，解决该问题的程序会用到分支结构。程序的代码具体如下：

```
#02_temp_reminder.py
temp = input("temp=")
if eval(temp)>15:
    print(" 温度适宜 ")
else:
    print(" 气温较低，请酌情添衣 ")
```

3. n 的阶乘

本案例要求输入一个整数 n，计算该数的阶乘，并打印计算结果。该案例的流程图如图 4-10 所示。

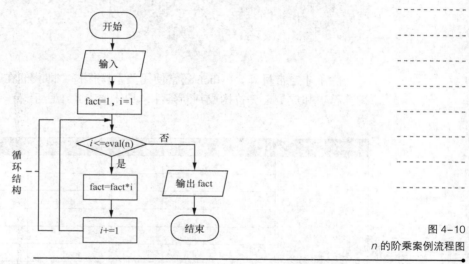

图 4-10
n 的阶乘案例流程图

由图 4-10 中的流程图可知，解决该问题的程序会用到循环结构。程序代码具体如下：

```
#03_factorial.py
n = input("n=")
fact = 1
i = 1
while i <= eval(n):
    fact = fact * i
    i = i + 1
print("n!=%d"%fact)
```

4.2 分支结构

Python 语言通过关键字 if、elif 和 else 来构成分支结构，根据分支的数量，分支结构分为单分支结构 if、二分支结构 if-else 和多分支结构 if-elif-else。本节将对这些分支结构的语法格式和使用方法分别进行讲解。

4.2.1　判断条件

判断条件是分支结构的核心，在学习分支结构之前我们先来学习判断条件。

判断条件可以是具有布尔属性的任意元素，包括数据、变量或由变量与运算符组成的表达式，若其布尔属性为 True，条件成立；若布尔属性为 False，条件不成立。

Python 中任意非零的数值、非空的数据类型的布尔属性为 True，0 或空类型的布尔属性为 False。使用 bool( ) 函数查看目标的布尔属性，具体示例如下：

```
>>> bool(80)
True
>>> bool([])
False
>>> bool('')
False
>>> bool('Alpho')
True
```

除了非空常量外，Python 还常使用关系操作符（即我们在第 3 章中所学习的比较运算符）和成员运算符构成判断条件，具体如表 4-1 所示。

表 4-1　关系运算符

分　类	运　算　符	数　学　符　号	操作符含义
关系运算符	==	=	等于
	!=	≠	不等于
	>	>	大于
	<	<	小于
	>=	≥	大于等于
	<=	≤	小于等于
成员运算符	in	∈	存在
	not in	∉	不存在

使用表 4-1 中的部分运算符形成判断条件，具体示例如下：

```
>>> 3 > 6
False
>>> 0 == False
True
>>> 5 != 0
True
>>> 3 in [1,2,3,4,5]
True
>>> 3 not in [1,2,3,4,5]
False
```

Python 支持通过保留字 not、and 和 or 对判断条件进行逻辑组合，这几个保留字的功能如下。

（1）not，表示单个条件的"否"关系。如果"条件"的布尔属性为 True，"not 条件"的布尔属性就为 False；如果"条件"的布尔属性为 False，"not 条件"的布尔属性就为 True。

（2）and，表示多个条件之间的"与"关系。当且仅当使用 and 连接的所有条件的布尔属性都为 True 时，逻辑表达式的布尔属性为 True，否则为 False。

（3）or，表示多个条件之间的"或"关系。当且仅当使用 or 连接的所有条件的布尔属性都是 False 时，逻辑表达式的布尔属性为 False，否则为 True。

使用以上保留字形成判断条件，具体示例如下：

```
>>> not False
True
>>> a = 3
>>> (a > 5) or (a < 50 and a > 6)
False
```

4.2.2　单分支结构：if 语句

Python 单分支结构的语法格式如下：

```
if 判断条件：
    代码段
```

单分支结构：
if 语句

以上格式中的 if、":"和代码段前的缩进都是语法的一部分：if 关键字与判断条件构成 if 语句，if 语句后使用 ":"结尾，代码段与 if 语句之间通过缩进形成逻辑关联。若 if 语句中的判断条件成立，执行 if 语句后的代码段；若判断条件不成立，则跳过 if 语句后的代码段。单分支结构中的代码段只有"执行"与"跳过"两种情况。

使用单分支结构实现判断当天是否为工作日的程序：用户根据提示输入数字 1 ~ 7，程序根据输入进行判断，若输入为 1 ~ 5，则判定当天是工作日；若输入为 6、7，则判定当天不是工作日。完整代码如下：

```
#04_working_day_if.py
day = int(input("今天是工作日吗（请输入整数 1 ~ 7）？ "))
if day in [1,2,3,4,5]:
    print("今天是工作日。")
if day in [6,7]:
    print("今天非工作日。")
```

以上示例代码使用了两个 if 语句，第 1 个 if 语句在第 3 行，第 2 个 if 语句在第 5 行。第 3 行 if 语句后的判断条件判断输入的整数是否存在于列表 [1,2,3,4,5] 中，若存在，执行第 4 行代码，打印"今天是工作日。"；否则跳过第 4 行代码。继续通过第 5 行的判断条件判断输入的整数是否为 6 或 7，若是则执行第 6 行代码，打印"今天非工作日"，否则跳过第 6 行代码，程序结束。

4.2.3　二分支结构：if-else 语句

分析 4.2.2 小节中的程序 04_working_day_if.py：如果某天"是工作日"则肯定不是"非工作日"，换言之，如果第 1 个 if 条件成立，第 2 个 if 结构根本不需要执行，"是工作日"与"非工作日"存在互斥关系，非此即彼。但事实上无论这个程序的第 1 个 if 条件成立与否，第 2 个 if 结构总是会被执行，如此就出现了冗余。

二分支结构：
if-else 语句

为了避免执行不必要的条件结构，提高程序效率，Python 提供了二分支结构：if-else。if-else 结构包含两个分支，这两个分支总是只有一个会被执行，该结构的语法格式如下：

```
if 判断条件 :
    代码段 1
else:
    代码段 2
```

二分支结构中的 if、else、":" 和代码段前的缩进都是语法的一部分。二分支结构只有一个判断条件，根据判断条件的结果在两段代码中选择一段执行。

下面使用二分支结构优化 4.2.2 小节中实现的程序。优化后的程序代码如下：

```
#05_working_day_if_else.py
day = int(input(" 今天是工作日吗（请输入整数 1 ~ 7）? "))
if day in [1,2,3,4,5]:
    print(" 今天是工作日。")
else:
    print(" 今天非工作日。")
```

以上程序提示用户输入数字 1 ~ 7，并根据输入进行判断：若输入为 1 ~ 5，判定当天是工作日；否则判定当天非工作日。

二分支结构中代码段只包含简单的表达式，该结构可浓缩为更简洁的表达方式，其语法格式如下：

```
表达式 1 if 判断条件 else 表达式 2
```

使用以上格式实现判断是否为工作日的程序，完整代码如下：

```
#06_working_day_if_else.py
day = int(input(" 今天是工作日吗（请输入整数 1 ~ 7）? "))
result = " 是 " if day in [1,2,3,4,5] else " 非 "
print(" 今天 {} 工作日。".format(result))
```

以上代码中二分支结构的表达式为两个字符串。

4.2.4 多分支结构：if-elif-else 语句

多分支结构：
if-elif-else 语句

在 4.2.3 小节中，我们利用二分支结构对 4.2.2 小节中的程序进行了改动，在一定程度上降低了代码冗余，提高了程序效率。然而，表面看来程序得到了优化，实际上改动后的程序出现了一个致命缺陷——程序逻辑存在问题：只要接收的输入不是 1 ~ 5，程序总会判定 "今天非工作日。"。

如此看来，4.2.2 小节中的第 2 个判断条件不应被省略，但能否将 4.2.2 小节中判断结构间的并列关系改为互斥关系呢？答案是肯定的。

Python 中提供了多分支结构：if-elif-else。多分支结构可连接多个判断条件，产生多个分支，但各个分支间存在互斥关系，最终至多有一个分支被执行。多分支结构的语法格式如下：

```
if 判断条件 1:
        代码段 1
elif 判断条件 2:
        代码段 2
...
elif 判断条件 n:
```

```
            代码段 n
else:
            代码段 n+1
```

多分支结构中的 if、elif、else、":"和代码段前的缩进都是语法的一部分，if 语句、每一个 elif 语句和 else 语句都是一个分支，其后的代码段通过缩进与其产生逻辑联系。进入多分支结构后先判断 if 语句中的条件，若满足则执行代码段 1 后跳出分支结构；若不满足则继续判断 elif 语句中的条件，在满足条件时执行相应代码段；若所有条件都不满足，执行 else 语句之后的代码段。多分支结构的流程图如图 4-11 所示。

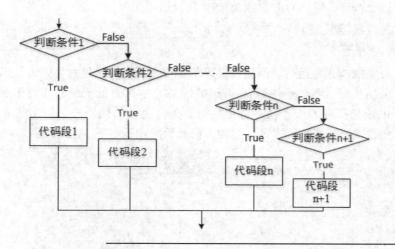

图 4-11
if-elif-else 语句的流程图

使用多分支结构实现判断当天是否为工作日的程序，完整代码如下：

```
#07_working_day_elif.py
day = int(input("今天是工作日吗（请输入整数 1~7）? "))
if day in [1,2,3,4,5]:
    print("今天是工作日。")
elif day in [6,7]:
    print("今天非工作日。")
else:
    print("输入有误。")
```

以上程序根据输入进行判断，若输入为 1 ~ 5，判定当天是工作日；若输入为 6、7，判定当天非工作日；若输入为其他，提示"输入有误"。

多分支结构中条件较多，各分支为互斥关系，每个多分支结构中只有一段代码会被执行，但判断条件可能存在包含关系，此时需要注意判断条件的先后顺序。例如实现一个这样的程序：根据输入的百分制成绩输出由 A ~ E 表示的五分制成绩。此时很容易写出如下代码：

```
#08_grade_conversion.py
score = eval(input("请输入百分制成绩："))
if score > 60.0:
    grade = "D"
elif score > 70.0:
```

```
        grade = "C"
    elif score > 80.0:
        grade = "B"
    elif score > 90.0:
        grade = "A"
    else:
        grade = "E"
    print(" 对应的五分制成绩是：{}".format(grade))
```

以上程序依次将 60.0、70.0、80.0、90.0 作为成绩的临界点，若百分制成绩高于 60.0，五分制成绩为 D；若百分制成绩高于 70.0，五分制成绩为 C；以此类推。

执行以上程序，输入百分制成绩 75，执行结果如下：

```
请输入百分制成绩：75
对应的五分制成绩是：D
```

以上程序虽能正常运行，但运行结果却不符合预期，这显然是因为代码的逻辑存在问题。分析代码，我们会注意到高于 70.0、80.0、90.0 的成绩必然高于 60.0，因此只要输入的成绩高于 60.0，程序总是执行 if 条件之后的代码段，输出的五分制成绩总是 D。修改代码，修正程序逻辑结构，修改后的代码如下：

```
#09_grade_conversion_change_order.py
score = eval(input(" 请输入百分制考试成绩："))
if score > 90.0:
    grade = "A"
elif score > 80.0:
    grade = "B"
elif score > 70.0:
    grade = "C"
elif score > 60.0:
    grade = "D"
else:
    grade = "E"
print(" 对应的五分制成绩是：{}".format(grade))
```

以上程序通过调整判断条件的先后顺序修正了逻辑，当然也可以修改判断条件，使用更严格的条件来修正程序。修改后的代码如下：

```
#10_grade_conversion_change_conds.py
score = eval(input(" 请输入百分制考试成绩："))
if score > 60.0 and score <= 70.0:
    grade = "D"
elif score > 70.0 and score <= 80.0:
    grade = "C"
elif score > 80.0 and score <= 90.0:
    grade = "B"
elif score > 90.0 and score <= 100.0:
    grade = "A"
else:
    grade = "E"
print(" 对应的五分制成绩是：{}".format(grade))
```

综上可知，判断条件是分支结构的核心，条件决定程序的流向，当分支中的条件存在包含关系时，条件的先后顺序同样影响程序的逻辑，因此，在使用分支结构时应着重注意判断条件，程序编写完成后亦应进行测试，以保证程序能够实现预期的功能。

4.2.5 分支嵌套

虽然程序在接收用户输入时给出了友好提示"今天是工作日吗（请输入整数 1 ~ 7）？"，但用户操作时难免不会输入除 1 ~ 7 之外的数据。实际开发中开发人员通常会设置在开始逻辑判断之前，先检查用户输入，以判断输入是否符合预期。此时将会用到分支嵌套。

分支结构的内部可以包含分支结构，此种情况称为分支嵌套。分支嵌套的语法格式如下：

分支嵌套

```
if 判断条件1:                    # 外层单分支
    [代码段1]
    if 判断条件2:                # 内层单分支
        代码段2
        ...
    [代码段3]
...
```

以上语法格式中内层分支结构的 if 语句与外层分支结构的代码段 1（代码段 1 可以为空）有相同的缩进量，若外层 if 语句判断条件 1 的值为 True，执行代码段 1，并对内层 if 语句的判断条件 2 进行判断，若判断条件 2 的值为 True 则执行代码段 2，否则跳出内层结构；若判断条件 1 的值不满足，则既不执行代码段 1，也不对内层 if 语句的判断条件 2 进行判断。分支嵌套的执行流程如图 4-12 所示。

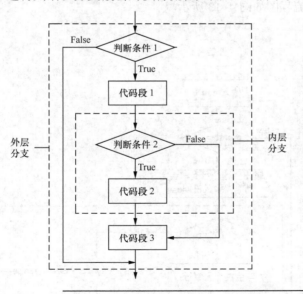

图 4-12
分支嵌套流程图

使用分支嵌套优化 4.2.3 小节中的程序，具体代码如下：

```
#11_working_day_nesting.py
day = int(input("今天是周几（请输入整数 1 ~ 7）？ "))
if day in [1,2,3,4,5,6,7]:
    if day in [1,2,3,4,5]:
        print("今天是工作日。")
    else:
```

笔 记

```
            print("今天非工作日。")
    else:
        print("输入有误。")
```

以上代码先对用户输入的数据进行判断，限定内层分支结构只能对数字 1 ~ 7 进行判断，否则提示"输入有误。"。

下面使用分支嵌套实现这样一个程序：公司将在 1 月 12 日组织年会，用户根据提示输入月份，程序根据输入判断当月是否组织年会，若月份等于 1 则打印"这个月有年会活动"，之后用户根据提示输入当天的日期，程序根据输入判断年会是否已经举办；若月份不等于 1 则打印"这个月没有年会"。完整代码如下：

```
#12_annual_meeting.py
month = int(input("请输入月份："))
if month == 1:
    print("这个月有年会活动。")
    day = int(input("请输入日期："))
    if day == 12:
        print("年会将在今天举行。")
    elif day > 12:
        print("年会已经结束。")
    elif day < 12:
        print("距离年会还有 {} 天".format(12-day))
else:
    print("这个月没有年会。")
```

以上程序的流程图如图 4-13 所示。

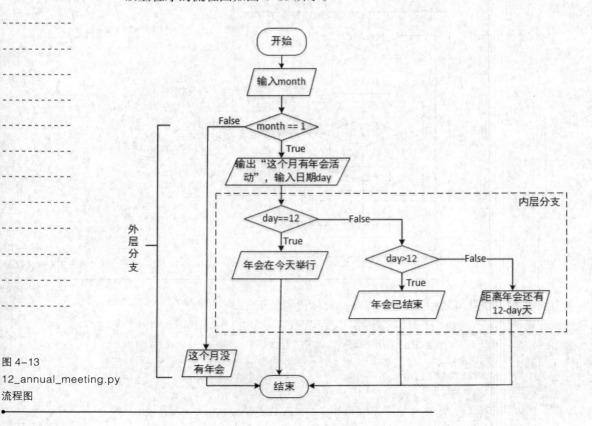

图 4-13
12_annual_meeting.py
流程图

各种分支结构都可以嵌套使用，但过多的嵌套会导致程序逻辑混乱，降低程序的可读性，增加程序维护的难度，因此在进行程序开发时应仔细梳理程序逻辑，避免多层嵌套。

笔 记

4.3 循环结构

Python 程序中的循环结构分为 while 循环和 for 循环两种，其中 while 循环一般用于实现条件循环，for 循环一般用于实现遍历循环。本节将对这两种循环结构分别进行讲解。

4.3.1 条件循环：while 循环

while 循环的语法格式如下：

条件循环：
while 循环

```
while 循环条件：
    代码段
```

当程序执行到 while 语句时，若循环条件为 True，执行之后的代码段，代码段执行完成后再次判断 while 语句中的循环条件，如此往复，直到循环条件为 False 时，终止循环，执行 while 循环结构之后的语句。

while 循环常用于循环计数，例如使用 while 循环实现计算 n 的阶乘，完整代码如下：

```
#13_factorial.py
n = int(input("请输入一个整数："))
fact = 1
i = 1
while i<= n:
    fact = fact *i
    i = i + 1
print({}!={}".format(n,fact))
```

以上程序的循环结构通过条件"$i<=n$"控制循环，通过语句 fact=fact*i 实现阶乘计算，通过语句 $i=i+1$ 累加循环因子 i。当 $i<=n$ 不成立时，$n!$ 计算完毕，结束循环，打印阶乘计算结果。

Python 的 while 循环也支持使用保留字 else 产生分支，具体语法格式如下：

```
while 循环条件：
    代码段 1
else:
    代码段 2
```

以上格式中 else 语句后的代码段 2 只在循环正常执行结束后才会执行，因此一般代码段 2 为循环执行情况的说明性语句。以实现计算 n 的阶乘的程序为例，示例代码如下：

```
#14_factorial_else.py
n = int(input("请输入一个整数："))
fact = 1
i = 1
```

笔 记

```
print("n! 计算中……")
while i <= n:
    fact = fact * i
    i = i + 1
else:
    print("n! 计算完成 ，循环正常结束 ")
print("{}!={}".format(n,fact))
```

执行以上程序，输入整数 4，执行结果如下：

```
请输入一个整数：4
n! 计算开始
n! 计算完成，循环正常结束
n!=24
```

需要注意的是，若 while 循环的条件总是 True，循环将一直执行，这种情况被称为无限循环，也叫作死循环。初学者在使用 while 循环时很容易忘记更改循环因子的值，例如在程序 07_ factorial.py 循环结构的代码段中，更改循环因子的语句 "$i = i + 1$"可能会被遗漏，此时循环将无法结束。

在实际开发中，有些程序不需要终止循环，比如游戏的主程序、操作系统中的监控程序等，但无限循环会占用大量内存，如无必要，程序中不应出现死循环，以免影响程序和系统的性能。

4.3.2 遍历循环：for 循环

遍历循环：
for 循环

遍历指逐一访问目标中的数据，例如逐个访问字符串中的字符；遍历循环指在循环中完成对目标的遍历。Python 一般使用保留字 for 实现遍历循环，for 循环的语法格式具体如下：

```
for 循环变量 in 目标：
    代码段
```

以上格式中的 "目标" 可以是字符串、文件、range( ) 函数或后续章节中将会学习的组合数据类型等；"循环变量" 用于保存本次循环中访问到的遍历结构中的元素；for 循环的循环次数取决于遍历结构中元素的个数。

1. 遍历字符串

使用 for 循环遍历字符串，并逐个打印字符串中的字符，具体代码如下：

```
#15_traversing.py
string = input(" 请输入一个字符串：")
for c in string:
    print(c)
```

执行程序，输入字符串 "python"，程序的执行结果如下：

```
请输入一个字符串：python
p
y
t
h
o
n
```

2. for 循环与 range( ) 函数

range( ) 函数可创建一个整数列表，该函数的语法格式如下：

```
range([start,]stop[,step])
```

range( ) 函数中的参数说明如下。

（1）start：表示列表起始位置，该参数可以省略，此时列表默认从 0 开始。

（2）stop：表示列表结束位置，但不包括 stop。例如 range(5)、range(0,5) 表示列表 [0,1,2,3,4]。

（3）step：表示列表中元素的增幅，该参数可以省略，此时列表步长默认为 1，例如 range(0,5) 等价于 range(0,5,1)。

range( ) 函数一般与 for 循环搭配使用，以控制 for 循环中代码段的执行次数。使用 range( ) 函数搭配 for 循环，输出字符串中的每个元素，完整代码如下：

```
#16_traversing_range.py
string = input("请输入一个字符串：")
for i in range(len(string)):
    print(string[i])
```

以上程序可实现与 15_traversing.py 同样的功能。

多学一招：for-else

与 while 循环类似，for 循环也能与保留字 else 搭配使用。for-else 结构具体语法格式如下：

```
for 循环变量 in 遍历结构:
    代码段 1
else:
    代码段 2
```

for-else 结构中，else 语句之后的代码同样只在循环正常执行之后才执行，因此代码段 2 中一般用于说明循环的执行情况。

4.3.3　循环控制

循环结构在条件满足时可一直执行，但在一些情况下，程序需要终止循环，跳出循环结构。例如在某些游戏正在运行时，按下 ESC 键，将终止程序主循环，结束游戏。Python 语言中提供了两个保留字：break 和 continue，以实现循环控制。

循环控制

1. break

保留字 break 用于跳出它所在的循环结构，该语句通常与 if 结构结合使用，具体语法格式如下：

```
while 循环条件:
    [代码段 1]
    if 判断条件:
        break
    [代码段 2]
```

```
for 循环变量 in 遍历结构:
    [代码段 1]
    if 判断条件:
        break
    [代码段 2]
```

以上格式的流程如图 4-14 所示。

笔 记

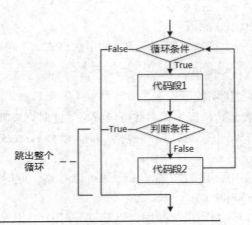

图 4-14
循环结构与 break 语句

修改程序 13_factorial.py，在 while 循环结构中添加 break 语句。具体示例如下：

```
#17_factorial_break.py
n = int(input("请输入一个整数："))
fact = 1
i = 1
while i <= n:
    fact = fact * i
    i = i + 1
    if i == 4:
        break
print("{}!={}".format(n,fact))
```

以上程序在 while 结构中添加了条件判断，当 i 累加到 4 时，程序将跳出循环，因此执行程序后，若输入的整数不小于 3，计算结果总是等于 3 的阶乘。

修改程序 15_traversing.py，在 for 循环中添加 break 语句，具体示例如下：

```
#18_traversing_break.py
string = input("请输入一个字符串：")
for c in string:
    if c == "a":
        break
    print(c)
```

以上程序中若未设置 break 语句，程序运行后根据提示输入字符串 "itcast"，for 循环将逐个打印 itcast 中的字符；但由于设置了 break 语句，当遍历到字符 a 时，程序跳出循环，最终只打印字符 i、t、c。

2. continue

保留字 continue 不会使程序跳出整个循环，但会使程序跳出本次循环，该保留字同样与 if 语句结合使用，具体语法格式如下：

```
while 循环条件：
    [代码段 1]
    if 判断条件：
        continue
    [代码段 2]
```

```
for 循环变量 in 遍历结构：
    [代码段 1]
    if 判断条件：
        continue
    [代码段 2]
```

以上格式的流程图如图 4-15 所示。

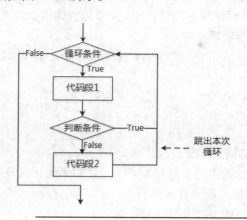

图 4-15
循环结构与 continue 语句

使用 continue 替换程序 18_traversing_break.py 中的 break，完整代码如下：

```
#19_traversing_continue.py
string = input("请输入一个字符串：")
for c in string:
    if c == "a":
        continue
    print(c)
```

以上程序在遍历到字符 a 时会因 continue 语句而跳出本次循环，程序最终会打印除 a 之外的字符。程序运行后在终端输入 itcast，运行结果如下：

```
请输入一个字符串：itcast
i
t
c
s
t
```

4.4　异常处理

尽管程序开发人员在编写程序时会尽可能地考虑实际应用时出现的问题，但仍难避免因不规范操作导致的运行错误。例如程序 01_calc.py 中使用 eval( ) 函数处理与计算变量 num1 和 num2 接收的内容，理论上 num1 和 num2 应接收表示数值的字符串，然而用户的实际输入可能各式各样，此时程序将因错误而崩溃，具体如下所示：

异常处理

```
num1=itcast
num2=3
Traceback (most recent call last):
  File "test.py", line 4, in <module>
    sum = eval(num1)+eval(num2)
  File "<string>", line 1, in <module>
NameError: name 'itcast' is not defined
```

以上展示的由于输入与预期不匹配造成的错误有很多种可能，编写程序时很难逐一列举进行判断，为了保证程序能够稳定运行，编程语言一般都会提供异常处理语句，帮助程序捕获、控制与处理异常。

Python 语言使用保留字 try 和 except 组合成的分支结构以处理异常，此种分支结构的语法格式如下：

```
try:
    代码段 1
except:
    代码段 2
```

以上语法格式中的代码段 1 是需要捕获异常的语句，以及未出现异常时程序将执行的语句；代码段 2 是出现异常时程序将会执行的语句。下面修改程序 01_calc.py，在其中添加异常处理结构。修改后的程序如下：

```
#20_calc_try.py
try:
    num1 = input("num1=")
    num2 = input("num2=")
    sum = eval(num1) + eval(num2)
    differ = eval(num1) - eval(num2)
    print("sum=%d,differ=%d"%(sum,differ))
except:
    print(" 程序异常退出。")
```

以上程序执行后若出现错误，将会执行第 9 行代码，打印"程序异常退出。"。程序执行后分别输入 123 和 test，执行结果具体如下所示：

```
num1=123
num2=test
程序异常退出。
```

异常处理结构可以处理程序中出现的多种异常，包括输入异常、运行异常等。合理利用异常处理结构，有助于提高程序的稳定性。

4.5　实例 6：猜数字

实例 6：猜数字

猜数字是一种两人参与的简单小游戏：两人事先约定好数字范围，由其中一人随机设置一个数字记录在纸上作为谜底，另一人可多次猜测，若猜测的数值较小，设置谜底的人给出提示"很遗憾，猜小了"，若猜测的数值较大，则给出提示"很遗憾，猜大了"。猜谜的人根据提示继续猜测，直到猜到谜底时游戏结束。

下面使用程序实现以上实例，完整代码如下：

```
#21_guess_number.py
import random                        # 导入随机数模块
randnum = random.randint(1,100)      # 随机生成 1 ~ 100 以内的整数
count = 0
while True:
```

```
        count = count + 1
        try:
            guess = eval(input('请输入一个所猜数字 (1~100)：'))
        except:
            print('输入有误。')
        if guess > randnum:
            print('很遗憾，猜大了。')
        elif guess < randnum:
            print('很遗憾，猜小了。')
        else:
            print('恭喜你，猜对了。')
            break
print('本轮竞猜次数是：{}'.format(count))
```

以上程序使用了随机数模块中的 randint( ) 函数，randint( ) 函数的功能是生成指定范围内的随机整数。程序利用 randint( ) 函数模拟玩家设置谜底，并在 while 循环中模拟玩家猜测谜底。运行程序，一次游戏过程模拟如下所示：

```
请输入一个所猜数字 (1 ~ 100)：7
很遗憾，猜小了。
请输入一个所猜数字 (1 ~ 100)：90
很遗憾，猜大了。
请输入一个所猜数字 (1 ~ 100)：50
很遗憾，猜小了。
请输入一个所猜数字 (1 ~ 100)：83
很遗憾，猜小了。
请输入一个所猜数字 (1 ~ 100)：88
很遗憾，猜大了。
请输入一个所猜数字 (1 ~ 100)：85
很遗憾，猜小了。
请输入一个所猜数字 (1 ~ 100)：86
恭喜你，猜对了。
本轮竞猜次数是：7
```

多学一招：随机数模块——random

random 模块是 Python 内置的标准模块，在程序中导入该模块，可利用模块中的函数生成随机数据。该模块中常用的函数如表 4-2 所示。

表 4-2　random 模块中的常用函数

函　数	功 能 说 明
random.random( )	用于生成一个随机浮点数 n，$0 \leqslant n<1.0$
random.uniform(a,b)	用于生成一个指定范围内的随机浮点数 n，若 $a<b$，则 $a \leqslant n \leqslant b$；若 $a>b$，则 $b \leqslant n \leqslant a$
random.randint(a,b)	用于生成一个指定范围内的整数 n，$a \leqslant n \leqslant b$
random.randrange([start,]stop[,step])	生成一个按指定基数递增的序列，再从该序列中获取一个随机数
random.choice(sequence)	从序列中获取一个随机元素，参数 sequence 表示一个序列类型
random.shuffle(x[,random])	将列表 x 中的元素随机排列
random.sample(sequence,k)	从指定序列中随机获取指定长度的片段并随机排列

4.6 本章小结

本章主要讲解了程序表示方法、分支结构以及循环结构，其中程序表示方法中主要介绍如何使用程序流程图描述程序流程；分支结构中主要介绍程序的单分支结构、二分支结构和多分支结构以及分支嵌套方法；循环结构中主要介绍条件循环、遍历循环以及如何通过保留字 break、continue 跳出循环。另外本章简单介绍了程序的异常处理方法，并通过实例 6：猜数字帮助读者理解程序结构和异常处理方式。

4.7 习题

1. 使用＿＿＿＿＿＿可以跳出循环结构。
2. 阅读下面的代码：

```
sum = 0
for i in range(100):
    if(i % 10):
        continue
    sum = sum + i
print(sum)
```

以上代码的执行结果是＿＿＿＿＿＿。

3. 已知 x=10，y=20，z=30；以下语句执行后 x，y，z 的值是＿＿＿＿＿＿。

```
if x < y:
    z = x
    x = y
    y = z
```

4. 编写程序，接收用户输入的数据，并输出该数据的绝对值。

5. 编写程序，输出九九乘法表。

6. 中国古代数学家张丘建在他的《算经》中提出了一个著名的"百钱百鸡问题"：一只公鸡值五钱，一只母鸡值三钱，三只小鸡值一钱，现在要用百钱买百鸡，请问公鸡、母鸡、小鸡各多少只？编程解决以上问题。

7. 一盘游戏中，两人轮流掷骰子 5 次，并将每次掷出的点数累加，5 局之后，累计点数较大者获胜，点数相同则为平局。根据此规则实现掷骰子游戏，并算出 50 盘之后的胜利者（50 盘中赢得盘数最多的，即最终胜利者）。

拓展：使用 random 模块中的 randint( ) 方法实现随机掷点功能（randint(1,6)）。

8. 只能由 1 和它本身整除的整数称为素数；若一个素数从左向右读与从右向左读是相同的数，则该素数为回文素数。编程求出 2 ~ 1000 内的所有回文素数。

9. 若一个三位数每一位数字的 3 次幂之和都等于它本身，则这个三位数被称为水仙花数。例如 153 是水仙花数，各位数字的立方和为 $1^3 + 5^3 + 3^3 = 153$。编程求出所有的水仙花数。

10. 已知某公司有一批销售员工，其底薪为 2000 元，员工销售额与提成比例如下。

（1）当销售额 ≤ 3000 时，没有提成。

（2）当 3000< 销售额 ≤ 7000 时，提成 10%。

（3）当 7000< 销售额 ≤ 10000 时，提成 15%。

（4）当销售额 >10000 时，提成 20%。

编写程序，通过员工的销售额计算该员工的薪水总额并输出。

P
ython 程序设计现代方法

第 5 章

函数

拓展阅读

学习目标

★认识函数，掌握函数的定义和调用方式

★掌握不同的参数传递方法及函数的返回值

★了解变量作用域，掌握局部变量和全局变量的特点

★掌握匿名函数和递归函数的定义和使用

★熟悉 datetime 模块，能使用该模块处理日期与时间

★理解模块化设计的思想，能够使用函数进行编程

　　程序开发过程中，随着需要处理的问题变得越来越难，程序也会变得越来越长。冗长的程序不仅在阅读和理解上给开发人员增加了难度，也不利于后期对程序的维护与二次开发。通常处理复杂问题的基本方法是"化繁为简，分而治之"，也就是说将复杂的问题分解成若干个足够小的问题，只要各个小问题解决了，大问题自然也就迎刃而解。例如，把大象装进冰箱可细分成以下 3 步完成。

　　（1）打开冰箱门。

　　（2）把大象放进去。

　　（3）关上冰箱门。

　　逐个解决上述的小问题，最终便能解决最初设定的大问题。同理，在设计程序时，可以先将程序拆解成若干个小功能，再逐个实现小的功能。程序开发中可以将小的功能封装到函数中。本章将对 Python 中的函数进行详细的讲解。

5.1　函数概述

　　函数是组织好的、可重复使用的、用来实现单一或相关联功能的代码段，通过函数的名称表示和调用。函数也可以看作是一段有名字的子程序，可以在需要的地方使用函数名调用执行。在学习本章内容之前，其实我们已经接触过一些函数，比如输出信息到命令行窗口的 print( ) 函数、接收键盘输入信息的 input( ) 函数等。

　　函数是一种功能抽象，它可以完成特定的功能，与黑箱模型的原理一样。黑箱模型是指所建立的模型只考虑输入与输出，而与过程机理无关。现实生活中，应用黑箱原理的实物有很多，比如洗衣机，对于使用者来说，大家只需要了解洗衣机的使用方法，将洗衣粉、水放入，最终得到洗干净的衣服，这个过程是完全封闭的。对于函数，外界不需要了解其内部的实现原理，只需要了解函数的输入输出方式即可使用，换言之，调用函数时以不同的参数作为输入，执行函数后以函数的返回值作为输出，具体如图 5-1 所示。

　　函数大体可以划分为两类，一类是系统内置函数，它们由 Python 内置函数库提供，例如我们在前面章节中学习的 print( )、input( )、type( )、int( ) 等函数；另一类是用户根据需求定义的具有特定功能的一段代码。自定义函数像一个具有某种特殊功能的容

笔记

器——将多条语句组成一个有名称的代码段，以实现具体的功能。

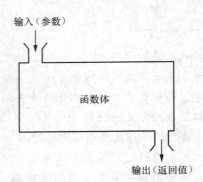

图 5-1
函数的工作原理

使用函数的好处主要体现在以下几方面。

（1）将程序分解成更小的块（模块化）。

（2）降低理解难度，提高程序质量。

（3）减小程序体积，提高代码可重用性。

（4）降低了软件开发和维护的成本。

5.2　函数的基础知识

函数的使用可以分为函数的定义和函数的调用两部分，它只需要定义一次，便可以无限次地被重复使用。

5.2.1　函数的定义

Python 使用 def 关键字定义函数，基本语法格式如下：

```
def 函数名 ([参数列表]):
    [''' 文档字符串 ''']
    函数体
    [return 语句]
```

上述语法的介绍如下。

（1）关键字 def：标志着函数的开始。

（2）函数名：函数的唯一标识，其命名方式遵循标识符的命名规则。

（3）参数列表：可以有零个、一个或多个参数，多个参数之间使用逗号分隔。根据参数的有无，函数分为带参函数和无参函数。

（4）冒号：用于标记函数体的开始。

（5）文档字符串：用于描述函数的功能，可以省略。

（6）函数体：函数每次调用时执行的代码，由一行或多行 Python 语句构成。

（7）return 语句：标志着函数的结束，用于将函数中的数据返回给函数调用者。若函数需要返回值，则使用 return 语句返回，否则 return 语句可以省略，函数在函数体顺序执行完毕后结束。

定义函数时，函数参数列表中的参数是形式参数，简称为"形参"，形参用来接收调用该函数时传入函数的参数。注意，形参只会在函数被调用的时候才分配内存空间，一旦调用结束就会即刻释放，因此，形参只在函数内部有效。

定义一个求绝对值的函数，示例如下：

```
def my_absolute(x):
    if x >= 0:
        return x
    else:
        return -x
```

以上定义的 my_absolute( ) 函数接收参数 x，使用 if−else 语句区分 x 的正负，若 x 为正数，它的绝对值就是它本身，直接返回 x；否则返回它的相反数。

5.2.2 函数的调用

函数定义好之后不会立即执行，直到被程序调用时才会生效。调用函数的方式非常简单，一般形式如下：

函数名（参数列表）

以上形式的参数列表为会被传递给函数的形参、在函数执行过程中会使用的参数，这些参数是实际参数，简称为"实参"。实参可以是常量、变量、表达式、函数等。

调用 5.2.1 小节中定义好的 my_absolute( ) 函数，代码如下：

my_absolute(-10.0)

以上代码中的 −10.0 是实参，它将被传递给函数定义中的形参 x。注意，函数在使用前必须已经被定义，否则解释器会报错。

程序执行时若遇到函数调用，会经历以下流程。

（1）程序在函数调用处暂停执行。

（2）为函数传入实参。

（3）执行函数体中的语句。

（4）程序接收函数的返回值（可选）并继续执行。

定义和调用函数 my_absolute( ) 的完整代码如下：

```
def my_absolute(x):
    if x >= 0:
        print(x)
    else:
        print(-x)
my_absolute(-10.0)
print("--- 程序结束 ---")
```

对以上程序进行分析：Python 解释器读取第 1 ~ 5 行代码时判定此处定义了一个函数，它先将函数名和函数体存储在内存空间中，但不执行；解释器执行第 6 行代码，由于此处调用了 my_absolute() 函数，程序首先暂停执行，将该函数的实参 −10.0 传递给形参 x（x=−10.0），然后执行函数体内部的语句，函数体执行结束之后重新回到第 6

笔记

行，最后执行第 7 行的打印语句。画图分析以上程序中 my_absolute() 函数的调用过程，
如图 5-2 所示。

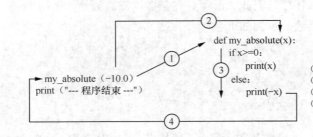

（1）程序暂停执行
（2）将 -10.0 赋值给 x
（3）执行函数体
（4）程序回到函数调用
　　 处继续向下执行

图 5-2
my_absolute() 函数被调
用的过程

5.3　函数的参数传递

函数的参数传递是指将实参传递给形参的过程，Python 中的函数支持以多种方式
传递参数，包括位置传递、关键字传递、默认值传递、包裹传递、解包裹传递以及混
合传递。本节将针对函数不同的传参方式进行讲解。

5.3.1　参数的位置传递

参数的位置传递

调用函数时，默认按照位置顺序将对应的实参传递给形参，即将第 1 个实参分配
给第 1 个形参，第 2 个实参分配给第 2 个形参，以此类推。

假设有个用于判断三角形是否为直角三角形的 is_triangle() 函数，该函数的定义
具体如下：

```
def is_triangle(a, b, c):
    if a * a + b * b == c * c or a * a + c * c == b * b
        or b * b + c * c == a * a:
        print(" 是直角三角形 ")
    else:
        print(" 不是直角三角形 ")
```

由以上定义可知，is_triangle() 函数需要接收 3 个表示三角形各边边长（大于 0）
的整型参数。调用 is_triangle() 函数，传入 3 个整数，代码如下：

```
is_triangle(1, 2, 3)
```

以上代码中的第 1 个实参 "1" 会被赋给第 1 个形参 a，第 2 个实参 "2" 会被赋
给第 2 个形参 b，第 3 个实参 3 会被赋给第 3 个形参 c，如图 5-3 所示。

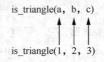

图 5-3
参数的位置传递

通过位置传递方式传参时实参的个数必须与形参的个数保持一致，否则程序会出

现异常。

5.3.2 参数的关键字传递

如果函数中形参的数目过多，开发者很难记住每个参数的作用，这时可以使用关键字方式传递参数。关键字传递通过 "形参变量名 = 实参" 的形式将形参与实参关联，根据形参的名称进行参数传递，它允许实参和形参的顺序不一致。

例如，有一个构建 URL 格式字符串的函数 makeup_url( )，该函数有两个参数：protocal 和 address，分别用于接收协议头和主机地址。它的定义如下所示：

参数的关键字传递

```
def makeup_url(protocal, address):
    print("URL = {}://{}".format(protocal, address))
```

通过关键字方式传参时，可以使用如下两种形式：

```
makeup_url(protocal='http', address='www.baidu.com')
makeup_url(address='www.baidu.com', protocal='http')
```

这时，我们无须再关心定义函数时参数的顺序，直接在传参时指定对应的名称即可，如图 5-4 所示。

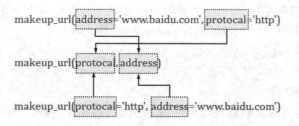

图 5-4 参数的关键字传递

5.3.3 参数的默认值传递

函数在定义时可以给每个参数指定默认值，基本形式为：函数名 (参数 = 默认值)，这样在调用时既可以给带有默认值的参数重新赋值，也可以省略相应的实参，使用参数的默认值。

参数的默认值传递

例如，fun (a=1, b=2, c=3) 函数中分别为 3 个参数 a、b、c 设置了默认值 1、2、3，使用 fun (a=7, b=8) 调用函数，此时 a 和 b 的值 7 和 8 将覆盖默认值 1 和 2，但是参数 c 保持不变，仍然使用默认值 3。默认值传递方式并不要求实参与形参的数量相等。

定义 makeup_url( ) 函数时为参数 protocal 设置默认值，如下所示：

```
def makeup_url(address, protocal="http"):
    print("URL = {}://{}".format(protocal, address))
```

注意，若带有默认值的参数与必选参数同时存在，则带有默认值的参数必须位于必选参数的后面。

调用 makeup_url( ) 函数可以使用如下两种形式：

```
makeup_url(address='www.itcast.cn')
makeup_url(protocal="https", address='www.baidu.com')
```

使用第 1 种形式调用函数时，因为没有传值给 protocal 参数，所以默认会使用该参数的默认值 "http"；使用第 2 种形式调用函数时，因为同时传值给 protocal 和 address 参数，所以 address 参数的新值会替换该参数的默认值。

5.3.4　包裹传递

包裹传递

若定义函数时不确定需要传递多少个参数，可以使用包裹传递。包裹传递的关键在于定义函数时，在相应的参数前添加 "*" 或 "**"：若在某个参数名称的前面加 "*"，可以元组形式为该参数传入一组值；若在某个参数名称前加 "**"，可以关键字传递形式为该参数传入一组值。

例如，定义以 "*" 包裹形参 args 的函数 test( )：

```
>>> def test(*args):
...     print(args)
...
```

调用以上定义的 test( ) 函数时可以传入多个参数，比如传入 5 个参数：

```
>>> test(1, 2, 3, 4, 5)
(1, 2, 3, 4, 5)
```

由以上运行结果可知，test( ) 的参数 args 接收了一个包含 5 个元素的元组。

例如，定义带有 "**" 包裹形参 kwargs 的函数 test( )：

```
>>> def test(**kwargs):
...     print(kwargs)
...
```

调用 test( ) 函数时能够以关键字传递的方式传递多个参数，例如：

```
>>> test(a=1, b=2, c=3, d=4, e=5)
{'a': 1, 'b': 2, 'c': 3, 'd': 4, 'e': 5}
```

由以上运行结果可知，test( ) 的参数 args 接收了一个包含 5 个键值对的字典。

5.3.5　解包裹传递

解包裹传递

在调用函数时，若函数接收的实参为元组或字典类型，可以使用 "*" 和 "**" 对函数参数解包裹，将实参拆分为多个值，并按照位置传递方式或关键字传递方式将值赋给各个形参。

（1）元组解包裹

下面来看一个对元组解包裹的示例，代码如下：

```
>>> def func(a, b, c):
...     print(a, b, c)
...
>>> args = (1, 2, 3)
>>> func(*args)
1 2 3
```

以上代码先定义了需要接收 3 个参数的 func( ) 函数，然后调用 func( ) 函数并向该函数传入了一个包含 3 个元素的元组 args，由于元组 args 的前面添加了 "*"，Python

对 args 进行解包裹操作，将 args 元组中的 3 个元素拆分为 3 个值，并分别按顺序赋值给形参 a、b、c。

（2）字典解包裹

下面来看一下对字典解包裹的示例，代码如下：

```
>>> kwargs = {'a': 1, 'b': 2, 'c': 3}
>>> func(**kwargs)
1 2 3
```

以上代码调用了 func( ) 函数，并向该函数中传入了一个包含 3 个键值对的字典 kwargs，由于字典 kwargs 的前面添加了"**"，Python 对 kwargs 进行解包裹操作，将字典 kwargs 中的 3 个键值对拆分为 3 个值，并分别按参数名称赋值给形参 a、b、c。

5.3.6　混合传递

前面介绍了函数参数的若干种传递方式，这些方式在调用函数时可以混合使用，但是在使用的过程中要注意前后的顺序。混合使用的基本原则如下。

（1）先按照参数的位置传递。

（2）再按照参数的关键字传递。

（3）最后按包裹的形式传递。

混合传递

例如，定义一个函数，该函数包含必选参数、默认参数、可变参数和关键字参数：

```
def func(a, b, c=0, *args, **kw):
    print 'a =', a, 'b =', b, 'c =', c, 'args =', args, 'kw =', kw)
```

在调用 func( ) 函数时，Python 解释器按照混合使用的原则传递参数。调用函数的示例如下：

```
>>> func(1, 2)                # 按位置传递方式将 1、2 赋值给 a、b，c 采用默认值 0
a = 1 b = 2 c = 0 args = () kw = {}
>>> func(1, 2, c=3)           # 按位置传递方式将 1、2 赋值给 a、b，将 3 赋值给 c
a = 1 b = 2 c = 3 args = () kw = {}
>>> func(1, 2, 3, 'a', 'b')
a = 1 b = 2 c = 3 args = ('a', 'b') kw = {}
>>> func(1, 2, 3, 'a', 'b', x=99)
a = 1 b = 2 c = 3 args = ('a', 'b') kw = {'x': 99}
```

调用 func( ) 函数时传入一个元组和字典，可以通过解包裹的形式传递参数。例如：

```
>>> args = (1, 2, 3, 4)
>>> kw = {'x': 99}
>>> func(*args, **kw)
a = 1 b = 2 c = 3 args = (4,) kw = {'x': 99}
```

使用混合传递时有两点需要注意。

（1）若定义函数时参数有默认值，则带有默认值的参数必须跟在必选参数的后面。

（2）若调用函数时需要混合使用位置传递和关键字传递，则必选参数要出现在关键字参数之前。

笔 记

5.4 函数的返回值

函数中的 return 语句是可选项，可以出现在函数体的任何位置，它的作用是结束当前函数，将程序返回到函数被调用的位置继续执行，同时将函数中的数据返回给主程序。

编写含有自定义函数 is_capital() 的程序，实现判断键盘输入的字符串是否以大写字母开头的功能，代码如下：

函数的返回值

```python
# 01_is_capital.py
def is_capital(words):
    if ord("A")<=ord(words[0])<=ord("Z"):
        return '首字母是大写的'
    else:
        return '首字母不是大写的'
result = is_capital("Python")    # 将函数返回的结果交给变量
print(result)
```

执行程序，程序输出的结果如下：

```
首字母是大写的
```

游戏项目通过坐标控制角色位置，角色坐标由 x 和 y 两个值决定，这要求与位置相关的函数能够同时返回 x 和 y 两个值。函数可以返回两个值吗？答案是肯定的，不仅如此，Python 函数中的 return 也可以返回多个值。当函数使用 return 语句返回多个值时，这些值将以元组形式保存。

例如，定义一个控制游戏角色移动的函数 move()，使用 return 语句返回反映角色当前位置的 nx 和 ny，代码如下：

```python
# 02_control_game_role.py
import math
def move(x, y, step, angle=0):
    nx = x + step * math.cos(angle)
    ny = y - step * math.sin(angle)
    return nx, ny                    # 返回多个值
result = move(100, 100, 60, math.pi/6)    # 实际上返回的是一个元组
print(result)
```

以上程序定义了 move() 函数、使用变量 result 接收了 move() 函数返回的计算结果并将结果打印，打印信息如下：

```
(151.96152422706632, 70.0)
```

由以上结果可知，函数返回的其实是一个包含两个元素的元组。

5.5 变量作用域

函数的作用域

Python 变量并不是在哪个位置都可以访问的，具体的访问权限取决于变量定义的位置，其所处的有效范围视为变量的作用域。根据作用域的不同，变量可以划分为局

部变量和全局变量。本节将针对局部变量和全局变量进行详细地讲解。

5.5.1　局部变量

在函数内部定义的变量称为局部变量，局部变量只能在定义它的函数内部使用。例如，定义一个包含局部变量 count 的函数 test( )，在函数的内部和外部分别访问变量 count，代码如下：

```
def test():
    count = 0              # 局部变量
    print(count)           # 函数内部访问局部变量
test()
print(count)               # 函数外部访问局部变量
```

执行程序，程序执行的结果如下：

```
0
Traceback (most recent call last):
  File "C:/Users/admin/PycharmProjects/测试/func.py", line 6, in <module>
    print(count)
NameError: name 'count' is not defined
```

以上程序在打印 count 的值之后又打印了错误信息 "name 'count' is not defined"，由此可知，函数中定义的变量在函数内部可使用，但无法在函数外部使用。

局部变量的作用域仅限于定义它的代码段内，在同一个作用域内，不允许出现同名的变量。

5.5.2　全局变量

全局变量是指在函数之外定义的变量，它在程序的整个运行周期内都占用存储单元。默认情况下，函数的内部只能获取全局变量，而不能修改全局变量的值。例如，将前面定义的 test( ) 函数进行调整，如下所示：

```
count = 10        # 全局变量
def test():
    count = 11    # 实际上定义了局部变量，局部变量与全局变量重名
    print(count)
test()
print(count)
```

以上代码中首先在 test( ) 函数外定义了一个全局变量 count，其次在该函数的内部尝试为 count 重新赋值，然后在函数的内部访问了变量 count，最后在执行完函数后访问变量 count。

执行程序，程序执行的结果如下：

```
11
10
```

从以上结果可知，程序在函数 test( ) 内部访问的变量 count 为 11，函数外部访问的变量为 10。也就是说，函数的内部并没有修改全局变量的值，而是定义了一个与全局变量同名的局部变量。

在函数内部若要修改全局变量的值，需要提前使用保留字 global 进行声明，语法格式如下：

```
global 全局变量
```

对以上定义的 test( ) 函数再次进行调整，在该函数中对全局变量 count 进行修改，具体代码如下所示：

```
count = 10                    # 全局变量
def test():
    global count              # 声明 count 为全局变量
    count += 10               # 函数内修改 count 变量
    print(count)
test()
print(count)
```

以上代码首先定义了变量 count 并赋值为 10，其次在 test( ) 函数内部使用 global 保留字声明 count 为全局变量，然后重新给 count 变量赋值并将其输出，最后在函数执行完以后再次输出。

执行程序，程序执行的结果如下：

```
20
20
```

观察执行结果，程序在函数内部和外部获得的变量 count 的值均为 20。由此可知，在函数内部使用关键字 global 对全局变量进行声明后，函数中对全局变量进行的修改在整个程序中都有效。

多学一招：LEGB法则

Python 中的作用域大致可以分为以下 4 种。

（1）L（local）：局部作用域。

（2）E（enclosing）：嵌套作用域。

（3）G（global）：全局作用域。

（4）B（built-in）：内置作用域。

基于 LEGB 法则，搜索变量名的优先级是：局部作用域 > 嵌套作用域 > 全局作用域 > 内置作用域。当函数中使用了未确定的变量名时，Python 会按照优先级依次搜索 4 个作用域，以此来确定该变量名的意义。首先搜索局部作用域（L），其次是上一层函数的嵌套作用域（E），然后是全局作用域（G），最后是内置作用域（B）。按照 LEGB 原则查找变量，在某个区域内若找到变量，则停止继续查找；若一直没有找到变量，则直接引发 NameError 异常。

5.6　函数的特殊形式

除了前面介绍的普通函数之外，Python 还有两种具有特殊形式的函数：匿名函数和递归函数。

5.6.1　匿名函数

匿名函数是一类无须定义标识符的函数，它与普通函数一样可以在程序的任何位置使用，但是在定义时被严格限定为单一表达式。Python 中使用 lambda 关键字定义匿名函数，它的语法格式如下：

```
lambda <形式参数列表> :<表达式>
```

笔 记

匿名函数

与普通函数相比，匿名函数的体积更小，功能更单一，它只是一个为简单任务服务的对象。它们的主要区别如下。

（1）普通函数在定义时有名称，而匿名函数没有名称。

（2）普通函数的函数体中包含有多条语句，而匿名函数的函数体只能是一个表达式。

（3）普通函数可以实现比较复杂的功能，而匿名函数可实现的功能比较简单。

（4）普通函数能被其他程序使用，而匿名函数不能被其他程序使用。

定义好的匿名函数不能直接使用，最好使用一个变量保存它，以便后期可以随时使用这个函数。例如，定义一个计算数值平方的匿名函数，并赋值给一个变量：

```
>>> temp = lambda x : pow(x, 2)  # 定义匿名函数，它返回的函数对象赋值给变量 temp
```

此时，变量 temp 可以作为匿名函数的临时名称来调用函数，示例如下：

```
>>> temp(10)
100
```

5.6.2　递归函数

递归是指函数对自身的调用，它可以分为以下两个阶段。

（1）递推：递归本次的执行都基于上一次的运算结果。

（2）回溯：遇到终止条件时，则沿着递推往回一级一级地把值返回来。

递归函数

递归函数通常用于解决结构相似的问题，其基本的实现思路是将一个复杂的问题转化成若干个子问题，子问题的形式和结构与原问题相似，求出子问题的解之后根据递归关系可以获得原问题的解。递归有以下两个基本要素。

（1）基例：子问题的最小规模，用于确定递归何时终止，也称为递归出口。

（2）递归模式：将复杂问题分解成若干子问题的基础结构，也称为递归体。

递归函数的一般形式如下：

```
def 函数名称（参数列表）:
    if 基例:
        rerun 基例结果
    else:
        return 递归体
```

由于每次调用函数都会占用计算机的一部分内存，若递归函数未提供基例，函数执行后会返回"超过最大递归深度"的错误信息。

递归最经典的应用就是阶乘，例如，求 n 的阶乘，数学中使用函数 $fact(n)$ 表示：

$$fact(n) = n! = 1 * 2 * 3 * \cdots * (n-1) * n = fact(n-1) * n$$

笔记

在程序中定义 fact( ) 函数实现阶乘计算，可以写成如下形式：

```
def fact(n):
    if n == 1:                    # 基例
        return 1
    else:
        return fact(n-1) * n      # 递归体
```

fact(n) 是一个递归函数，当 n 大于 1 时，fact( ) 函数以 n−1 作为参数重复调用自身，直到 n 为 1 时调用结束，开始通过回溯得出每层函数调用的结果，最后返回计算结果。假设现在要求 5 的阶乘，则递归函数的整个执行过程如图 5-5 所示。

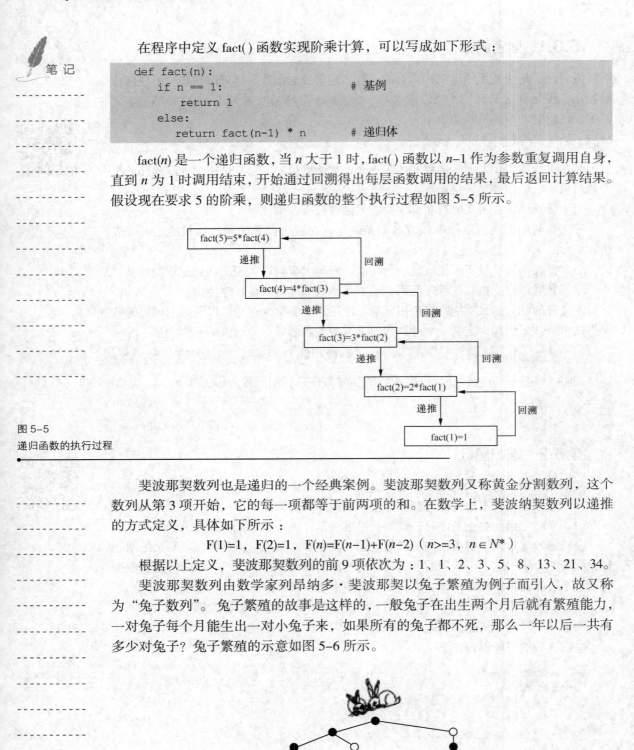

图 5-5
递归函数的执行过程

斐波那契数列也是递归的一个经典案例。斐波那契数列又称黄金分割数列，这个数列从第 3 项开始，它的每一项都等于前两项的和。在数学上，斐波纳契数列以递推的方式定义，具体如下所示：

$$F(1)=1，F(2)=1，F(n)=F(n-1)+F(n-2)（n>=3，n \in N*）$$

根据以上定义，斐波那契数列的前 9 项依次为：1、1、2、3、5、8、13、21、34。

斐波那契数列由数学家列昂纳多·斐波那契以兔子繁殖为例子而引入，故又称为"兔子数列"。兔子繁殖的故事是这样的，一般兔子在出生两个月后就有繁殖能力，一对兔子每个月能生出一对小兔子来，如果所有的兔子都不死，那么一年以后一共有多少对兔子？兔子繁殖的示意如图 5-6 所示。

图 5-6
兔子数列

下面我们针对兔子繁殖的问题进行具体地分析。

第 1 个月，兔子没有繁殖能力，此时兔子的总数量为 1 对。

第 2 个月，兔子拥有了繁殖能力，生下一对小兔子，此时兔子的总数量为 2 对。

第 3 个月，兔子又生下一对小兔子，而小兔子没有繁殖能力，此时兔子的总数量为 3 对。

……

依此类推，可以得到如下兔子数量统计表。

经过月份	0	1	2	3	4	5	6	7	8	9	10	11	12
幼崽对数	1	0	1	1	2	3	5	8	13	21	34	55	89
成兔对数	0	1	1	2	3	5	8	13	21	34	55	89	144
总体对数	1	1	2	3	5	8	13	21	34	55	89	144	233

从上述表格中可以看出，经历 0 或 1 个月份后，兔子的总数量均为 1，之后每经历一个月份，兔子的总数量为前两个月份的数量和。例如，经过 3 个月时兔子的总数量为 1+2=3，经过 4 个月时兔子的总数量为 2+3=5，经历 5 个月时兔子的总数量为 3+5=8。

使用代码实现计算兔子数列的函数，具体如下所示：

```
def rabbit(month):
    if month <= 1:
        return 1
    else:
        return rabbit(month-1) + rabbit(month-2)
```

以上代码定义了一个递归函数 rabbit( )，该函数接收一个代表经历的月份的参数 month，并在代码段中使用 if-else 语句区分了 1 月份和其他月份的不同，若是经过了一个月，则返回总数量为 1，代表着递归函数的出口，若是经过了 N（大于 1）个月，则会重复调用 rabbit( ) 函数，返回 rabbit(month–2) 与 rabbit(month–1) 的和。

在解释器中定义 rabbit( ) 函数，并使用以下语句调用该函数，可计算出经过一年以后，兔子的总数量为：

```
>>> rabbit(12)
233
```

5.7　时间处理模块——datetime

Python 提供了专门操作日期与时间的 datetime 模块，该模块提供了很多处理日期与时间的方法，使用这些方法可以从系统中获得时间，并以用户选择的格式进行输出。

datetime 模块以格林尼治时间为基础，将每天用 3600×24 秒精准定义。datetime 模块中定义了两个常量：datetime.MINYEAR 和 datetime.MAXYEAR，这两个常量分别表示最小年份（1）和最大年份（9999）；datetime 模块还定义了 6 个核心的类，这些类的功能说明如表 5-1 所示。

时间处理模块
—datetime

表 5-1   datetime 模块的核心类

类　名	说　明
date	表示具体日期，精确到天
time	表示具体的时间，可精确到微秒
datetime	表示具体的日期时间，可以理解为 date 和 time
timedelta	表示具体的时间差
tzinfo	表示日期与时间的时区
timezone	tzinfo 抽象基类，表示与 UTC 的固定偏移量

表 5-1 中的前 3 个类最为常见，接下来分别对这 3 个类中的常用方法进行介绍。

1. date 类

date 类表示理想化日历中的日期，由年、月和日组成，比如 1998 年 1 月 1 日。最简单的创建日期的方式是使用 date 类的构造方法，该函数的语法格式如下：

```
class date(year, month, day)
```

以上函数中每个参数都只能是整型，它们的含义如下。

（1）year：指定的年份，MINYEAR ≤ year ≤ MAXYEAR。

（2）month：指定的月份，1 ≤ month ≤ 12。

（3）day：指定的日期，1 ≤ day ≤ 给定月份和年份中的天数。

例如，创建一个表示 2019 年 1 月 4 日的日期对象，代码如下所示：

```
>>> from datetime import date
>>> date(2019, 1, 4)
datetime.date(2019, 1, 4)
```

2. time 类

time 类是 datetime 模块中用于处理时间的类，表示一天中的（本地）时间，由时、分、秒以及微秒组成，比如 12 点 0 分 0 秒。通过 time 类的构造方法可以创建一个时间对象，该函数的语法格式如下：

```
datetime.time(hour=0, minute=0, second=0, microsecond=0)
```

以上函数中每个参数的含义如下。

（1）hour：指定的小时，0 ≤ hour < 24。

（2）minute：指定的分钟数，0 ≤ minute < 60。

（3）second：指定的秒数，0 ≤ second < 60。

（4）microsecond：指定的微秒数，0 ≤ microsecond < 1 000 000。

例如，创建一个表示 12 时 10 分 30 秒的时间对象，代码如下所示：

```
>>> from datetime import time
>>> time(12, 10, 30)
datetime.time(12, 10, 30)
```

3. datetime 类

datetime 类可以视为 date 类与 time 类的结合体，它可以同时表示日期和时间，例如 1970 年 1 月 1 日 0 时 0 分 0 秒。创建 datetime 对象的常见方法有以下 4 个。

（1）datetime( )：datetime 类的构造方法，用于构造一个指定日期和时间的 datetime 对象，可精确到微秒。

（2）today( )：获取一个表示本地当前日期和时间的 datetime 对象。

（3）now( )：获取一个表示当前时区日期和时间的 datetime 对象。

（4）utcnow( )：获取当前日期和时间对应的 UTC(世界标准时间) 对象。

通过 datetime( ) 方法可以直接构造一个日期时间对象，该方法中参数的含义与 date( ) 和 time( ) 方法中参数的含义相同，此处不再赘述。例如，创建一个表示 2018 年 6 月 1 日 12 点 12 分 30 秒 50 微秒的对象，如下所示：

```
>>> from datetime import datetime
>>> datetime(2018, 6, 1, 12, 12, 30, 50)
datetime.datetime(2018, 6, 1, 12, 12, 30, 50)
```

通过 today( ) 方法获取本地当前的日期与时间，时间会精确到微秒，如下所示：

```
>>> datetime.today()
datetime.datetime(2019, 1, 4, 14, 33, 8, 248797)
```

通过 now( ) 方法可以获取指定时区的日期和时间，时间同样会精确到微秒。若不指定时区，返回本地的日期与时间，作用等同于 today( ) 方法。例如，获取本地当前的日期与时间，如下所示：

```
>>> datetime.now()
datetime.datetime(2019, 1, 4, 14, 39, 45, 780534)
```

通过 utcnow( ) 方法可以获取当前日期和时间对应的 UTC 时间（世界标准时间），时间仍然会精确到微秒。例如，今天的日期是 2019 年 1 月 4 日，所处东八区的具体时间是 14 时 45 分，当前所对应的世界标准时间为：

```
>>> datetime.utcnow()
datetime.datetime(2019, 1, 4, 6, 45, 9, 505050)
```

创建好 datetime 对象以后，可以使用对象的属性和方法进一步控制时间的输出格式。datetime 类中常用的属性如表 5-2 所示。

表 5-2　datetime 类的常用属性

属　　性	说　　明
year	返回日期包含的年份
month	返回日期包含的月份
day	返回日期包含的日
hour	返回日期包含的小时
minute	返回日期包含的分钟
second	返回日期包含的秒钟
microsecond	返回日期包含的微秒

此外，datetime 类中还提供了常用的格式化日期字符串的 strftime() 方法，可以使用任何通用的格式输出时间。表 5-3 中列出了适应于 strftime() 方法的格式控制符。

表 5-3　strftime() 方法控制符

格式控制符	说　　明
%Y	四位数的年份表示，取值范围为 0001 ~ 9999
%m	月份（01 ~ 12）
%d	月内中的一天
%B	本地完整的月份名称，比如 January
%b	本地简化的月份名称，比如 Jan
%a	本地简化的周日期
%A	本地完整周日期
%H	24 小时制小时数（0 ~ 23）
%I	12 小时制小时数（01 ~ 12）
%p	本地 A.M. 或 P.M. 等价符
%M	分钟数（00 ~ 59）
%S	秒（00 ~ 59）

　　例如，创建一个 datetime 对象，以形如"时-分-秒　年-月-日"的格式进行输出，代码如下：

```
>>> date_time = datetime.now()
>>> date_time
datetime.datetime(2019, 1, 4, 17, 15, 58, 255314)
>>> date_time.strftime("%H-%M-%S %Y-%m-%d")  # 返回格式化日期
'17-15-58 2019-01-04'
```

多学一招：格林尼治时间

　　我们平时所使用的时间，是以太阳在天空中的方位作标准来计量的。每当太阳转到天球子午线的时刻，就是当地正午 12 时。由于地球自转，地球上不同地点看到太阳通过天球子午线的时刻是不一样的。例如，当英国伦敦是中午 12 点时，北京正值晚上 7 时 45 分，上海则是晚上 8 时 06 分。

　　为了使用方便，人们把全球划分成 24 个时区，每个时区跨经度为 15 度。英国原格林尼治天文台所在的时区叫作零时区，包括西经 7.5 度到东经 7.5 度范围内的地区，在这个时区里的居民都采用原格林尼治天文台的时间。零时区以东第一个时区，叫作东一区，从东经 7.5 度到 22.5 度，是用东经 15 度的时间作标准的。再往东顺次是东二区、东三区……直到东十二区。每跨过一个时区，时间正好相差 1 小时。同样地，零时区以西顺次划分为西一区、西二区……一直到西十二区（西十二区就是东十二区）。世界各地都包括在这 24 个时区里，每个时区的时间是统一的，称为区时。

　　中国位于格林尼治东面，使用的是东经 120 度的标准时间，属于东八区。我们日常所说的"北京时间 ** 点"就是东八区的标准时间。

5.8　实例 7：模拟钟表

笔记

　　钟表是一种计时的装置，也是计量和指示时间的精密仪器。钟表的样式千变万化，但是用来显示时间的表盘相差无几，大多数钟表表盘的样式由刻度（共 60 个，围成圆形）、指针（时针、分针和秒针）、星期显示和日期显示组成，如图 5-7 所示。

实例 7：模拟钟表

图 5-7
钟表表盘结构

　　图 5-7 的表盘中有 3 个指针：时针、分针、秒针，它们的一端被固定在表盘中心，另一端按照顺时针的方向围着表盘中心位置旋转。表盘中位于中心顶部的点对应的刻度是 12，此刻度所处的位置是所有指针的起始点，秒针每旋转一周分针移动一个刻度，分针每旋转一周时针移动 5 个刻度。

　　本节将使用 turtle 和 datetime 绘制如图 5-7 所示的钟表，并使钟表的日期、星期、时间跟随本地时间实时变化。

1. 程序分析

　　钟表的模拟程序可以分为外观绘制和时间与日期处理 2 个任务，其中，外观绘制的任务可以细分为绘制表盘刻度、绘制指针和绘制日期显示文本 3 个子任务，处理日期的任务可以细分为处理日期和处理周日期 2 个子任务。所有的子任务封装成独立的函数，每个函数的功能说明如下。

　　（1）setup_clock( ) 函数：绘制钟表的刻度。

　　（2）init( ) 函数：程序初始化设置，包括绘制 3 个表针、日期显示和星期显示文本。

　　（3）week( ) 函数：以指定的格式返回星期。

　　（4）day( ) 函数：以指定的格式返回日期。

　　（5）tick( ) 函数：实现钟表的动态绘制。

　　（6）main( ) 函数：程序执行的起点。

　　此外还包括以下 2 个函数，它们是为了复用代码而设计的，功能如下。

　　（1）skip( ) 函数：使指定画笔移动指定的距离。

　　（2）make_hand( ) 函数：注册 turtle 形状，建立名字为 name 的形状。

　　绘制动态的钟表需要创建 5 个 Turtle 对象，包括 1 个表示钟表表盘刻度的对象、3 个表示钟表的时针、分针和秒针的对象和 1 个用于显示日期与星期的表盘对象。

2. 程序设计

　　开发程序时，需要先导入开发用到的库或模块，这里需要导入 turtle 和 datetime 模块，具体代码如下：

```
from turtle import *
from datetime import *
```

下面分别实现程序中的各个函数。

（1）skip( ) 函数

skip( ) 函数的功能是将画笔移动指定的距离，它包含了抬起画笔、移动画笔和落下画笔 3 个固定的步骤。绘制刻度时，无论是绘制线段还是圆点，都会涉及画笔的移动，为了避免多个位置出现重复的代码，所以设计了 skip( ) 函数。skip( ) 函数的定义如下所示：

```
def skip(step):
    '''
    跳跃给定的距离
    '''
    penup()
    forward(step)
    pendown()
```

（2）setup_clock( ) 函数

setup_clock( ) 函数的功能是绘制钟表的刻度。该函数在绘制钟表刻度时，以钟表的中心为起始点，从中心位置开始移动画笔到指定的位置落笔，绘制完线段或圆点之后再次回到中心点，改变画笔的角度，移动画笔到指定的位置落笔绘制下一个刻度。setup_clock( ) 函数的定义如下所示：

```
def setup_clock(radius):
    '''
    建立钟表的外框
    '''
    reset()
    pensize(7)                 # 设置画笔线条的粗细
    for i in range(60):
        skip(radius)           # 在距离圆心为 radius 的位置落笔
        if i%5==0:             # 若能整除 5，则画一条短直线
            forward(20)
            skip(-radius-20)
        else:                  # 否则画点
            dot(5)
            skip(-radius)
        right(6)
```

以上函数中使用 for-in 语句控制循环执行 60 次，绘制 60 个刻度，通过 if-else 语句区分了画短线与圆点两种情况：若能整除 5 则画短线，否则就画圆点。以绘制钟表的前两个刻度为例，它的绘制轨迹如图 5-8 所示。

图 5-8
画钟表外框的轨迹（前两个刻度）

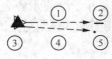

（1）移动画笔到距圆心radius处落笔
（2）能整除5，绘制长为20的线条
（3）画笔回到圆心，向右旋转画笔
（4）再次移动画笔到距圆心radius处落笔
（5）不能整除5，绘制原点

（3）make_hand( ) 函数

make_hand( ) 函数的功能是注册 turtle 形状。钟表中的 3 个指针长度不同，但形状相似。为了防止冗余，我们使用 make_hand( ) 函数实现直线的绘制功能。make_hand( ) 函数的定义如下所示：

```
def make_hand(name,length):
    '''
    注册 turtle 形状，建立名字为 name 的形状
    '''
    reset()
    skip(-0.1*length)
    # 开始记录多边形的顶点
    begin_poly()
    forward(1.1*length)
    # 停止记录多边形的顶点，并与第一个顶点相连
    end_poly()
    # 返回最后记录的多边形
    handForm=get_poly()
    # 注册形状，命名为 name
    register_shape(name,handForm)
```

（4）init( ) 函数

init( ) 函数的功能是初始化程序，包括创建和初始化代表指针、日期和星期的 Turtle 对象。init( ) 函数的定义如下所示：

```
def init():
    global secHand, minHand, hurHand, printer
    # 重置指针的初始方向为 logo，即朝北
    mode("logo")
    # 建立 3 个表示表针的 Turtle 对象并初始化
    secHand = Turtle()
    make_hand("secHand", 130)      # 秒针
    secHand.shape("secHand")
    minHand = Turtle()
    make_hand("minHand", 125)      # 分针
    minHand.shape("minHand")
    hurHand = Turtle()
    make_hand("hurHand", 90)       # 时针
    hurHand.shape("hurHand")
    for hand in secHand, minHand, hurHand:
        hand.shapesize(1, 1, 3)    # 调整 3 根指针的粗细
        hand.speed(0)              # 设置移动速度
    # 建立输出文字的 Turtle 对象
    printer = Turtle()
    printer.hideturtle()
    printer.penup()
```

（5）week( ) 和 day( ) 函数

week( ) 和 day( ) 函数的功能分别是处理星期与日期，日期以"年 月 日"的格式显示，星期以"星期 *"的格式显示。它们的定义如下所示：

```
def week(t):
    week = ["星期一","星期二","星期三","星期四","星期五","星期六","星期七"]
    return week[t.weekday()]
def day(t):
    return "%s %d %d" %(t.year,t.month,t.day)
```

（6）tick( ) 函数

tick( ) 函数的功能是实时获取本地当前的日期时间，实时地显示日期、时间和星期，该函数的定义如下所示：

```
def tick():
    '''
    绘制钟表的动态显示
    '''
    t = datetime.today()        # 获取本地当前的日期与时间
    # 处理时间的秒数、分钟数、小时数
    second = t.second+t.microsecond*0.000001
    minute = t.minute+t.second/60.0
    hour = t.hour+t.minute / 60.0
    # 将 secHand、minHand 和 hurHand 的方向设为指定的角度
    secHand.setheading(second*6)
    minHand.setheading(minute*6)
    hurHand.setheading(hour*30)
    tracer(False)
    printer.fd(70)                        # 向前移动指定的距离
    # 根据 align（对齐方式）和 font（字体），在当前位置写入文本
    printer.write(week(t),align="center",font=("Courier", 14, "bold"))
    printer.back(130)
    printer.write(day(t),align="center",font=("Courier", 14, "bold"))
    # 调用 home() 方法将位置和方向恢复到初始状态，位置的初始坐标为（0,0），
    # 初始方向有两种情况：若为 "standard" 模式，则初始方向为 right，表示朝向东；
    # 若为 "logo" 模式，则初始方向是 up，表示朝向北
    printer.home()
    tracer(True)
    # 设置计时器，100ms 后继续调用 tick() 函数
    ontimer(tick, 100)
```

（7）main( ) 函数

main( ) 是程序的主函数，负责组织程序的主要逻辑。模拟钟表程序的逻辑为：初始化 -> 画钟表框 -> 绘制动态指针 -> 启动事件循环。根据该逻辑定义函数，具体如下所示：

```
def main():
    # 关闭绘画追踪，可以用于加速绘画复杂图形
    tracer(False)
    init()
    # 画表框
    setup_clock(200)
    # 开启动画
    tracer(True)
    tick()
```

```
    # 启动事件循环，开始接收鼠标的和键盘的操作
    done()
```

3. 功能演示

调用 main( ) 函数执行程序，代码如下：

```
main()
```

程序运行的结果如图 5-9 所示。

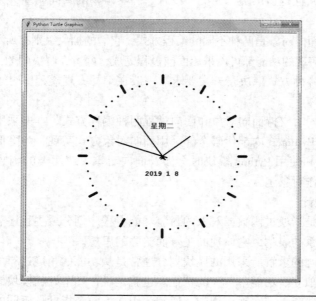

图 5-9
程序运行的结果

5.9　代码抽象与模块化设计

函数的特点主要体现在两个方面：代码抽象和模块化设计，关于它们的介绍分别如下。

代码抽象与
模块化设计

1. 代码抽象

程序由一系列的代码组成，若代码无序且无组织，不仅不利于开发人员的阅读与理解，后期也很难开发与维护。为了形成易于理解的结构，避免编写出面条式代码（非结构化和难以维护的源代码），需要对代码进行抽象。通常采用函数和对象两种抽象方式抽象代码。

函数将一段代码封装起来并对其命名后供其他程序调用。函数的优点有很多，最直接的优点就是实现代码复用，函数定义之后可以在程序中多次被调用，从而避免重复编写具有相同功能的代码。

对象是程序的一种高级抽象方式，它将一段代码组织成更高级别的类。类是一组具有相同属性和方法的对象集合，描述了属于该对象的所有性质。对象存在于现实世界中，比如大学生、汽车、空调等，对象包括描述特征的属性和描述行为的方法。例如，大学生是一个对象，姓名、年龄等是属性，跑步、学习、思考等是方法。

笔 记

笔 记

函数和对象分别是面向过程编程思想和面向对象编程思想的核心。面向过程是一种以过程描述为中心的编程方式，它要求开发人员列出解决问题所需要的步骤，然后用函数将这些步骤逐个实现，使用时依次建立调用函数的语句即可；面向对象编程是一种组织程序的新型思维方式，这种思维方式会将数据和操作封装到一起，组成一个相互依存、不可分离的整体——对象。

面向对象程序设计的焦点不再是过程，而是对象及对象间的关系。此种思想提取同一类型事物的共性构造出类，在类中设置这一类事物的共同属性，为类定义与外界发生关系的接口——方法。

面向过程与面向对象是两种不同的编程方式，它们的抽象级别有所不同，所有能通过面向对象编程实现的功能都可以采用面向过程完成，两者在解决问题上并不存在优劣之分，具体采用哪种方式取决于开发要求。一般在编写大规模程序时建议采用面向对象的编程方式。

Python 语言同时支持面向对象和面向过程两种编程方式，本书采用面向过程的方式编写程序，但 Python 3 内部代码全部采用面向对象方式实现，为降低读者的理解难度，我们在讲解和使用 Python 模块时会涉及面向对象（调用类的函数创建对象、调用对象的方法操作对象）。

2. 模块化设计

模块化设计是指通过函数或对象的封装功能将程序划分成主程序、子程序、子程序与子程序间关系的表达，它体现的是分而治之的思想。

针对复杂问题的求解所采用的模块划分通常是从功能的角度进行的，划分后的模块要具备"相对独立、功能单一"的特征。也就是说，一个好的模块必须具有高度的独立性和较强的功能。在实际应用中，通常会用如下两个指标从不同的角度对模块的划分情况加以度量。

（1）内聚度：是对模块内各元素之间相互依赖性大小的度量。内聚度越大，模块内各元素之间联系越紧密，其功能越强；反之，低内聚模块内各元素的关系较为松散。

（2）耦合度：是对模块之间相互依赖程度的度量。耦合度越低，模块的相对独立性越大；耦合性越高，一个模块受其他模块的影响越大。

模块划分时应当尽可能降低不同模块间的关联，提升单一模块自身的功能性，做到"高内聚、低耦合"。

采用模块结构设计程序的好处在于：整个程序结构清晰，易于分别编写与调试，便于维护与调用，并利于程序功能的进一步扩充与完善。

5.10   本章小结

本章首先介绍了函数的概念、定义和调用，其次介绍了函数参数传递的几种方式，然后介绍了变量作用域和两个具有特殊形式的函数：匿名函数和递归函数，之后介绍了日期时间处理模块 datetime，并结合该模块开发了一个钟表模拟程序，最后介绍了代码重用与模块化设计的思想。通过对本章的学习，读者应能够理解函数式编程的优越性，可以按照需求灵活定义函数。

5.11　习题

1. 函数一旦定义完成便会立即执行吗？
2. 阅读以下程序：

```
x = 50
def func():
    print(x)
    x = 100
func()
```

程序执行的结果为（　　）。

A. 0　　　　　　　B. 100　　　　　　C. 程序出现异常　　　　　　D. 50

3. 使用 _____ 关键字可以声明一个匿名函数。

4. 编写函数，计算传入的字符串中数字、字母、空格和其他字符的个数。

5. 古代有一个梵塔，塔内有 A、B、C 3 个基座，A 座上有 64 个盘子，盘子大小不等，大的在下，小的在上，如图 5-10 所示。有人想把这 64 个盘子从 A 座移到 C 座，但每次只允许移动一个盘子，并且在移动的过程中，3 个基座上的盘子始终保持大盘在下，小盘在上。在移动过程中盘子可以放在任何一个基座上，不允许放在别处。编写函数，根据用户输入盘子的个数，显示移动的过程。

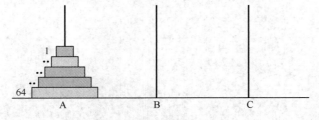

图 5-10
梵塔

6. 编写函数，输出 1 ～ 100 以内的所有素数。

7. 递归和循环有什么区别？

8. 通过函数封装的程序一定符合模块化设计原则吗？

9. 匿名函数是一个表达式吗？

10. 按照 %H-%M-%S %Y-%m-%d 日期格式输出计算机当前的本地日期与时间。

P ython 程序设计现代方法

第6章

组合数据类型

拓展阅读

学习目标

★ 了解组合数据类型的分类

★ 掌握序列类型的特点，可以熟练操作列表和元组

★ 了解集合类型的特点，熟悉集合的基础操作

★ 掌握映射类型的特点，可以熟练操作字典

处于大数据时代背景下，计算机在实际应用中经常要批量处理数据，而第 3 章讲解的基本数据类型无法满足需求，因此 Python 又提供了组合数据类型。组合数据类型可以同时处理一组数据，这样不仅简化了程序员的开发工作，而且大大地提高了程序的效率。本章将针对 Python 中的组合数据类型进行详细的讲解。

6.1　组合数据类型概述

组合数据类型可以将多个数据组织起来，根据数据组织方式的不同，Python 的组合数据类型可分成 3 类：序列类型、集合类型和映射类型，如图 6-1 所示。

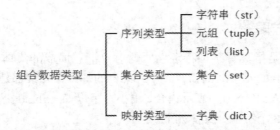

图 6-1
组合数据类型的分类

下面对图 6-1 中的这 3 种类型进行介绍。

（1）序列存储一组有序的元素，每个元素的类型可以不同，通过索引可以锁定序列中的指定元素。

（2）集合同样存储一组数据，它要求其中的数据必须唯一，但不要求数据间有序。

（3）映射类型的数据中存储的每个元素都是一个键值对，通过键值对的键可以迅速获得对应的值。

6.1.1　序列类型

序列类型来源于数学概念中的数列。数列是按一定顺序排成一列的一组数，每个数称为这个数列的项，每项不是在其他项之前，就是在其他项之后。存储 n 项元素的数列 $\{a_n\}$ 的定义如下：

$$\{a_n\} = a_0, a_1, a_2, \cdots, a_{n-1}$$

需要注意的是，数列的索引从 0 开始。通过索引 i 可以访问数列中的第 $i-1$ 项，例如通过 s_1 可获取数列 $\{S_n\}$ 中的第 2 项。

序列类型

笔 记

序列类型在数列的基础上进行了拓展，Python 中的序列支持双向索引：正向递增索引和反向递减索引，如图 6-2 所示。

图 6-2
序列的索引体系

正向递增索引从左向右依次递增，第 1 个元素的索引为 0，第 2 个元素的索引为 1，以此类推；反向递减索引从右向左依次递减，最后一个元素的索引为 –1，倒数第 2 个元素的索引为 –2，以此类推。

Python 中的序列主要有 3 种：字符串、列表和元组，关于它们的介绍如下。

（1）字符串是由单一字符组成的不可修改的序列类型。

（2）列表是一个可以修改的序列类型，使用相对更加灵活。

（3）元组是一个不可变的序列类型，构建好以后不可以进行任何修改。

序列中的字符串已在第 3 章中讲解，后续会在第 6.2 节对另外两种序列——列表和元组——做进一步讲解。

6.1.2　集合类型

集合类型

数学中的集合是指具有某种特定性质的对象汇总而成的集体，其中构建集合的这些对象称为该集合的元素。例如，成年人集合的每一个元素都是已满 18 周岁的人。通常用大写字母如 A、B、S……表示集合，用小写字母如 a、b、c……表示集合的元素。集合中的元素具有 3 个特征，具体如下。

（1）确定性：给定一个集合，那么任何一个元素是否在集合中就确定了。例如，地球的四大洋构成一个集合，其内部的元素太平洋、大西洋、印度洋、北冰洋是确定的。

（2）互异性：集合中的元素互不相同。

（3）无序性：集合中的元素没有顺序，顺序不同但元素相同的集合可视为同一集合。

Python 集合与数学中的集合概念一致，也具备以上 3 个特性。Python 要求放入集合中的元素必须是不可变类型，Python 中的整型、浮点型、字符串类型和元组属于不可变类型，列表、字典及集合本身都属于可变的数据类型。对于所有的数据类型而言，它们只要能进行哈希运算，就可以作为集合中的元素出现。

关于集合的更多内容将在 6.4 节讲解。

▌ 多学一招：哈希算法

哈希（hash，散列）算法是将任意长度的二进制值映射为固定长度的较小二进制值，这个小的二进制值称为哈希值。哈希值是原数据唯一且极其紧凑的数值表示形式，哪怕只更改原数据的一个字母，再次散列后产生的都是不同的值。若要找到散列为同一个值的两个不同的输入，在计算上是不可能的，所以数据的哈希值可以检验数据的完整性。

Python 提供了适用于哈希算法的函数 hash()，该函数可以获取大多数数据（如字符串、数字）的哈希值。例如：

笔 记

```
>>> hash("HeiMa")
1296313009587961352
>>> hash("123456")
-8765639574853590066
>>> hash("HeiMa123456")
9132461567425907503
```

由此看出，哈希值与哈希前的数据组合无关。

6.1.3 映射类型

在数学中，设 A、B 是两个非空集合，若按某个确定的对应法则 f，使集合 A 中的任意一个元素 x，在集合 B 中都有唯一确定的元素 y 与之对应，则称 f 为从集合 A 到集合 B 的一个映射。映射关系示例如图 6-3 所示。

映射类型

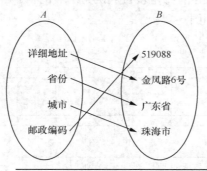

图 6-3
映射关系实例

映射类型也称作可变的哈希表（散列表），哈希表是一种数据结构，表中存储存在映射关系的键值对，其中值为实际存储的数据，键为查找数据时使用的关键字。哈希表具有很好的查询性能，使用键可以快速地获取值。

Python 中同样采用"键－值"这种形式存储数据间的映射关系。字典是 Python 唯一的内建映射类型，字典的键必须遵守以下两个原则。

（1）每个键只能对应一个值，不允许同一个键在字典中重复出现。

（2）字典中的键是不可变类型。

关于字典的更多内容将在 6.5 节讲解。

6.2 序列类型

6.2.1 切片

切片是指对序列截取其中一部分的操作。切片的语法格式如下：

[起始索引 : 结束索引 : 步长]

切片

切片截取的范围属于左闭右开，即从起始索引开始，到结束索引前一位结束（不

笔 记

包含结束位本身）。把索引比作一把"刀"，在开始索引和结束索引的位置"切下"，"切下"的元素就是这个范围内的元素。步长的取值可以是正数和负数，默认值为 1。

根据步长的取值，可以分为如下两种情况。

（1）步长大于 0

按照从左到右的顺序，每隔"步长 –1"（索引间的差值仍为步长值）个元素进行一次截取。这时，"起始"指向的位置应该在"结束"指向的位置的左边，否则返回值为空。

示例如下：

```
>>> string = 'python'
>>> string[0:6]    # 没指定步长，默认为 1
'python'
>>> string[2:5:2] # 指定步长为 2
'to'
```

在上述示例中，如果没有指定步长默认为 1。下面以 string[2:5:2] 为例，通过示意图来分析切片的原理，如图 6-4 所示。

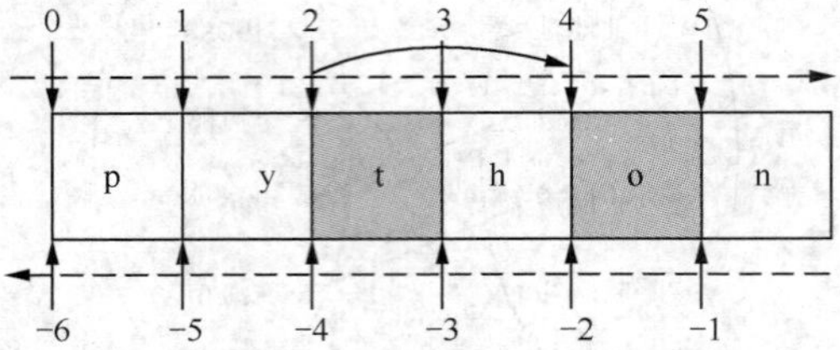

图 6-4
切片示意图（步长大于 0）

（2）步长小于 0

按照从右到左的顺序，每隔"步长 –1"（索引间的差值仍为步长值）个元素进行一次截取。这时，"起始"指向的位置应该在"结束"指向的位置的右边，否则返回值为空。

示例如下：

```
>>> string = 'python'
>>> string[3:0:-1]
'hty'
>>> string[0:3:-2]
''
```

注意，起始位置的索引必须大于结束位置的索引，否则返回空字符串。下面以 string[3:0:-1] 为例，通过示意图来分析切片的原理，如图 6-5 所示。

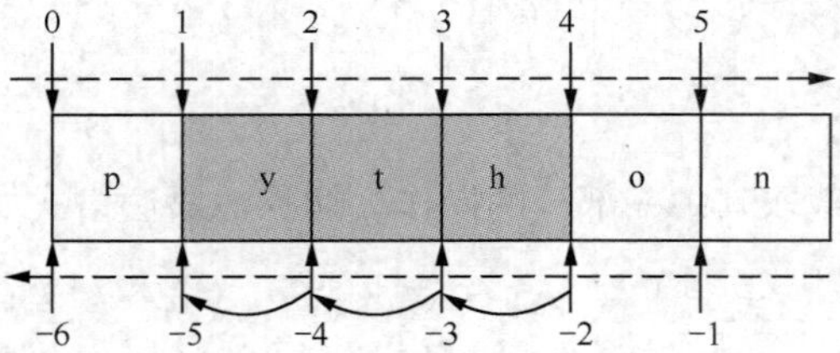

图 6-5
切片示意图（步长小于 0）

6.2.2　列表

Python 列表是一个可变的序列，它没有长度的限制，可以包含任意个元素。列表的长度和元素都是可变的，开发人员可以自由地对列表中的数据进行各种操作，包括添加、删除、修改元素。

Python 列表的表现形式类似于其他语言中的数组，列表中的元素使用 "[]" 包含，各元素之间使用英文逗号分隔，例如：

```
>>> list_one = []                          # 创建空列表
>>> list_one
[]
>>> list_two = [1, 10, 55, 20, 6]          # 列表元素的类型均是整型
>>> list_two
[1, 10, 55, 20, 6]
>>> list_thr = [10, 'word', True, [6, 1]]  # 列表中元素的类型不同
>>> list_thr
[10, 'word', True, [6, 1]]
```

列表的创建

通过 list( ) 函数可以将已有的元组或字符串转换为列表，例如：

```
>>> words = 'Python'
>>> list(words)                            # 将字符串转换为列表
['P', 'y', 't', 'h', 'o', 'n']
>>> tuple_demo = (1, 3, 5, 7, 9)
>>> list(tuple_demo)                       # 将元组转换为列表
[1, 3, 5, 7, 9]
```

使用循环可以对列表中的元素进行遍历操作，基本方式如下：

```
for 循环变量 in 列表：
    语句块
```

例如，对列表 ['P', 'y', 't', 'h', 'o', 'n'] 执行遍历操作，具体示例如下：

```
>>> for char in ['P', 'y', 't', 'h', 'o', 'n']:  # 遍历列表的元素
...     print(char)
...
P
y
t
h
o
n
```

列表支持索引和切片操作。例如，操作列表 nums=[11,22,33] 中的元素，代码如下所示：

```
>>> nums = [11, 22, 33]
>>> nums[0] = 55                           # 将列表中的索引为 0 的元素修改为 55
>>> nums
[55, 22, 33]
>>> nums[0:2] = [0, 1]                      # 使用 [0,1] 替换列表中索引为 0、1 的元素
>>> nums
```

列表的遍历、
索引切片操作

```
[0, 1, 33]
>>> list1 = [5, 6]
>>> nums += list1              # 将列表 list1 中的元素追加到列表 nums 中
>>> nums
[0, 1, 33, 5, 6]
```

当使用一个列表的元素改变另一个列表的数据时，Python 并不要求两个列表的长度相同，但是要遵循"多增少减"的原则，例如：

```
>>> nums[1:5] = [11, 7]        # nums[1:5] 的长度比 [11, 7] 大
>>> nums
[0, 11, 7]
>>> nums[0:2] = [10, 5, 0]     # nums[0:2] 的长度比 [10, 5, 0] 小
>>> nums
[10, 5, 0, 7]
```

以上代码的子序列 nums[1:5] 中包含了 4 个元素，使用 [11,7] 重新对其赋值时只给了两个元素，此时列表 nums 的元素减少了 2 个；同样，子序列 nums[0:2] 中包含 2 个元素，使用 [10, 5, 0] 重新对其赋值时给出了 3 个元素，此时列表 nums 的元素增加了 1 个。由此可知，使用一个列表给另一个列表赋值也可以实现列表的增加和删除操作。

Python 中常见的列表操作函数与方法具体如表 6-1 所示。

列表的常见操作

表 6-1　列表的常见操作

常见操作	说明
len(s)	计算序列 s 的长度（元素个数）
min(s)	返回序列 s 中的最小元素
max(s)	返回序列 s 中的最大元素
list.append()	在列表的末尾添加元素
list.extend()	在列表中添加另一列表的元素，与 += 功能相同
list.insert(i)	在列表索引为 i 的元素之前插入元素
list.pop(i)	取出并删除列表中索引为 i 的元素
list.remove()	删除列表中第一次出现的元素
list.reverse()	将列表的元素反转
list.clear()	删除列表中的所有元素
list.copy()	生成新列表，并拷贝原列表中的所有元素
list.sort()	将列表中的元素排序

多学一招：列表和数组的区别

接触过其他语言（比如 C 语言）的读者可能听说过数组这个类型。在很多编程语言中都使用数组存储一组数据，而少数的编程语言采用列表这个类型。数组与列表非常类似，但是并不完全一样，它们两个主要有以下区别。

（1）数组在创建时需分配大小，它的大小是固定的，只能容纳有限的元素；列表无需预先分配大小，它可以在使用时动态地插入任意数量的元素。

（2）数组和列表都可以存储任意类型的元素，但是数组要求元素的类型必须一致，也就是说所有元素要么都是数字类型，要么都是字符串或其它类型。列表则没有这个要求，它可以存储不同整数、浮点数、字符串、甚至列表。

6.2.3　元组

Python 构建元组的方式非常简单，可以直接用圆括号包含多个使用逗号隔开的元素即可。非空元组的括号可以省略。创建元素的示例如下：

```
>>> ()                      # 创建一个空元组
()
>>> 1,                      # 由逗号结尾表示元组
(1,)
>>> (1, )                   # 单个元素的元组
(1,)
>>> 1, 2, 3                 # 包含多个元素的元组
(1, 2, 3)
>>> (1, 2, 3)               # 包含多个元素的元组
(1, 2, 3)
```

通过 tuple( ) 函数也可以构造元组，该函数的定义如下：

```
tuple(iterable)
```

tuple( ) 函数中的参数 iterable 是一个可迭代的数据。使用 tuple( ) 函数创建元组时，若没有传入任何参数，则创建的是一个空元组，例如：

```
>>> tuple()                 # 创建空元组
()
```

使用 tuple( ) 函数创建非空元组，具体示例如下：

```
>>> tuple([1, 2, 4])        # 创建非空元组
(1, 2, 4)
>>> tuple('python')         # 创建非空元组
('p', 'y', 't', 'h', 'o', 'n')
```

元组类型在表达固定数据、函数多返回值、多变量同步赋值、循环遍历等情况下是十分有用的，例如：

```
>>> def get_square(x):
...     return x, x*x       # 函数返回多个值
...
>>> x, y = 10, 20           # 多个变量同步赋值
>>> x, y = (10, 20)
>>> for x, y in ((10, 20), (10, 25), (15, 25)):   # 循环遍历元组
...     print(x, y)
...
10 20
10 25
15 25
```

6.3　实例 8：生成验证码

目前，很多网站都引入了验证码技术，以有效地防止用户利用机器人自动注册、

笔 记

元组

实例 8：生成验证码

登录、灌水、刷票、恶意破解密码等。验证码一般是包含一串随机产生的数字或符号、一些干扰元素（如数条直线、若干圆点、背景图片等）的图片。用户使用肉眼观察验证码，输入其中的数字或符号并提交给网站验证。

常见的 6 位验证码示例如下：

```
kK64u1    eOGpUz    3JfS81
```

以上验证码中每个字符可以是大写字母、小写字母或数字，有且只能是这三种类型的一种，具体生成哪种类型的字符是随机的。本节将实现随机生成一组六位验证码的功能。

六位验证码功能需随机生成 6 个字符，将每个字符临时存储到某数据结构中。因此，本实例用到的数据结构需有可变、有顺序的特点，显然选用列表存储是最符合要求的。通过列表实现六位验证码功能的基本实现思路为：

（1）创建一个空列表。

（2）生成 6 个随机字符逐个添加到列表中。

（3）将列表元素拼接成字符串。

以上思路中的步骤（2）是验证码功能的核心部分，此部分主要实现生成 6 个随机字符的功能。为确保每次生成的字符类型只能为大写字母、小写字母、数字的任一种，可使用 1、2、3 分别代表这三种类型：若产生随机数 1，表示生成大写字母；若产生随机数 2，表示生成小写字母；若产生随机数 3，表示生成数字。

除此之外，为确保每次生成的是大写字母、小写字母或数字类型中的字符，这里可根据数值范围或 ACSII 码范围控制每个类型中包含的所有字符：数字对应的数值范围为 0 ~ 9；大写字母对应的 ACSII 码范围为 65 ~ 90；小写字母对应的 ACSII 码范围为 97 ~ 122，之后再从这些字符中随机选择一个字符即可。

经过以上两次处理，便可以生成一个随机类型中的随机字符。

实现生成验证码功能的代码具体如下：

```python
# 01_verification_code.py
import random
code_list = []
for i in range(6):                                   # 控制验证码的位数
    state = random.randint(1, 3)                     # 随机生成的字符分类
    if state == 1:
        first_kind = random.randint(65, 90)          # 大写字母
        random_uppercase = chr(first_kind)
        code_list.append(random_uppercase)
    elif state == 2:
        second_kinds = random.randint(97, 122)       # 小写字母
        random_lowercase = chr(second_kinds)
        code_list.append(random_lowercase)
    elif state == 3:
        third_kinds = random.randint(0, 9)           # 数字
        code_list.append(str(third_kinds))
verification_code = "".join(code_list)               # 将列表元素连接成字符串
print(verification_code)
```

程序运行一次的结果为：

```
MbGLwX
```

6.4 集合类型

6.4.1 集合的常见操作

集合使用 "{}" 包含元素，各个元素之间使用逗号进行分隔。创建集合最简单的方式是使用赋值语句，例如：

集合的常见操作

```
>>> set_demo = {100, 'word', 10.5}    # 创建集合
>>> set_demo
{'word', 10.5, 100}
```

上述集合定义时元素的顺序与打印时元素的顺序是不同的，说明集合中的元素是无序的。

还可以使用 set() 函数进行创建集合，该函数中可以传入任何组合数据类型，例如：

```
>>> set_one = set('tuple')
>>> set_one
{'u', 't', 'e', 'l', 'p'}
>>> set_two = set((13, 15, 17, 19))
>>> set_two
{17, 19, 13, 15}
```

注意，空集合只能使用 set() 函数进行创建。

集合是可变的数据类型，集合中的元素可以被动态地增加或删除。集合的常见操作如表 6-2 所示。

表 6-2　集合的常见操作

常 见 操 作	说　　　明
S.add(x)	往集合 S 中添加元素 x（x 不属于 S）
S.remove(x)	若 x 在集合 S 中，则删除该元素，不在则产生 KeyError 异常
S.discard(x)	若 x 在集合 S 中，则删除该元素，不在则不会报错
S.pop()	随机返回集合 S 中的一个元素，同时删除该元素。若 S 为空，则产生 KeyError 异常
S.clear()	删除集合 S 中的所有元素
S.copy()	返回集合 S 的一个副本
S.isdisjoint(T)	若集合 S 和 T 中没有相同的元素，则返回 True

假设有一个集合为 {10,151,33,98,57}，分别使用 add()、remove()、pop() 和 clear() 方法给集合添加和删除元素，示例如下：

```
>>> set_demo= {10, 151, 33, 98, 57}      # 创建集合
>>> set_demo.add(61)                     # 向集合中添加元素 61
>>> set_demo
{33, 98, 10, 151, 57, 61}
>>> set_demo.remove(151)                 # 从集合中删除元素 151
>>> set_demo
{33, 98, 10, 57, 61}
>>> set_demo.pop()                       # 从集合中随机删除一个元素
```

笔记

集合关系测试

```
33
>>> set_demo
{98, 10, 57, 61}
>>> set_demo.clear()                              # 删除集合中的所有元素
>>> set_demo
set()
```

6.4.2 集合关系测试

数学中，两个集合关系的常见操作包括：交集、并集、差集、补集。设 A，B 是两个集合，集合关系的操作介绍如下。

（1）交集是指属于集合 A 且属于集合 B 的元素所组成的集合。

（2）并集是指集合 A 和集合 B 的元素合并在一起组成的集合。

（3）差集是指属于集合 A 但不属于集合 B 的元素所组成的集合。

（4）补集是指属于集合 A 和集合 B 但不同时属于两者的元素所组成的集合。

Python 中集合之间支持前面所介绍的 4 种操作，操作逻辑与数学定义完全相同。Python 提供了 4 种操作符以实现这 4 项操作，分别是交集（&）、并集（|）、差集（-）、补集（^）。下面以两个圆形表示集合 A 和 B，并使用阴影部分显示 4 种操作的结果，如图 6-6 所示。

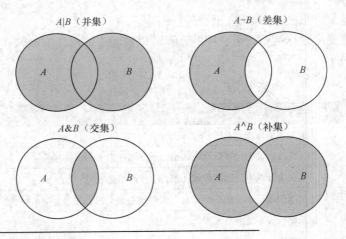

图 6-6
集合间关系的操作

除此之外，Python 还提供了 4 个增强操作符：|=、-=、&=、^=，它们与前面 4 个操作符的区别是，前者是生成了一个新的集合，而后者是更新了位于操作符左侧的集合。接下来通过一张表罗列集合 S 和 T 之间关系的常见操作，具体如表 6-3 所示。

表 6-3　集合间的常见操作

常见操作	说明
S|T S.union(T)	返回一个新集合，该集合包含属于 S 和 T 的所有元素
S-T S.difference(T)	返回一个新集合，该集合包含属于集合 S 但不属于集合 T 的元素

续表

常见操作	说明
S&T S.intersection(T)	返回一个新集合，该集合包含同时属于集合 *S* 和 *T* 的元素
S^T S.symmetric_difference(T)	返回一个新集合，该集合包含集合 *S* 和 *T* 中的元素，但不包含同时属于两者的元素
S|=T S.update(T)	更新集合 *S*，该集合包含集合 *S* 和 *T* 所有的元素
S−=T S.difference_update(T)	更新集合 *S*，该集合包含属于集合 *S* 但不属于集合 *T* 的元素
S&=T S.intersection_update(T)	更新集合 *S*，该集合包含同时属于集合 *S* 和 *T* 的元素
S^=T S.symmetric_difference_update(T)	更新集合 *S*，该集合包含集合 *S* 和 *T* 中的元素，但不包含同时属于两者的元素

假设有集合 *a*={1,11,21,31,17} 和集合 *b*={0,11,20,17,30}，它们执行取交集、并集、差集、补集的示例如下：

```
>>> a = {1, 11, 21, 31, 17}
>>> b = {0, 11, 20, 17, 30}
>>> a|b     # 取 a 和 b 的并集
{0, 1, 11, 17, 20, 21, 30, 31}
>>> a-b     # 取 a 和 b 的差集
{1, 21, 31}
>>> a&b     # 取 a 和 b 的交集
{17, 11}
>>> a^b     # 取 a 和 b 的补集
{0, 1, 20, 21, 30, 31}
```

对于两个集合 *A* 与 *B*，如果集合 *A* 中的所有元素都是集合 *B* 的元素，那么集合 *B* 包含集合 *A*，也就是说集合 *A* 是集合 *B* 的子集，集合 *B* 是集合 *A* 的超集；如果集合 *A* 中的所有元素都是集合 *B* 中的元素，且集合 *B* 中至少有一个元素不属于集合 *A*，那么集合 *A* 是集合 *B* 的真子集，集合 *B* 是集合 *A* 的真超集。

Python 中使用的比较运算符可以用来检查某个集合是否为其他集合的子集或者超集，其中，"<" 或者 "<=" 运算符用于判断真子集和子集，">" 和 ">=" 运算符用于判断的是真超集和超集。需要注意的是，"<" 和 ">" 运算符支持的是严格意义定义的子集和超集，它们不允许两个集合相等；而 "<=" 和 ">=" 运算符支持的是非严格意义定义的子集和超集，它们允许两个集合是相等的。例如：

```
>>> set_one = set('what')
>>> set_two = set('hat')
>>> set_one < set_two         # 判断 set_one 是否为 set_two 的严格子集
False
>>> set_one > set_two         # 判断 set_one 是否为 set_two 的严格超集
True
```

6.5　字典

6.5.1　字典类型介绍

字典类型介绍

提到字典这个词，相信大家都不会陌生，学生时期碰到不认识的字时，大家都会使用字典的部首表找到对应的汉字说明。在编程中，通过"键"查找"值"的过程称为映射。字典是典型的映射类型，其中存放的是多个键值对。键值对的概念在实际生活中也比较常见，例如，在学生管理系统中搜索学生的姓名查找该学生的详细信息。

Python 中使用"{}"包含键值对以创建字典，字典中各个元素之间通过逗号分隔，语法格式如下：

```
{键1:值1, 键2:值2,…… 键N:值N}
```

字典中的键与值之间以冒号分隔，长度没有限制。从语法设计角度来看，集合和字典均使用花括号包含元素，实际上集合与字典也有着相似的性质，它们之中的元素都没有顺序且不能重复。

下面创建一个存储多组账号密码信息的字典，代码如下：

```
>>> users = {'A': '123', 'B': '135', 'C': '680'}
>>> users
{'A': '123', 'B': '135', 'C': '680'}
```

使用"字典变量[键]"的形式可以查找字典中与"键"对应的值。例如，访问上述字典 users 中键"C"所对应的值：

```
>>> users['C']              # 访问键对应的值
'680'
```

字典中的元素是可以动态修改的，一般使用如下方法进行修改：

```
值 = 字典变量[键]
```

例如，对上述字典 users 中键"A"对应的值进行修改，如下所示：

```
>>> users['A'] = '1*5@'    # 修改键对应的值
>>> users
{'A': '1*5@', 'B': '135', 'C': '680'}
```

6.5.2　字典的常见操作

通过操作键的方式除了可以修改和访问字典中的元素，还可以增加字典的元素，例如：

字典的常见操作

```
>>> contacts = {'Tom': '123456', 'Jerry': '456789'}
>>> contacts
{'Tom': '123456', 'Jerry': '456789'}
>>> contacts['Jane'] = '789012'
>>> contacts
{'Tom': '123456', 'Jerry': '456789', 'Jane': '789012'}
```

Python 为字典提供了一些很实用的内建方法，使用这些方法可以帮助读者在工作中应对涉及字典的问题,简化开发的步骤。此外,Python 中还提供了一些字典的常见操作,具体如表 6-4 所示。

表 6-4　字典的常见操作

常 见 操 作	说　　明
d.keys( )	返回字典 d 中所有的键信息
d.values( )	返回字典 d 中所有的值信息
d.items( )	返回字典 d 中所有的键值对信息
d.get(key[, default])	若键存在于字典 d 中返回其对应的值,否则返回默认值
d.clear( )	清空字典
d.pop(key[, default])	若键存在于字典 d 中返回其对应的值,同时删除键值对,否则返回默认值
d.popitem( )	随机删除字典 d 中的一个键值对
del d[key]	删除字典 d 中的某键值对
len(d)	返回字典 d 中元素的个数
min(d)	返回字典 d 中最小键所对应的值
max(d)	返回字典 d 中最大键所对应的值

通过 keys( )、values( ) 和 items( ) 方法可以返回字典中键、值和键值对的信息,这里可以使用 for 循环遍历这些信息,例如:

```
>>> dic = {'name': 'Jack', 'age':23, 'height':185}
>>> dic.keys()
dict_keys(['name', 'age', 'height'])
>>> dic.values()
dict_values(['Jack', 23, 185])
>>> for key,value in dic.items():
...     print(key, value)
...
name Jack
age 23
height 185
```

Python 支持使用保留字 in 来判断某个键是否存在于字典中,如果键存在,则返回 True,否则返回 False。例如:

```
>>> 'name' in dic
True
>>> 'gender' in dic
False
```

6.6　中文分词模块——jieba

随着汉语的广泛应用,中文信息处理成为一个重要的研究课题,常见于搜索引擎

中文分词模块
——jieba

信息检索、中外文自动翻译、数据挖掘技术、自然语言处理等领域。在处理中文信息的过程中，中文分词是最基础的一环。

中文分词是指将一个汉字序列切分成一个一个单独的词，也就是说将用户输入的中文语句或语段拆成若干汉语词汇。例如，用户输入的语句"我是一个学生"经分词系统处理之后，该语句被分成"我""是""一个""学生"4 个汉语词汇。

在英文文本中，每个单词之间以空格作为自然分界符，而中文只有句子和段落能通过明显的分界符来简单划分，词并没有一个形式上的分界符，虽然英文也同样存在短语的划分问题，但是在词这一层上，中文要比英文复杂得多、困难得多。

jieba 是国内使用人数最多的中文分词工具，可以采用如下方式进行安装：

```
>>> pip install jieba
```

安装完之后，通过 import 语句将其引入：

```
import jieba
```

jieba 模块支持以下 3 种分词模式。

（1）精确模式，试图将句子最精准地切开。

（2）全模式，将句子中所有可以成词的词语都扫描出来，速度非常快。

（3）搜索引擎模式，在精确模式的基础上对长词再次切分。

jieba 模块中提供了一系列分词函数，常用的是 jieba.cut( ) 函数，该函数需要接收如下 3 个参数。

（1）sentence，需要分词的字符串。

（2）cut_all，控制是否采用全模式。若设为 True，代表按照全模式进行分词；若设为 False，代表按照精确模式进行分词。

（3）HMM，控制是否使用 HMM（ Hidden Markov Model，隐马尔可夫模型）。

若要采用搜索引擎模式对中文进行分词，需要使用 cut_for_search( ) 函数，该函数中需要接收两个参数：sentence 和 HMM。

下面分别采用以上 3 种模式对中文进行分词操作，代码如下：

```
# 02_word_segmentation.py
seg_list = jieba.cut("我来到北京清华大学", cut_all=True)
print("【全模式】: " + "/ ".join(seg_list))                 # 全模式
seg_list = jieba.cut("我来到北京清华大学", cut_all=False)
print("【精确模式】: " + "/ ".join(seg_list))               # 精确模式
seg_list = jieba.cut_for_search("小明硕士毕业于中国科学院计算所,
                                后在日本京都大学深造")        # 搜索引擎模式
print("【搜索引擎模式】: " + ", ".join(seg_list))
```

程序输出的结果如下：

```
【全模式】: 我 / 来到 / 北京 / 清华 / 清华大学 / 华大 / 大学
【精确模式】: 我 / 来到 / 北京 / 清华大学
【搜索引擎模式】: 小明, 硕士, 毕业, 于, 中国, 科学, 学院, 科学院, 中国科学院, 计算,
计算所, 后, 在, 日本, 京都, 大学, 日本京都大学, 深造
```

6.7　实例 9 :《西游记》人物出场统计

笔 记

《西游记》是中国古代一部浪漫主义章回体长篇神话小说，是中国古典四大名著之一，作者是明代的吴承恩。这部小说以"唐僧取经"这一历史事件为蓝本，通过作者的艺术加工，深刻地反映了当时社会的现实问题。全书主要描写了孙悟空出世及大闹天宫后，遇见了唐僧、猪八戒和沙僧三人，西行取经，一路降妖伏魔，经历了九九八十一难，终于到达西天见到如来佛祖，最终五圣成真的故事。

实例 9 :《西游记》
人物出场统计

《西游记》中有 4 个主要角色 : 唐僧、孙悟空、猪八戒和沙僧，这些角色中哪个才是男主角呢? 下面我们先统计一下角色的出场次数，再按出场次数对角色排序，之后查看哪个角色排在首位。

本案例分析的文件中存储的是汉语小说，若要统计小说中每个词语的频率，需要先对中文进行分词操作。

在开发程序之前，需要先准备好《西游记》这本书的电子文件，并将其保存为"西游记 .txt"。读者可自行从网上下载《西游记》的电子文件，也可以从本书的配套资源中获取该资源。准备好资料文件以后，需要使用 Python 的读取文件功能先把文件中的内容转换成字符串，代码如下 :

```
# 打开并读取 " 西游记 .txt"
txt = open(r"C:\Users\admin\Desktop\ 西游记 .txt", "rb").read()
```

open( ) 函数用于打开文件，该函数中传入了两个参数，第 1 个参数是"西游记 .txt"文件所在的路径，第 2 个参数是文件的打开模式 ; read( ) 函数用于读取文件，并将读取到的内容转换成字符串。这两个函数在第 8 章会有所介绍。

本实例中统计文本词频一般需要以下 3 个步骤。

（1）对文本进行分词并提取词语。

（2）对每个单词或词语进行计数，并删除一些无意义的词语。

（3）将词语及其数量按从高到低的顺序排列。

若要统计每个词语出现的次数，需使用一种数据结构同时保存词语和词频，并实时对词频的数量进行更新，所以数据结构应该具有可变且元素为键值对的特点，可以直接使用字典保存。下面以字典 counts 和单词 word 为例，实现统计词语出现次数的功能，具体代码如下 :

```
if word in counts:
    counts[word] = counts[word] + 1
else:
    counts[word] = 1
```

可以将上述代码简写 :

```
counts[word] = counts.get(word, 0) + 1
```

以上代码的含义为 : 若字典 counts 中存在 word，则返回 word 对应的值，在此基础上再加上 1 ; 若 word 不在字典中，则直接返回默认值 0，在此基础上再加上 1。

因为故事中每个人物都有好几个称呼，例如，唐僧称呼孙悟空为"悟空"，孙悟空称自己为"老孙"，仙界的神仙称孙悟空为"大圣"等，所以需要对多个词语进行

笔记

统一处理。以统一称呼 rword＝"悟空"举例，则将其他称呼统一处理可采用如下代码：

```
if word == "行者" or word == "大圣" or word == "老孙":
    rword = "悟空"
```

除了这些人称以外，文本中肯定还会出现很多与人物无关的词，比如"我们""如何"等，所以这里可以构建一个排除词库，将一些无意义的词语存放到该词库中。以词库 excludes 为例，它可以将字典 counts 中无意义词语 word 采用如下方式处理：

```
for word in excludes:
    del counts[word]
```

处理无意义的词语之后，便可以将词语按出现的次数由高到低排序，并以固定的格式输出前 8 个高频率词语。前面统计词语数量时使用字典存储单词与数量，但字典中的元素是无序的，因此这里可将字典转换为有顺序的列表，再让列表按单词出现的次数排序。例如，将字典 counts 中的元素转换成列表后排序的代码如下：

```
items = list(counts.items())
items.sort(key=lambda x: x[1], reverse=True)
```

完整的程序代码如下：

```
# 03_frequency_count.py
import jieba
# 打开并读取"西游记.txt"
txt = open(r"C:\Users\admin\Desktop\西游记.txt", "rb").read()
# 构建排除词库
excludes = {"一个", "那里", "怎么", "我们", "不知", "两个", "甚么",
            "只见", "不是","原来", "不敢", "闻言", "如何", "什么"}
# 使用 jieba 分词
words = jieba.lcut(txt)
# 对划分的单词计数
counts = {}
for word in words:
    if len(word) == 1:
        continue
    elif word == "行者" or word == "大圣" or word == "老孙":
        rword = "悟空"
    elif word == "师父" or word == "三藏" or word == "长老":
        rword = "唐僧"
    elif word == "悟净" or word == "沙和尚":
        rword = "沙僧"
    else:
        rword = word
    counts[rword] = counts.get(rword, 0) + 1
# 删除无意义的词语
for word in excludes:
    del counts[word]
# 按词语出现的次数排序
items = list(counts.items())
items.sort(key=lambda x: x[1], reverse=True)
# 采用固定的格式进行输出
for i in range(9):
```

```
    word, count = items[i]
    print("{0:<5}{1:>5}次 ".format(word, count))
```

运行程序，最终输出的结果如下：

```
    26346 次
悟空    5282 次
唐僧    4013 次
八戒    1627 次
沙僧     806 次
和尚     603 次
妖精     599 次
菩萨     578 次
国王     442 次
```

观察以上结果可知，角色"悟空"的排名位于首位，因此男主角非他莫属。

6.8　本章小结

本章主要讲解了组合数据类型：序列类型、集合类型和映射类型，首先讲解了序列类型的内容，包括切片操作、列表和元组的创建及一些基本操作；其次讲解了集合类型，包括集合的基本操作和集合关系测试；然后讲解了映射类型——字典，包括字典类型的介绍和字典的常见操作；最后讲解了中文分词模块——jieba。通过本章的学习，希望读者能够掌握各种数据类型的特点，并在实际编程中熟练使用各种类型存储数据。

6.9　习题

1. 简述序列类型、集合类型和映射类型的区别。
2. 已知元组 t=(11,22)，t[0] 指代的值为多少？
3. 已知集合 s={0,1,5,6,9}，s.add(9) 执行后 s 的值为多少？
4. 下列哪些类型的数据可以放入到集合中？（　　）
    A．整型　　　　B．浮点型　　　　C．字符串　　　　D．元组
    E．列表　　　　F．字典　　　　　G．集合
5. 已知列表 ls=[5,3,18,9,11]，请对列表 ls 按照升序和降序两种方式进行排列。
6. 已知列表 ls=[5,3,18,9,11]，请使用两种方式对 ls 进行反转。
7. 列表和元组有哪些区别?
8. 仿照 6.7 节的实例，对《三国演义》中出现的人物进行统计。
9. 编写程序，将用户输入的数字转换成相应的中文大写数字。例如，1.23 转换为"壹点贰叁"。
10. 编写程序，随机生成 5 个 0 ~ 10 之间不相等的数。

笔 记

P ython 程序设计现代方法

第 **7** 章

程序设计之数字推盘

拓展阅读

学习目标

★了解 pygame 模块的框架与基础函数

★熟悉 MVC 设计模式，可熟练划分项目模块，设计数据结构与接口

★掌握自顶向下的程序设计方式

★了解程序测试原则

读者如果已经掌握了前面章节讲解的 Python 基础语法，便能着手编写简单代码了。但语言只是工具，若想成为一名合格的程序开发人员，读者还需具备编写程序、实现计算机算法的能力。本章将结合 pygame 模块设计并实现一个综合项目——数字推盘游戏，引导读者学习程序设计方法，提升编程能力。

7.1　数字推盘游戏简介

数字推盘是一种益智游戏，它的载体是内嵌了 $n×n$ 个方块的凹槽板，凹槽中的方块均刻有或写有 $1 \sim n×n$ 之内的不同数字。常见的有 3×3 的八数字推盘和 4×4 的十五数字推盘，其中八数字推盘（也称重排九宫）内嵌写有数字 1 ~ 8 的 8 个方块，十五数字推盘内嵌写有数字 1 ~ 15 的 15 个方块。这两种推盘如图 7-1 所示。

数字推盘游戏简介

（a）八数字推盘　　　　（b）十五数字推盘

图 7-1
数字推盘

若推盘凹槽板中的数字方块呈顺序状态，游戏开始之前需先借助凹槽中一个方块位的空格打乱推盘中的方块，得到一个乱序推盘；游戏开始之后玩家借助空格移动方块，至推盘中的方块有序时，游戏结束。

数字推盘游戏程序是以编码的方式对数字推盘游戏进行模拟。该游戏的部分界面如图 7-2 所示。

图 7-2 中所示的数字推盘游戏的规则主要如下。

1. 开始

（1）程序启动后游戏窗口被初始化，提示信息出现在窗口左上角，数字推盘位于窗口中间，功能按钮位于窗口右下角（见图 7-2（a））。

（2）游戏主界面绘制完成后，程序自动移动方块，打乱推盘，初始化游戏，此后玩家方可开始游戏（见图 7-2（b））。

笔 记

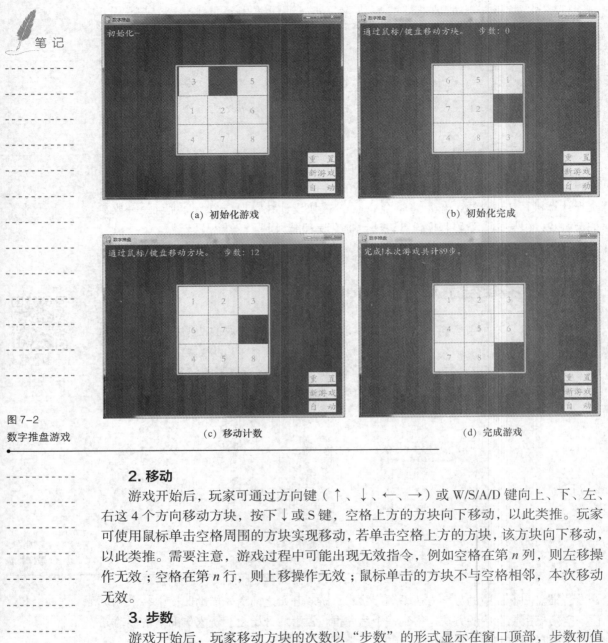

(a) 初始化游戏

(b) 初始化完成

(c) 移动计数

(d) 完成游戏

图 7-2
数字推盘游戏

2. 移动

游戏开始后，玩家可通过方向键（↑、↓、←、→）或 W/S/A/D 键向上、下、左、右这 4 个方向移动方块，按下↓或 S 键，空格上方的方块向下移动，以此类推。玩家可使用鼠标单击空格周围的方块实现移动，若单击空格上方的方块，该方块向下移动，以此类推。需要注意，游戏过程中可能出现无效指令，例如空格在第 n 列，则左移操作无效；空格在第 n 行，则上移操作无效；鼠标单击的方块不与空格相邻，本次移动无效。

3. 步数

游戏开始后，玩家移动方块的次数以"步数"的形式显示在窗口顶部，步数初值为 0，玩家每移动一次方块，步数加 1（见图 7-2（c））；游戏完成后，界面展示本轮游戏移动的步数（见图 7-2（d））。

4. 功能按钮

（1）重置。重置按钮的功能是撤销所有操作，恢复推盘到初始状态，同时重置步数为 0。

（2）新游戏。新游戏按钮的功能是重新随机打乱推盘，并将步数清 0。

（3）自动。自动按钮的功能是由程序自主移动方块，使推盘中的方块顺序排列。玩家可通过鼠标单击按钮，以使用相应功能。

5. 结束

当玩家移动方块使推盘有序，或玩家单击"自动"按钮使推盘有序后，程序提示
"完成！"，表示本轮游戏结束。

6. 退出

游戏启动后，玩家可按下"Esc"键，或单击窗口右上方的关闭按钮退出游戏。

本章将利用 Python 第三方模块——pygame 开发数字推盘游戏。下面先对 pygame
相关知识进行讲解。

7.2　游戏模块——pygame

pygame 是为开发 2D 游戏而设计的 Python 跨平台模块，开发人员利用 pygame 模
块中定义的接口，可以方便快捷地实现诸如图形用户界面创建、图形和图像的绘制、
用户键盘和鼠标操作的监听以及播放音频等游戏中常用的功能。

pygame 是第三方模块，若要成功运行导入了 pygame 模块的程序，必须先在开发
环境中安装 pygame。打开命令行窗口，使用第 2 章中介绍的 pip 工具向系统中安装
pygame 模块，具体命令如下：

```
pip install pygame
```

当命令行窗口中出现如下字样时，说明 pygame 模块安装成功。

```
Installing collected packages: pygame
Successfully installed pygame-1.9.4
```

利用 pygame 模块开发游戏时，pygame 一般负责游戏图形界面的绘制和框架的搭
建。下面将通过数字推盘界面的搭建来介绍 pygame 的基本用法。本节介绍的知识点
如下。

（1）pygame 的初始化和退出。

（2）创建游戏窗口。

（3）游戏循环与游戏时钟。

（4）图形和文本绘制。

（5）元素位置控制。

（6）动态效果。

（7）事件与事件处理。

本节将对这些知识点逐一进行讲解。

7.2.1　pygame 的初始化和退出

pygame 模块针对不同的开发需求提供了不同的子模块，例如显示模块、字体模块、
混音器模块等，一些子模块在使用之前必须进行初始化，比如字体模块。为了使开发
人员能够更简捷地使用 pygame，pygame 提供了如下两个函数。

（1）init()，init() 函数可以一次性初始化 pygame 的所有模块，如此，在开发程序时，
开发人员无须再单独调用某个子模块的初始化方法，可以直接使用所有子模块。

pygame 的初始化
和退出

（2）quit()，quit() 函数可以卸载所有之前被初始化的 pygame 模块。Python 程序在退出之前解释器会释放所有模块，quit() 函数并非必须调用，但程序开发应秉持谁申请、谁释放的原则，因此程序开发人员应当在需要时主动调用 quit() 函数卸载模块资源。

创建程序文件 7_pg_test.py，导入 pygame 模块，并在主函数中实现 pygame 的初始化和退出，具体代码如下：

```
import pygame                          # 导入 pygame
def main():
    pygame.init()                      # 初始化所有模块
    pygame.quit()                      # 卸载所有模块
if __name__ == '__main__':
        main()
```

创建游戏窗口

7.2.2　创建游戏窗口

命令行窗口中无法绘制图形，若要开发带有图形界面的游戏，程序中应先创建一个图形界面窗口，再于窗口中绘制图形。pygame 通过 display 子模块创建图形界面窗口，该子模块中与窗口相关的常用函数如表 7-1 所示。

表 7-1　display 模块的常用函数

函　　数	说　　明
set_mode()	初始化游戏窗口
set_caption()	设置窗口标题
update()	更新屏幕显示内容

下面对表 7-1 中罗列的函数逐个进行讲解。

（1）set_mode()

set_mode() 函数用于为游戏创建图形窗口，该函数的声明如下：

```
set_mode(resolution=(0,0), flags=0, depth=0) -> Surface
```

set_mode() 函数共有 3 个参数，这 3 个参数的具体含义如下。

① resolution：图形窗口的分辨率。参数 resolution 本质上是一个元组，该元组的两个元素分别指定图形窗口的宽和高，单位为像素。默认情况下图形窗口的尺寸与屏幕大小一致。

② flags：标志位。用于设置窗口特性，默认为 0。

③ depth：色深。该参数只取整数，取值范围为 [8,32]。

set_mode() 函数的返回值为 Surface 对象，可以将 Surface 对象看作画布，必须先有画布，绘制的图形才能够被呈现。

set_mode() 函数创建的窗口默认为黑色背景，使用 Surface 对象的 fill() 方法可以填充画布，修改窗口颜色。此处创建一个窗体，并修改其背景颜色。为方便对窗体大小、背景颜色进行统一修改，这里将其定义为全局变量，具体代码如下：

```
import pygame                          # 导入 pygame
WINWIDTH = 640                         # 窗口宽度
```

```
WINHEIGHT = 480                                # 窗口高度
DARKTURQUOISE = (3, 54, 73)                    # 预设颜色
BGCOLOR = DARKTURQUOISE                         # 预设背景颜色
def main():
    pygame.init()                              # 初始化所有模块
    # 创建窗体，即创建 Surface 对象
    WINSET = pygame.display.set_mode((WINWIDTH, WINHEIGHT))
    WINSET.fill(BGCOLOR)                        # 填充背景颜色
    pygame.quit()                              # 卸载所有模块
if __name__ == '__main__':
    main()
```

　　运行程序，程序启动后会创建一个背景颜色为黑色、分辨率为 640 像素 × 480 像素的图形窗口。值得注意的是，程序中使用 fill( ) 方法将背景填充为了暗宝石绿色，但背景颜色并未改变，这是为什么呢？此处请读者先保留疑问，继续向下学习。

　　（2）set_caption( )

　　set_caption( ) 函数用于设置窗口标题，该函数的声明如下：

```
set_caption(title, icontitle=None)-> None
```

　　以上函数的参数 title 用于设置显示在窗口标题栏上的标题，参数 icontitle 用于设置显示在任务栏上的程序标题，默认与 title 一致。

　　修改程序 7_pg_test.py 中的代码，在其中调用 set_caption( ) 函数，修改后的代码如下：

```
...
def main():
    pygame.init()                              # 初始化所有模块
    WINSET = pygame.display.set_mode((WINWIDTH, WINHEIGHT))
    WINSET.fill(BGCOLOR)                        # 填充背景颜色
    pygame.display.set_caption(' 数字推盘 ')     # 设置窗口标题
    pygame.quit()                              # 卸载所有模块
...
```

　　以上代码定义了变量 WINWIDTH、WINHEIGHT 用于设置窗体的尺寸，考虑到后续完善程序时代码中会使用到窗体尺寸，为了方便对尺寸进行调整，这里将变量 WINWIDTH 和 WINHEIGHT 作为全局变量放在函数外。

　　执行以上程序，程序打开一个图形窗口，设置其标题为"数字推盘"，之后窗口关闭、程序退出。为何窗口会一闪而过呢？这是因为程序在设置完标题之后便已结束。

　　（3）update( )

　　update( ) 函数用于刷新窗口，以显示修改后的新窗口。实际上前面代码中使用 fill( ) 方法填充背景后背景颜色却未改变，正是因为程序中未调用该函数对窗口进行刷新。在 pygame.quit( ) 语句之前调用 update( ) 函数，具体代码如下：

```
...
def main():
    pygame.init()                              # 初始化所有模块
    WINSET = pygame.display.set_mode((WINWIDTH, WINHEIGHT))
    WINSET.fill(BGCOLOR)                        # 填充背景颜色
```

笔 记

笔 记

游戏循环与
游戏时钟

```
pygame.display.set_caption(' 数字推盘 ')        # 设置窗口标题
pygame.display.update()                         # 刷新窗口
pygame.quit()                                   # 卸载所有模块
...
```

保存修改并运行程序，本次程序会创建一个颜色为暗宝石绿的窗口。

7.2.3　游戏循环与游戏时钟

众所周知，游戏启动后一般由玩家手动关闭，但目前的程序在开启图形窗口并设置标题之后退出，这是因为程序已经执行完毕。若要使游戏保持运行，需要在程序中添加一个无限循环，循环代码如下：

```
while True:
    pass
```

在 pygame.display.set_caption(' 数字推盘 ') 之后添加以上循环代码，程序将一直保持运行。

图形化游戏的画面通常是动态的，游戏中如何实现动画效果呢？这其实是利用了"视觉暂留"现象。研究表明，人眼在观察景物时，光信号传入大脑神经，需经过一段短暂的时间，光的作用结束后，视觉形象并不立即消失，而是残留在视网膜上。视觉的这一现象被称为"视觉暂留"。电影实际上也应用了这个原理——电影胶片以每秒 24 格画面匀速运动，一系列静态画面就会因视觉暂留而造成一种连续的视觉印象，形成逼真的动感。

一般情况下，计算机上一秒绘制 60 帧（Frame）便能够达到非常连续、高品质的动画效果。换言之，窗口中刷新图像的频率只要不低于每秒 60 帧，就能够达到我们对动画效果的预期。修改循环代码，在循环体中通过数值累加可直观地观察循环体的执行频率，修改后的循环代码如下：

```
i = 0
while True:
    Print(i)
    i += 1
```

运行修改后的程序，可观察到命令行 1 秒后打印的数值远远超出了 60，这说明循环体的执行频率非常高。过高的帧率意味着超高的负荷，通过任务管理器观察计算机性能，可注意到仅仅多运行了这一个程序，计算机 CPU 的占用率便增加了约 20%。

为了解决帧率过高的问题，需在程序中设置游戏时钟。pygame 的 time 模块专门提供了一个 Clock 类，通过该类的 tick( ) 方法可以方便地设置游戏循环的执行频率，具体操作如下：

```
FPSCLOCK = pygame.time.Clock()                  # 创建 Clock 对象
FPSCLOCK.tick(FPS)                              # 为 Clock 对象设置帧率
```

修改程序 7_pg_test.py 中的代码，为其添加帧率控制语句，修改后的程序如下：

```
...
FPS = 60                                        # 预设频率
def main():
```

```
    pygame.init()                          # 初始化所有模块
    FPSCLOCK = pygame.time.Clock()         # 创建 Clock 对象
    ...
    i = 0
    while True:
        i = i + 1
        print(i)
        FPSCLOCK.tick(FPS)                 # 控制帧率
    pygame.display.update()
    pygame.quit()                          # 卸载所有模块
if __name__ == '__main__':
    main()
```

经过如上修改后，程序中 while 循环内的代码由高频执行转变为 1 秒执行 FPS（60）次。

执行以上程序，通过任务管理器对比增加帧率控制语句前后 CPU 的占用情况，可发现 CPU 的使用率大大降低，如图 7-3 所示。

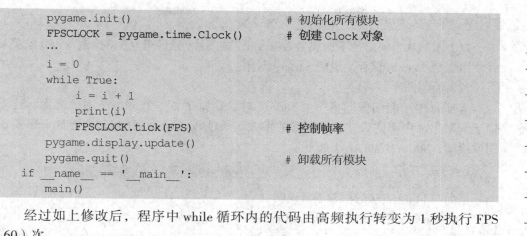

（a）添加帧率控制语句前

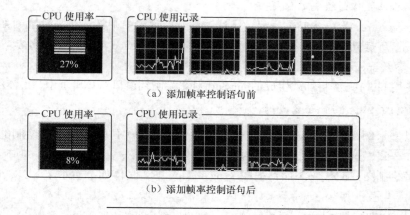

（b）添加帧率控制语句后

图 7-3
CPU 占用情况对比图

7.2.4　图形和文本绘制

图形化窗口是绘制文本和图形的前提，创建窗口之后方可在其中绘制文本、图形等元素。通过前面的讲解可知，pygame 中的图形窗口是一个 Surface 对象，在窗口中进行绘制实质上就是在 Surface 对象之上进行绘制。本节将介绍如何在 Surface 对象之上绘制图形和文本。

图形和文本绘制

1. 图形绘制

在 Surface 对象上绘制图形分为加载图片和绘制图片两个步骤。

（1）加载图片

加载图片即将图片读取到程序中，通过 pygame 中 image 模块的 load() 方法可以向程序中加载图片，生成 Surface 对象。load() 方法的声明如下：

```
load(filename) -> Surface
```

load() 方法的参数 filename 是要被加载的文件名，load() 方法的返回值是一个 Surface 对象。使用 load() 方法加载图片，具体示例如下：

```
imgSurf  = pygame.image.load('bg.jpg')
```

以上示例从当前路径下加载名为 "bg.jpg" 的图片（分辨率为 640 像素 ×480 像素），并使用变量 imgSurf 保存生成的 Surface 对象。

（2）绘制图片

pygame 中绘制图像即将一个 Surface 对象叠加在另一个 Surface 对象之上，这类似于现实生活中不同尺寸纸质图形的堆叠。通过 Surface 对象的 blit( ) 方法可以实现图像绘制，blit( ) 方法的语法如下：

```
blit(source, dest, area=None, special_flags = 0) -> Rect
```

下面对 blit( ) 方法的参数进行说明。

· 参数 source 接收被绘制的 Surface 对象。

· 参数 dest 接收一个表示位置的元组，该元组指定 left 和 top 两个值，left 和 top 分别表示图片距离窗口左边和顶部的距离。该参数亦可接收一个表示矩形的元组 (left, top, width, height)（left、top 表示矩形的位置，width、height 表示矩形的宽和高），将矩形的位置作为绘制的位置。

· 参数 area 是一个可选参数，通过该参数可设置矩形区域。若设置的矩形区域小于 source 所设置 Surface 对象的区域，那么仅绘制 Surface 对象的部分内容。

· 参数 special_flags 是标志位。

使用 blit( ) 方法将加载生成的 imgSurf 对象绘制到窗口 WINSET 中，具体示例如下：

```
WINSET.blit(imgSurf, (0, 0))
```

以上示例代码将 imgSurf 绘制到了窗口的（0，0）位置，由于被绘制的图片与窗口尺寸一致，这里的操作等同于为窗口绘制了背景图片。

将绘制图片的代码添加到程序 7_pg_test.py 中，具体如下所示：

```
...
    WINSET = pygame.display.set_mode((WINWIDTH, WINHEIGHT))
    WINSET.fill(BGCOLOR)                        # 填充背景颜色
    pygame.display.set_caption(' 数字推盘 ')
    image = pygame.image.load('bg.jpg')         # 加载图片
    WINSET.blit(image, (0, 0))                  # 绘制图片
    ...
...
```

执行程序，程序创建的窗口如图 7-4 所示。

2. 文本绘制

pygame 的 font 模块提供了一个 Font 类，该类可以创建系统字体对象，进而实现游戏窗口中文字的绘制。使用 Font 类在窗口中绘制文本，需要执行以下 3 个步骤。

（1）创建字体对象。

（2）渲染文本内容，生成一张图像。

（3）将生成的图像绘制到游戏主窗口中。

由以上步骤可知，文本绘制实际上也是图片的叠加，只是在绘制之前需要先结合字体，将文本内容制作成图片。文本绘制的流程如图 7-5 所示。

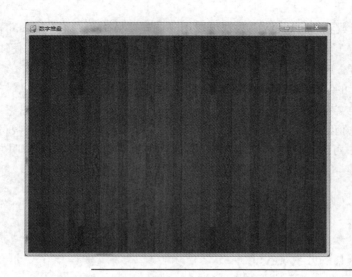

图 7-4
绘制图片

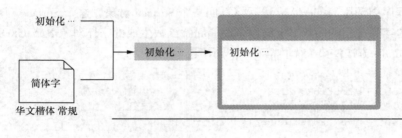

图 7-5
文本绘制流程

下面分别来介绍以上步骤的代码实现。

（1）创建字体对象

调用 font 模块的 Font( ) 函数可以创建一个字体对象。Font( ) 函数的声明如下：

```
Font(filename, size) -> Font
```

Font( ) 函数中的参数 filename 用于设置字体对象的字体，size 用于设置字体对象的大小。Font( ) 函数的具体用法如下：

```
BASICFONT = pygame.font.Font('STKAITI.TTF', 25)
```

程序执行到以上语句时，会使用程序所在路径下的字体文件，创建一个字体为STKAITI、大小为 25 的字体对象。

font 模块中亦可通过 SysFont( ) 函数创建一个系统字体对象。SysFont( ) 函数的声明如下：

```
SysFont(name, size, bold=False, italic=False) -> Font
```

SysFont( ) 函数包含 4 个参数，这些参数的含义如下。

·name：系统字体的名称。可以设置的字体与操作系统有关，通过 pygame.font.get_fonts( ) 函数可以获取当前系统的所有可用字体列表。该参数亦可接收字体路径名。

·size：字体大小。

·bold：是否设置为粗体，默认为否。

·italic：是否设置为斜体，默认为否。

笔记

　　Font( ) 函数和 SysFont( ) 函数都可以用于创建字体对象，但 SysFont( ) 对系统依赖度较高，Font( ) 则可以在设置字体时将字体文件存储到程序路径中，使用自定义的字体。相较而言，Font( ) 函数更加灵活，也更利于游戏程序的打包和移植。若无特殊声明，后续提及的字体对象皆通过 Font( ) 函数创建。

（2）渲染文本内容

　　渲染是电脑绘图中使用的名词，经渲染后电脑中会生成一张图像（SurFace 对象）。pygame 模块中可通过字体对象的 render( ) 方法进行渲染，该方法的声明如下：

```
render(text, antialias, color, background=None) -> Surface
```

　　render( ) 方法包含 4 个参数，这些参数的含义如下。

- text 参数：文字内容。
- antialias 参数：是否抗锯齿（抗锯齿效果会让绘制的文字看起来更加平滑）。
- color 参数：文字颜色。
- background 参数：背景颜色，默认为 None，表示无颜色。

　　在程序中调用 render( ) 方法后将返回一个 Surface 对象，这个 Surface 对象可理解为一张内容为文字的图片。下面以调用 Font( ) 函数生成的字体对象 BASICFONT 为例，通过 render( ) 方法渲染文本内容的代码示例如下：

```
YELLOW = (255, 255, 193)                    # 颜色预设
MSGCOLOR = DARKTURQUOISE                     # 设置字体颜色
MSGBGCOLOR = YELLOW                          # 按钮背景颜色
msgSurf = BASICFONT.render('初始化…',True,MSGCOLOR,MSGBGCOLOR)
```

　　以上代码预设了表示黄色的变量 YELLOW，定义了表示字体颜色的变量 MSGCOLOR 和表示信息背景颜色的变量 MSGBGCOLOR，通过 render( ) 方法将文本信息"初始化…"渲染成背景为黄色、字体为暗宝石绿色的图片。通过 image 模块的 save( ) 方法可以将渲染生成的 Surface 对象作为图片存储到本地，save( ) 方法的语法格式如下：

```
save(Surface, filename) -> None
```

　　使用 save( ) 方法将 msgSurf 对象保存到本地，并命名为 msg.png，具体代码如下：

```
pygame.image.save(msgSurf,'msg.png')
```

　　执行以上代码后生成的图片如图 7-6 所示。

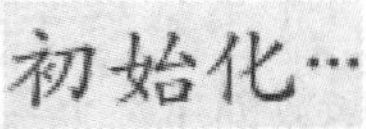

图 7-6
msg.png

初始化…

　　此处为了方便理解，将字体设置成了暗宝石绿色。数字推盘中"初始化…"没有背景颜色，文本图像应被设置为透明背景。若要实现此效果，render( ) 方法的参数 background 应设为 None，具体代码如下：

```
msgSurf = BASICFONT.render('初始化…', True, MSGCOLOR, None)
pygame.image.save(msgSurf, 'msg.png')
```

（3）绘制渲染结果

　　绘制文本图片同样使用 Surface 的 blit( ) 方法，此处不再赘述。

将创建的文本对象 msgSurf 绘制到 WINSET 的 (0,0) 位置，具体代码如下：

```
WINSet.blit(msgSurf, (0, 0))
```

为保证以上的更改能够显示在窗口之中，这里将 while 循环删除，此时修改后的完整程序代码如下：

```
import pygame                                          # 导入 pygame
WINWIDTH = 640                                         # 窗口宽度
WINHEIGHT = 480                                        # 窗口高度
#------ 颜色预设 ----
DARKTURQUOISE = (  3,  54,  73)                        # 预设颜色
YELLOW =         (255, 255, 193)
# ------ 颜色变量 ----
BGCOLOR = DARKTURQUOISE                                # 预设背景颜色
MSGCOLOR = DARKTURQUOISE                               # 设置字体颜色
MSGBGCOLOR = YELLOW                                    # 按钮背景颜色
def main():
    pygame.init()                                      # 初始化所有模块
    # 创建窗体, 即创建 Surface 对象
    WINSET = pygame.display.set_mode((WINWIDTH, WINHEIGHT))
    WINSET.fill(BGCOLOR)                               # 填充背景颜色
    pygame.display.set_caption(' 数字推盘 ')
    image = pygame.image.load('bg.jpg')                # 加载背景图片
    WINSET.blit(image,(0,0))                           # 绘制背景图片
    BASICFONT = pygame.font.Font('STKAITI.TTF',25)     # 创建字体对象
    msgSurf = BASICFONT.render(' 初始化…',True,MSGCOLOR,MSGBGCOLOR)# 渲染
    WINSET.blit(msgSurf,(0,0))
    pygame.display.update()
    pygame.quit()                                      # 卸载所有模块
if __name__ == '__main__':
    main()
```

执行程序，创建的窗口如图 7-7 所示。

图 7-7
文本绘制

由图 7-7 可知，程序成功创建了绘有文本信息的窗口。

笔记

元素位置控制

7.2.5 元素位置控制

7.2.4 小节中，图像和文本都被绘制在了（0，0）位置，也就是图形窗口的原点。但游戏中的文字与图片可能出现在窗口的任意位置。若想要准确地放置图片和文本，需要先掌握 pygame 图形窗口的坐标体系和 pygame 的 Rect 类。

1. pygame 图形窗口的坐标体系

pygame 图形窗口坐标体系的定义如下。

（1）坐标原点在游戏窗口的左上角。

（2）x 轴与水平方向平行，以向右为正。

（3）y 轴与垂直方向平行，以向下为正。

假设将分辨率为 160 像素 × 120 像素的矩形放置在分辨率为 640 像素 × 480 像素的 pygame 窗口的（80，160）位置，则其相对关系如图 7-8 所示。

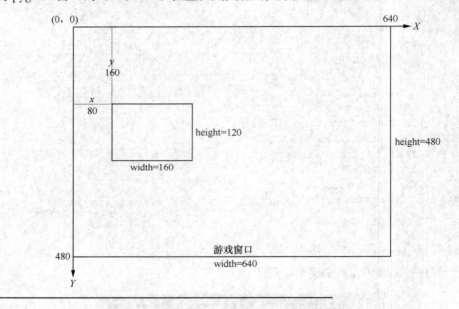

图 7-8
坐标体系示意图

观察图 7-8 可知，矩形在窗口中的位置即矩形左上角在窗口中的坐标。

2. Rect 类

Rect 类用于描述、控制可见对象（文本、图片等）在 pygame 窗口中的位置，该类定义在 pygame 模块之中，它的构造函数如下：

```
Rect(x, y, width, height) -> Rect
```

通过 Rect 类的构造函数可以创建一个矩形对象，并设置该矩形在 pygame 窗口中的位置。例如创建如图 7-8 中坐标为（80，160）、分辨率为 160 像素 × 120 像素的矩形对象，具体代码如下：

```
rect = pygame.Rect(80, 160, 160, 120)
```

除坐标、宽、高之外，矩形还具有许多用于描述与坐标系相对关系的属性。下面将给出矩形对象的常见属性，并以矩形 rect = Rect(10, 80, 168, 50) 为例对这些属性进行说明。具体如表 7-2 所示。

表 7–2　矩形对象属性表

属　　性	说　　明	示　　例
x、left	水平方向和 y 轴的距离	rect.x = 10、rect.left = 10
y、top	垂直方向和 x 轴的距离	rect.y = 80、rect.top = 80
width、w	宽度	rect.width = 168、rect.w = 168
height、h	高度	rect.height = 50、rect.h = 50
right	右侧 = x + w	rect.right = 178
bottom	底部 = y + h	rect.bottom = 130
size	尺寸 (w, h)	rect.size = (168, 50)
topleft	(x, y)	rect.topleft = (10, 80)
bottomleft	(x, bottom)	rect.bottomleft = (10, 130)
topright	(right, y)	rect.topright = (178, 80)
bottomright	(right, bottom)	rect.bottomright = (178, 130)
centerx	中心点 x = x + 0.5 * w	rect.centerx = 94
centery	中心点 y = y + 0.5 * h	rect.centery = 105
center	(centerx, centery)	rect.center = (94, 105)
midtop	(centerx, y)	rect.midtop = (94, 80)
midleft	(x, centery)	rect.midleft = (10, 105)
midbottom	(centerx, bottom)	rect.midbottom = (94, 130)
midright	(right, centery)	rect.midright = (178, 105)

矩形属性示意图如图 7-9 所示。

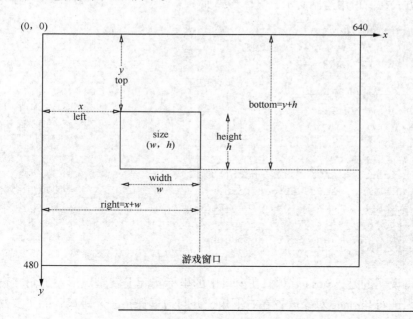

图 7–9

矩形对象属性示意图

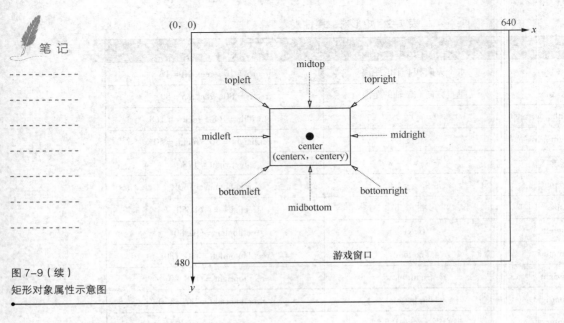

图 7-9（续）
矩形对象属性示意图

3. 位置控制

Surface 对象在窗口中的位置通过 blit( ) 方法的参数 dest 确定，dest 可接收坐标元组（x，y），亦可接收矩形对象，因此可通过以下两种方式控制 Surface 对象的绘制位置。

方式 1：将 Surface 对象绘制到窗口时，以元组（x，y）的形式将坐标传递给参数 dest。

方式 2：使用 get_rect( ) 方法获取 Surface 对象的矩形属性，重置矩形横纵坐标后，再将矩形属性传递给参数 dest 以设置绘制位置。

考虑到 Surface 对象的分辨率不同，为方便计算位置，程序一般使用第 2 种方式确定绘制位置。下面以绘制数字推盘右下角的功能按钮"自动"为例，使用第 2 种位置控制方式在窗口中绘制文本，具体代码如下：

```
# ------ 颜色预设 ----
GRAY        = (128, 128, 128)
YELLOW      = (255, 255, 193)
...
# ------ 颜色变量 ----
BTCOLOR = YELLOW                                        # 按钮底色
BTTEXTCOLOR = GRAY                                      # 选项字体颜色
...
    # 渲染字体
    autoSurf = BASICFONT.render('自 动', True, BTTEXTCOLOR, BTCOLOR)
    autoRect = autoSurf.get_rect()                      # 获取矩形属性
    autoRect.x = WINWIDTH - autoRect.width - 10         # 重设横坐标
    autoRect.y = WINHEIGHT - autoRect.height - 10       # 重设纵坐标
    WINSET.blit(autoSurf, autoRect)                     # 绘制字体
...
```

值得说明的是，Surface 对象在窗口中的坐标实际上就是矩形左上角在窗口中的坐标，因此将 Surface 对象放置在右下角，并与边框保持一定距离，除了要用窗口宽

和高减去余量，还需减去 Surface 对象的宽和高。

将以上代码添加到程序 7_pg_test.py 中，执行程序，程序创建的窗口如图 7-10 所示。

笔 记

图 7-10
绘制"自动"按钮

由图 7-10 可知，"自动"按钮绘制后成功放置在窗口右下角。

7.2.6　动态效果

大多数游戏都涉及动态效果，如植物大战僵尸中子弹的发射效果、僵尸的移动效果等。实现动态效果的原理是文本或图片的更换、位置的改变以及屏幕的刷新。基础的动态效果分为以下 3 种。

动态效果

（1）多次修改 Surface 对象绘制的位置并连续绘制刷新，实现移动效果。

（2）在同一位置绘制不同的 Surface 对象，实现动画效果。

（3）连续绘制不同 Surface 对象的同时，修改绘制的位置，实现移动的动画。

这里以数字推盘游戏中方块的移动为例讲解如何实现移动效果。

数字推盘游戏的方块由矩形和文本组成，其中文本使用 font 模块的 Font( ) 函数、render( ) 方法以及 Surface 类的 blit( ) 方法绘制，矩形使用 pygame 中 draw 模块的 rect( ) 函数绘制。因此实现数字方块移动需要经过以下操作。

（1）绘制矩形方块。

（2）绘制数字。

（3）移动方块。

下面分别实现以上操作。

1. 绘制矩形方块

pygame 的子模块 draw 中的 rect( ) 函数用于在 Surface 对象上的指定位置绘制矩形，该函数的声明如下：

```
rect(Surface, color, Rect, width=0) -> Rect
```

rect( ) 函数接收 4 个参数，其中参数 Surface 接收一个 Surface 对象，参数 color 用于设置矩形颜色，参数 Rect 接收一个矩形对象，以设置矩形绘制的位置和区域，参数 width 用于设置外沿的厚度，默认为 0。rect( ) 函数被调用后会返回一个矩形对象。

在窗体 Surface 对象 WINSET 的中心位置绘制分辨率为 60 像素 ×60 像素的黄色矩形，具体代码如下：

```
BLOCKSIZE = 60                                    # 定义矩形边长
# 创建矩形
blockRect = pygame.Rect(0.5*(WINWIDTH-BLOCKSIZE),
                        0.5*(WINHEIGHT-BLOCKSIZE),
                        BLOCKSIZE, BLOCKSIZE)
pygame.draw.rect(WINSET, BTCOLOR, blockRect)      # 绘制矩形
```

将此段代码添加到程序 7_pg_test.py 中，执行程序，程序执行结果如图 7-11 所示。

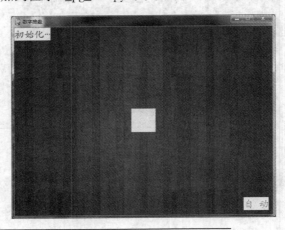

图 7-11
绘制矩形

2. 绘制数字

方块上的数字应位于方块的中心，矩形对象的左上角坐标代表矩形的位置，目前方块已位于屏幕中心，假设数字的矩形对象为 numRect，则其在屏幕中的 x、y 坐标分别如下。

（1）numRect.x = blockRect.x + 0.5 * (BLOCKSIZE – numRect.width)

（2）numRect.y = blockRect.y + 0.5 * (BLOCKSIZE – numRect.heigh)

假设方块中的数字为 5，绘制数字，将其置于方块中心，具体代码如下：

```
# 写数字
numSurf = BASICFONT.render('5', True, BTTEXTCOLOR, BTCOLOR)
numRect = numSurf.get_rect()
numRect.x = blockRect.x + 0.5 * (BLOCKSIZE - numRect.width)
numRect.y = blockRect.y + 0.5 * (BLOCKSIZE - numRect.height)
```

由于数字位置的确定依赖于方块的位置，此段代码应位于方块代码之后。

3. 移动方块

本节开篇已经提及：移动效果通过在不同但连续的位置绘制同一个 Sruface 对象实现。推盘中的方块由方块图像 blockSurf 和数字图像 numSurf 组成，因此要实现推盘方块的移动，需同步移动方块图像和数字图像。在 for 循环中实现 blockSurf 和 numSurf 的连续移动与绘制，具体代码如下：

```
...
# 在背景的不同位置绘制方块，制造移动效果。方块向右移动 BLOCKSIZE+2
```

```
for i in range(0, BLOCKSIZE, 2)
    FPSCLOCK.tick(FPS)                      # 循环帧率控制
    # ----- 绘制 -----
    pygame.draw.rect(WINSET, BTCOLOR, blockRect)
    WINSET.blit(numSurf, numRect)
    pygame.display.update()
    # --- 位置更改, 实现向右移动 ---
    blockRect.x += 10                       # 修改方块横坐标
    numRect.x += 10                         # 修改数字横坐标
```

　　以上代码的 for 循环共执行 BLOCKSIZE/2=30 次，循环结束后方块应移动到窗口右侧。执行添加代码后的程序，执行结果如图 7-12 所示。

图 7-12
方块移动

　　图 7-12 所示的移动结果显然不符合我们的预期，这是因为，推盘方块的移动包含方块的消失与重绘两个步骤，但以上的代码在绘制新方块之前，未能使之前的方块消失。那么如何才能使方块消失呢？

　　pygame 的 Surface 类中定义了 copy( ) 方法，使用该方法可以复制 Surface 对象，实现方块的消失。具体步骤如下。

　　（1）在初次向窗口对象 WINSET 上绘制方块之前，先调用 copy( ) 方法创建 WINSET 的备份 baseSurf，具体代码如下：

```
baseSurf = WINSET.copy()
```

　　（2）在第 2 次绘制方块之前，将备份覆盖到 WINSET 之上，具体代码如下：

```
WINSET.blit(baseSurf, (0,0))              # 使用备份 baseSurf 覆盖 WINSET
```

　　修改后的完整代码如下所示：

```
...
    # 准备背景
    baseSurf = WINSET.copy()
    # 创建方块底色矩形
    blockRect = pygame.Rect(0.5*(WINWIDTH-BLOCKSIZE)),0.5*(WINHEIGHT-BLOCK
```

笔记

```
                                    SIZE), BLOCKSIZE, BLOCKSIZE)
        pygame.draw.rect(WINSET, BTCOLOR, blockRect)
        # 写数字
        numSurf = BASICFONT.render('5', True, BTTEXTCOLOR, BTCOLOR)
        numRect = numSurf.get_rect()
        numRect.x = blockRect.x + 0.5 * (BLOCKSIZE - numRect.width)
        numRect.y = blockRect.y + 0.5 * (BLOCKSIZE - numRect.height)
        # 在背景的不同位置绘制方块，制造移动效果。方块向右移动 BLOCKSIZE+2
        for i in range(0, BLOCKSIZE, 2):
            FPSCLOCK.tick(FPS)
            # 绘制
            pygame.draw.rect(WINSET,BTCOLOR,blockRect)
            WINSET.blit(numSurf,numRect)
            pygame.display.update()
            # 修改方块和数字的横坐标
            blockRect.x += 10                  # 修改方块横坐标
            numRect.x += 10                    # 修改数字横坐标
            WINSET.blit(baseSurf,(0,0))        # 使用备份 baseSurf 覆盖 WINSET
        pygame.quit()                          # 卸载所有模块
if __name__ == '__main__':
    main()
```

保存更改并执行程序 7_pg_test.py，程序运行之初与结束之前方块所在位置分别如图 7-13（a）和 7-13（b）所示。

由图 7-13 可知，程序成功实现了方块的移动。

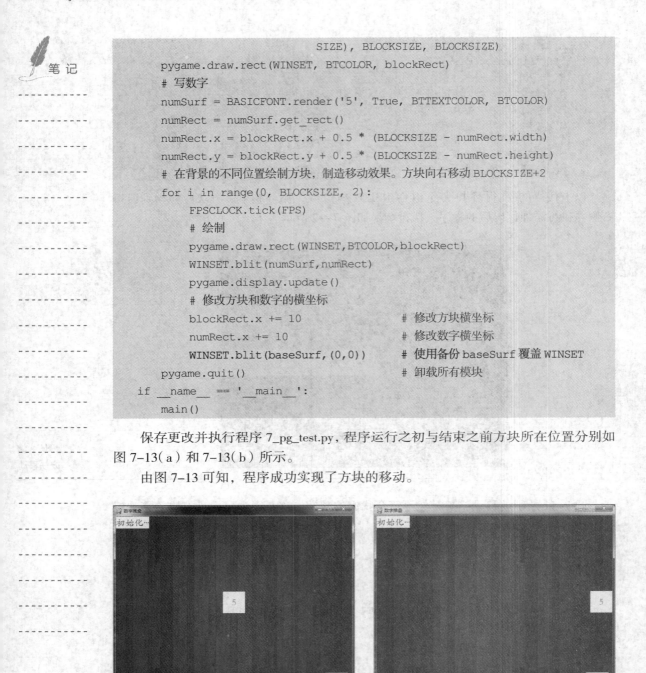

图 7-13
方块的移动

(a) 移动之前　　　　　　　　　　　　(b) 移动之后

7.2.7　事件与事件处理

事件与事件处理

　　游戏需要与玩家交互，因此它必须能够接收玩家的操作，并根据玩家操作有针对性地做出响应。程序开发中将玩家会对游戏进行的操作称为事件（Event），根据输入媒介的不同，游戏中的事件分为键盘事件、鼠标事件和手柄事件等。pygame 在子模块 locals 中对事件进行了更加细致的定义，键盘事件、鼠标事件及其产生途径和参数如表 7-3 所示。

表 7-3　pygame 常见事件列表

事　件	产 生 途 径	参　数
KEYDOWN	键盘被按下	unicode,key,mod
KEYUP	键盘被放开	key,mod
MOUSEMOTION	鼠标移动	pos,rel,button
MOUSEBUTTONDOWN	鼠标按下	pos,button
MOUSEBUTTONUP	鼠标放开	pos,button

由表 7-3 可知，pygame.locals 中的键盘事件分为 KEYDOWN 和 KEYUP，这两个事件的参数描述如下。

（1）unicode：记录按键的 Unicode 值。

（2）key：按下或放开的键的键值，键值是一个数字，但为了方便使用，pygame 中支持以 K_xx 来表示按键，例如，字母键表示为 K_a、K_b 等，方向键表示为 K_UP、K_DOWN、K_LEFT、K_RIGHT，ESC 键表示为 K_ESCAPE（更多按键表示请参见 pygame 手册）。

（3）mod：包含组合键信息，例如 mod&KMOD_CTRL 为真，表示用户在按下其他键的同时按下了 Ctrl 键。类似的还有 KMOD_SHIFT、KMOD_ALT。

pygame.locals 中的鼠标事件分为 MOUSEMOTION、MOUSEBUTTONDOWN、MOUSEBUTTONUP，这 3 个事件的参数描述如下。

（1）pos：鼠标操作的位置，该参数是一个包含横坐标 x 和纵坐标 y 的元组。

（2）rel：当前位置与上次产生鼠标事件时鼠标指针位置间的距离。

（3）buttons：一个含有 3 个数字的元组，元组中数字的取值只能为 0 或 1，3 个数字依次表示左键、滚轮和右键。若仅移动鼠标，则 buttons 的值为（1，0，0）；若鼠标移动的同时单击鼠标的某个按键，元组中与该键对应的值更改为 1，例如按下鼠标左键，buttons 的值为（1，0，0）。

（4）button：整型数值，1 表示单击鼠标左键，2 表示单击滚轮，3 表示单击右键，4 表示向上滑动滚轮，5 表示向下滑动滚轮。

程序可通过 pygame 子模块 event 中的 type 属性判断事件类型，通过 get( ) 函数获取当前时刻产生的所有事件的列表。当然，并非事件列表中的事件都需要关心和处理，程序通常在循环中遍历事件列表，将其中的元素与需要处理的事件常量进行比对，若当前事件为需要处理的事件，再对其进行相应操作。

在程序 7_pg_test.py 中添加事件处理代码，具体如下所示：

```
...
    # 获取点击事件, rect.collodepoint(), 判断点击位置
    while True:
        FPSCLOCK.tick(FPS)
        for event in pygame.event.get():
            if event.type == MOUSEBUTTONUP:          # 如果有鼠标放开事件
                if blockRect.collidepoint(event.pos):  # 如果点击的是方块
                    print('点击了方块')
```

笔 记

```
                elif autoRect.collidepoint(event.pos):
                    print(' 点击了按钮 ')
                else:
                    print(' 点击了空白区域 ')
        elif event.type == KEYUP:                          # 如果有按键放开事件
            if event.key in (K_LEFT, K_a):
                print(' ← ')
            elif event.key in (K_RIGHT, K_d):
                print(' → ')
            elif event.key in (K_UP, K_w):
                print(' ↑ ')
            elif event.key in (K_DOWN, K_s):
                print(' ↓ ')
            elif event.key == K_ESCAPE:
                print(' 退出游戏 ')
                pygame.quit()
pygame.quit()
```

以上代码在 while 循环中通过 for 循环遍历事件，对每层 for 循环取出的事件 event 进行判断，若当前事件为鼠标放开事件（MOUSEBUTTONUP），说明鼠标按键曾被按下，此时使用 Rect 类的 collidepoint( ) 方法判断点击的位置 event.pos 与方块、按钮的关系，输出相应信息；若当前事件为按键放开事件（KEYUP），说明键盘按键曾被按下，此时根据 event.key 属性判断曾被按下的具体按键，根据按键打印相应的信息，或退出程序。

执行程序，依次执行循环中的判断条件，程序打印结果如下：

```
.pypygame 1.9.4
Hello from the pygame community. https://www.pygame.org/contribute.html
<rect(290, 210, 60, 60)>
点击了方块
点击了按钮
点击了空白区域
←
→
↑
↓
退出游戏
```

此处的示例仅为展示游戏开发中的事件处理流程，并未详细讲解如何选择要处理的事件以及事件的详细处理，皆因需求决定程序走向，程序代码总是与程序的功能息息相关。

本节对游戏模块的讲解到此已接近尾声，至此，开发数组推盘游戏所需掌握的 pygame 相关内容已讲解完毕，后续的内容会立足于数字推盘游戏，切实地应用 pygame 模块。

当然数字推盘游戏不似前面章节中的程序，它将是一个更加复杂的工程，大家甚至会感到无从下手。即便感到困难，大家也不必失落，这是学习的必经之路，也是必须要攻克的难关。好在我们可以利用一下前辈们总结的经验，使用一些成熟的技术来解决复杂问题。后面的内容将使用 MVC 设计模式与自顶向下设计方法设计游戏框架，为程序划分模块。

7.3　游戏框架

数字推盘游戏程序是一个包含游戏界面的程序，考虑到游戏过程中界面会产生不规律的变化，这里将程序中的数据、界面和数据处理分开，采用 MVC 设计模式设计游戏。

MVC 全称为 Model–View–Controller，即模型 – 视图 – 控制器，按照此种设计模式设计程序时会将应用程序的输入、处理和输出分开，把程序分成 3 个核心部分：模型、视图和控制器，如此开发人员可使每个核心处理自己的任务。MVC 设计模式中这 3 个核心部分的具体任务分别如下。

（1）模型：应用程序核心，用于处理应用程序数据逻辑的部分。

（2）视图：应用程序中显示数据的部分，通常根据模型数据创建。

（3）控制器：应用程序中处理用户交互的部分。通常负责从视图读取数据，根据用户输入修改数据并将数据发送给模型。

MVC 设计模式的框架如图 7–14 所示。

基于 MVC 设计模式设计游戏，游戏框架如图 7–15 所示。

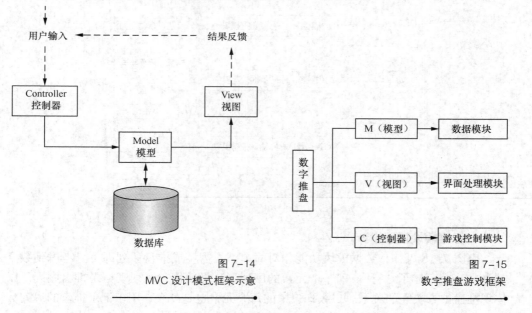

图 7–14
MVC 设计模式框架示意

图 7–15
数字推盘游戏框架

7.4　自顶向下的设计

"自顶向下"是解决复杂问题的成熟技术之一，也是后续设计游戏使用的技术。自顶向下技术的基本思想是从总问题开始，尝试将总问题划分为较小的问题，再进一步使用该技术继续划分问题，直到问题足够细小、可以轻松解决之时拼接所有小块，得到一个完整的程序。在 7.3 节中我们已经利用 MVC 设计模式为数字推盘游戏规划了框架，将该游戏分为 3 大模块，本节将在此基础上，利用自顶向下方法进一步对游戏进行设计。

7.4.1　顶层设计

数字推盘游戏以推盘中的数字序列（后简称推盘序列）为基础，用户的输入用于修改推盘序列，修改后的推盘序列被绘制在图形窗口之中，因此推盘序列即是 Model 的核心，Model 部分应负责推盘序列的生成与存储；游戏的界面分为推盘、提示信息和功能按钮 3 个部分，这 3 个部分可根据形态分为静态和动态两个模块；游戏控制涵盖对 Model 的修改和程序流程的控制，结合游戏流程分析，Controller 可细分为初始化、接收输入、输入处理和终止 4 个模块。

为了降低理解与实现的难度，此处仅实现数字推盘游戏的基础功能，具体功能如下。

·提示信息部分：分为"初始化""使用鼠标移动方块。""完成！"3 种提示信息。

· 推盘部分：仅支持通过鼠标操作移动方块。

· 按键部分：仅保留"新游戏"功能。

基于以上分析和需求，结合 MVC 设计模式对数字推盘游戏进行划分，该游戏的各个部分又可划分为多个模块，具体如图 7-16 所示。

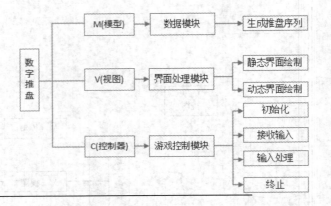

图 7-16
数字推盘顶层模块设计

1. 数据模块顶层设计

由图 7-16 可知，数据模块功能相对简单，只需生成推盘序列即可。考虑到数字推盘是一个存储了"行 × 列"个元素的序列，这里使用二级列表记录推盘序列，以体现推盘中方块间的关系。二级列表中的每个元素也是列表，用于记录推盘的一列数据，推盘中的空格记录为 None。以 3×3 的推盘为例，其初始化列表为[[1, 4, 7], [2, 5, 8], [3, 6, None]]。那么生成推盘序列实际就是根据设定的行和列的值来生成并返回列表。根据分析声明函数接口，具体如下：

```
def getStartingBoaed(row,col) -> initBoard
```

2. 界面处理模块顶层设计

以上代码中声明的 getStartingBoard( ) 函数生成的推盘序列返回后被界面处理模块接收，用于绘制界面。图 7-16 中将界面处理模块划分为静态界面绘制和动态界面绘制两个部分，显然动态部分应接收推盘序列 mainBoard 和提示信息 msg。根据分析声明函数接口，具体如下：

```
def drawStaticWin()-> Surface
def drawBoard(mainBoard, msg)
```

3. 游戏控制模块顶层设计

游戏控制模块分为初始化、接收输入、输入处理和终止 4 个功能，结合游戏功能分析：数字推盘游戏的初始化实际上是生成一个乱序推盘序列、开始一局新游戏；接收输入是返回用户的操作；输入处理是根据用户操作修改推盘序列、生成新的推盘和提示信息；终止则是游戏退出。分别对游戏控制模块的 4 个功能函数进行声明，具体如下：

```
def generateNewPuzzle()                              -> mainBoard
def getInput()                                       -> userInput
def processing(userInput, mainBoard, msg)            -> mainBoard,msg
def checkForQuit()                                   -> None
```

将以上声明的接口放在 main( ) 函数中，组织程序结构，具体代码如下：

```
import pygame
def main():
    WINSET = darwStaticWin()
    initBoard = getStartingBoard()
    mainBoard = generateNewPuzzle()
    while True:
        drawBoard(initBoard, msg)                     # 动态界面绘制
        pygame.display.update()
        checkForQuit()                                # 判断是否终止游戏
        userInput = getInput(mainBoard)               # 获取输入
        mainBoard, msg = processing(userInput, mainBoard, msg)# 输入处理
```

以上程序的大致流程为：先绘制静态界面、生成推盘序列、打乱推盘，然后在循环中绘制动态界面并更新，判断程序是否退出，最后接收用户输入并进行处理。

顶层设计一般设计 main( ) 函数主要应具备的功能，和实现这些功能时应重点关注的数据（参数和返回值）。当然顶层实际并不能详尽地展示所有特征，必定有一些细节被选择性忽略。这种确定重要特征但忽略部分细节的过程称为"抽象"，抽象是程序设计的基本方法，自顶向下设计的整个过程可以视为发现有用抽象的系统方法。

7.4.2　子层设计

子层设计是对顶层中每一个模块重复使用自顶向下设计方法，发现有用抽象的过程。下面分别对数字推盘游戏数据模块、界面处理模块和游戏控制模块的子层进行设计。

1. 数据模块子层设计

就 getStartingBoard( ) 函数而言，它根据设定的推盘规模生成推盘序列，此功能比较单一，无须再划分子层。此处直接实现数据模块的顶层函数 getStartingBoard( )，具体代码如下：

```
ROW = 3                              # 推盘行
COL = 3                              # 推盘列
```

子层设计 -
生成推盘序列

```
BLANK = None                                    # 代表空格
# 生成推盘序列
def getStartingBoard():
    # 例如 row 为 3, col 为 3, 则返回
    # returns [[1, 4, 7], [2, 5, 8], [3, 6, BLANK]]
    initBoard = []
    for i in range(COL):
        i = i + 1
        column = []
        for j in range(ROW):
            column.append(i)
            i += COL                            # 按列添加而非顺序添加, 加 COL 而非 1
        initBoard.append(column)                # 添加整列到作为一个元素
    initBoard[ROW-1][COL-1] = BLANK
    return initBoard
```

以上代码将行和列分别定义为全局变量 ROW 和 COL, 将空格定义为全局常量 BLANK(定义全局变量可方便对程序中该变量的全局修改; 定义常量可提高程序的可读性。后续内容中会依此原则, 将表示某种含义的数值定义为全局常量)。

getStartingBoard( ) 函数中分别将 ROW 和 COL 作为变量因子, 在双层循环中为表示推盘序列的列表 initBoard 赋值, 并在赋值完成后将其返回。

2. 界面处理模块子层设计

界面处理模块分为静态界面绘制和动态界面绘制两个子模块。

（1）静态界面绘制

静态界面绘制包括创建窗口和绘制游戏静态部分界面（即游戏按钮）。使用代码实现静态界面绘制函数 drawStaticWin(), 具体代码如下:

子层设计 -
静态界面

```
WINWIDTH  = 640                                              # 窗口宽度
WINHEIGHT = 480                                              # 窗口高度
# 创建静态窗口
def drawStaticWin():
    # 窗口静态部分绘制
    winSet = pygame.display.set_mode((WINWIDTH,WINHEIGHT))   # 创建窗口
    pygame.display.set_caption(' 数字推盘 ')                  # 设置名字
    image = pygame.image.load('bg.jpg')                      # 绘制背景
    winSet.blit(image, (0,0))
    # 按钮创建
    new_surf, new_rect = makeText(' 新游戏 ', BTTEXTCOLOR,BTCOLOR,
                                  WINWIDTH-85, WINHEIGHT-40)
    winSet.blit(new_surf, new_rect)
    return winSet, new_surf, new_rect
```

考虑到后续动态界面绘制部分也会使用到绘制文本的代码, 这里将文本对象的创建封装成了一个函数——makeText(), 该函数接收文本、文本颜色、底色和绘制位置, 返回一个由 Surface 对象和 Rect 对象组成的元组。

（2）动态界面绘制

顶层设计中通过 drawBoard( ) 函数调用动态界面绘制功能, 该函数在静态界面的基础上绘制界面的动态部分（提示信息和推盘）。游戏中的推盘实际上由方块和外边

子层设计 -
动态界面

框组成，实现 drawBoard( ) 函数。具体代码如下：

```
# 绘制面板
def drawBoard(board,msg):
    WINSET.blit(STATICSURF, (0,0))
    if msg:                                     # 提示信息
        msgSurf, msgRect = makeText(msg, MSGCOLOR, None, 5, 5)
        pygame.image.save(msgSurf, 'msg.png')
        imgSurf = pygame.image.load('msg.png')
        WINSET.blit(imgSurf, msgRect)
    for i in range(len(board)):                 # 绘制方块序列
        for j in range(len(board[0])):
            if board[i][j]:
                drawTile(i, j, board[i][j])
    # 绘制外边框
    left, top= getLeftTopOfTile(0, 0)
    width = COL * BLOCKSIZE
    height = ROW * BLOCKSIZE
    pygame.draw.rect(WINSET,BDCOLOR,(left - 5, top - 5, width + 11, height + 11), 4)
```

以上代码在静态界面 STATICSURF 的基础上绘制了提示信息和推盘（包括方块和外边框）。因为推盘由多个相似的方块组成，所以函数中将绘制方块的代码封装到了函数 drawTile( ) 中，该函数接收方块在序列中的行、列和值，根据这些数据在窗口中绘制方块；为精简代码，此处将计算方块距离窗口原点横纵坐标距离的代码封装到了函数 getLeftTopOfLeft( ) 中。

这里暂不考虑如何实现 drawTile( ) 函数和 getLeftTopOfTile( ) 函数，但可知此时界面处理模块的结构应如图 7-17 所示。

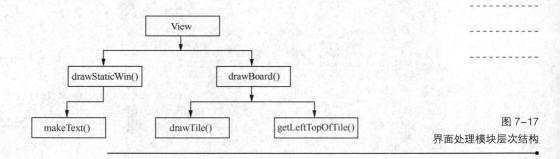

图 7-17
界面处理模块层次结构

3. 游戏控制模块子层设计

游戏控制模块的子层分为初始化、接收输入、输入处理和退出 4 个部分。

（1）初始化

数字推盘游戏的初始化实际上是生成一个乱序推盘序列，开始一局新游戏。实体游戏中通过多次随机移动方块来打乱序列。游戏程序中可对单次移动进行模拟，在循环中实现方块的多次随机移动。需要注意的是，游戏中方块的每次移动都伴随着数据的变动和界面的更新。

综上所述，实现 generateNewPuzzle( ) 函数，具体代码如下：

子层设计 -
初始化

笔记

```
def generateNewPuzzle(numSlides):
    # 从起始配置中，使拼图移动 numSlides 次，并为这些移动设置动画
    mianBoard = getStartingBoard()              # 获取拼图矩阵
    drawBoard(mianBoard,'')
    lastMove = None
    for i in range(numSlides):
        move = getRandomMove(mianBoard,lastMove)
        slideAnimation(mianBoard,move,'初始化…', animationSpeed=int
(BLOCKSIZE / 3))
        makeMove(mianBoard,move)
        lastMove = move
    return mianBoard
```

　　generateNewPuzzle() 函数的功能是在获取顺序推盘序列后，经过 numSlides 次随机移动，最终将得到乱序推盘 mainBoard。generateNewPuzzle() 函数中调用了函数 getRandomMove() 以获取本次随机移动的方向，调用函数 slideAnimation() 实现本次移动的动画效果，调用 makeMove() 函数修改推盘序列中元素的顺序。

　　（2）输入

　　数字推盘游戏的输入为鼠标输入，用户点击游戏界面，程序根据用户点击的位置，判断并返回用户操作。该游戏的操作分为向上（UP）、下（DOWN）、左（LEFT）、右（RIGHT）的移动和新游戏（NEWGAME），如果点击位置不在推盘区域，且与功能按钮发生碰撞，说明用户操作为 NEWGAME；否则根据点击位置与推盘中空格的关系，计算移动方向。

子层设计 -
接收输入

　　使用代码在 getInput() 函数中实现以上功能，具体代码如下：

```
# 获得用户输入
def getInput(mainBoard):
    events = pygame.event.get()
    userInput= None
    for event in events:  # 事件处理循环
        # 如果有鼠标点击后抬起事件，获取抬起时的坐标
        if event.type == MOUSEBUTTONUP:
            # 获取点击位置与方块的关系
            spotx,spoty = getSpotClicked(mainBoard,event.pos[0],event.pos[1])
            # 如果坐标不在拼图区域，且点击的是新游戏
            if (spotx,spoty)==(None,None) and NEW_RECT.collidepoint(event.pos):
                userInput = NEWGAME
            else:
                # 如果已经完成，点击非选项时不移动
                if mainBoard == getStartingBoard():
                    break
                # 检查点击的位置是否在 BLANK 旁边
                blankx,blanky = getBlankPosition(mainBoard)
                # 如果在 BLANK 右边
                if spotx == blankx + 1 and spoty == blanky:
                    userInput = LEFT          # 移动方向设置为向左
                elif spotx == blankx -1 and spoty == blanky:# 在 BLANK 左边
                    userInput = RIGHT             # 向右
                elif spotx == blankx and spoty == blanky + 1: # 在 BLANK 下面
```

```
                    userInput = UP              # 向上
          elif spotx == blankx and spoty == blanky - 1: # 在 BLANK 上面
                    userInput = DOWN            # 向下
     return userInput
```

　　getInput( ) 函数中通过 pygame 子模块 event 的 get( ) 函数获取事件列表,在遍历中获取用户输入事件,将事件转换为用户操作并返回。转换过程中调用了 getSpotClicked( ) 函数,该函数可根据点击事件中存储的坐标判断点击位置与推盘中方块是否有关,若有关则返回被点击方块在推盘中的横、纵坐标;否则返回 (None,None)。

（3）输入处理

　　数字推盘游戏中的输入分为方向和功能两类,若输入的是方向,则需有一次界面更新和一次推盘序列元素位置的改变;若输入的是功能,则需生成原始推盘并将其初始化。显然此时的操作可以利用之前声明的一些函数,具体代码如下:

```
def processing(userInput, mainBoard, msg):
    # 判断游戏是否完成
    if mainBoard == getStartingBoard():          # 如果当前拼图与初始拼图一致
        msg = '完成！'
    else:
        msg = '通过鼠标移动方块。'
    if userInput:                                # 先判断是否为有效操作
        # --- 功能按钮 ---
        if userInput == NEWGAME:
            initBoard = getStartingBoard()
            mainBoard = generateNewPuzzle(numSlides)
        # 方块移动
        else:
            slideAnimation(mainBoard, userInput, msg,8)
            makeMove(mainBoard, userInput)
    return mainBoard, msg
```

　　由以上代码可知,processing( ) 函数调用的接口有 getStartingBoard( )、generateNewPuzzle( )、slideAnimation( ) 和 makeMove( )。

（4）退出

　　在整个游戏周期中,用户可随时通过鼠标或按键操作退出游戏,这里对退出事件的处理进行封装,具体代码如下:

```
# 退出判断
def checkForQuit():
    for event in pygame.event.get(QUIT):         # 获取所有会导致退出的事件
        terminate()                              # 为任何退出事件执行退出操作
    for event in pygame.event.get(KEYUP):        # 接收所有按键
        if event.key == K_ESCAPE:                # 如果按了 ESC 键
            terminate()                          # 执行退出操作
        pygame.event.post(event)                 # 发送事件到消息队列
```

子层设计 -
退出游戏

以上代码中调用的 terminate( ) 函数的功能是资源回收与程序退出。

至此,游戏控制子模块设计完毕,此时游戏控制模块的结构如图 7-18 所示。

笔 记

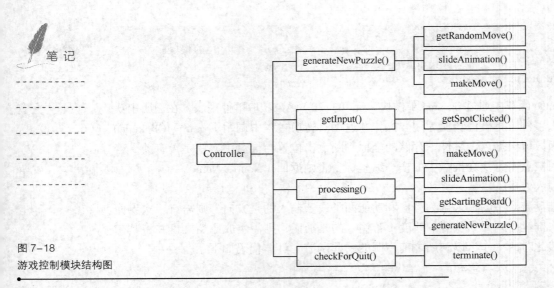

图 7-18
游戏控制模块结构图

7.4.3　第三层设计

第三层设计

经过子层设计之后，数据模块全部完成，第三层设计只需要考虑子层设计中界面处理模块和游戏控制模块未完成的功能即可。

1. 界面处理模块第三层设计

界面处理模块未实现的功能函数有用于创建字体 Surface 对象和 Rect 对象的函数 makeText( )、用于绘制方块的函数 drawTile( )、用于计算方块距离窗口顶部和左侧位置的函数 getLeftTopOfTile( )。

（1）makeText( )

makeText( ) 函数接收与字体、颜色和位置相关的信息，返回字体的 Surface 对象和 Rect 对象，具体代码如下：

```
BASICFONT = pygame.font.Font('STKAITI.TTF', 25)          # 字体
# 创建字体图像并设置位置
def makeText(text, tColor, btColor, top, left):
    textSurf = BASICFONT.render(text, True, tColor, btColor)
    textRect = textSurf.get_rect()
    textRect.topleft = (top,left)
    return textSurf, textRect
```

注意以上代码中创建的字体对象 BASICFONT 放在了 makeText( ) 函数外，这是因为程序中诸多函数需要使用该对象，若该对象在函数中创建，其他函数在使用该对象时会产生错误。

（2）drawTile( )

drawTile( ) 函数接收方块的坐标和方块上的文本来绘制方块。考虑到在制作移动效果时需要在偏移位置上绘制方块，这里设置 adjx 和 adjy 作为可选参数，并为其设默认值为 0。drawTile( ) 函数的具体代码如下：

```
# 在窗口的坐标 (tilex,tiley) 处绘制拼图块
def drawTile(tilex, tiley, number, adjx=0, adjy=0):
    left, top = getLeftTopOfTile(tilex, tiley)
```

```
    # draw.rect(surface,线条或填充的颜色,((x,y),(width,height))),绘制矩形
    pygame.draw.rect(WINSET, BTCOLOR, (left+adjx, top+adjy, BLOCKSIZE,
BLOCKSIZE))
    textSurf = BASICFONT.render(str(number), True, BTTEXTCOLOR)
    textRect = textSurf.get_rect()
    textRect.center = left + int(BLOCKSIZE/2) + adjx, top + int
(BLOCKSIZE/2) + adjy
    WINSET.blit(textSurf, textRect)
```

（3）getLeftTopOfTile( )

getLeftTopOfTile( ) 函数将推盘中的全部方块视为整体，计算推盘距离窗口上、左边缘的距离，再以此距离为基础，计算推盘中各个方块在窗口中的位置。getLeftTopOfTile( ) 函数的具体代码如下：

```
# 求推盘中的方块 board[tilex,tiley] 与窗口左和上的距离
def getLeftTopOfTile(tilex, tiley):
    # 拼图距离窗口边缘的距离
    xMargin = int((WINWIDTH - (BLOCKSIZE * COL + (COL - 1)))/2)
    yMargin = int((WINHEIGHT - (BLOCKSIZE * ROW + (ROW - 1)))/2)
    left = xMargin + (tilex * BLOCKSIZE) + (tilex - 1)
    top = yMargin + (tiley * BLOCKSIZE) + (tiley - 1)
    return left, top
```

2. 游戏控制模块第三层设计

游戏控制模块第三层设计未实现的功能函数如下。

· getRandomMove( )：用于随机获取本次移动方向。

· slideAnimation( )：用于实现将一个方块从一个位置移动到空格位置的动画。

· makeMove( )：用于更新空格和被移动方块在序列中的位置。

· getSpotClicked( )：获取被点击方块在序列中的行号和列号。

· terminate( )：释放资源并退出游戏。

下面我们就来分别实现这些功能函数。

（1）getRandomMove( )

方块的移动方向分为 UP、DOWN、LEFT、RIGHT 4 种，但在一些情况下，向某些方向的移动会被判定为无效移动，具体情况如下。

· 空格在第一行时，DOWN 为无效移动。

· 空格在第一列时，RIGHT 为无效移动。

· 空格在最后一行时，UP 为无效移动。

· 空格在最后一列时，LEFT 为无效移动。

根据以上分析，方向集合中的元素与移动是否有效相关，此处假设 isValidMove( ) 函数用于实现判断功能，且规定移动时不可撤销上一次操作，则 getRandomMove( ) 函数的具体代码如下：

```
def getRandomMove(board, lastMove=None):
    validMoves = [UP, DOWN, LEFT, RIGHT]
    # 从列表中删除被取消资格的移动方向
    if lastMove == UP or not isValidMove(board, DOWN):
        validMoves.remove(DOWN)
```

笔记

```
        if lastMove == DOWN or not isValidMove(board, UP):
            validMoves.remove(UP)
        if lastMove == LEFT or not isValidMove(board, RIGHT):
            validMoves.remove(RIGHT)
        if lastMove == RIGHT or not isValidMove(board, LEFT):
            validMoves.remove(LEFT)
    return random.choice(validMoves)
```

以上实现的 getRandomMove( ) 函数使用列表 validMoves 作为方块基础移动操作的集合，在 if 语句中根据上一次移动的方向或非有效移动方向，从列表 validMoves 中移除无效操作，最后随机返回一个移动方向。

（2）slideAnimation( )

slideAnimation( ) 用于实现移动效果，该函数的实现思路如下。

· 获取空格的行、列坐标。

· 根据移动方向和空格的行、列坐标获得被移动方块所在的行和列。

· 根据方块行、列坐标获取移动后空格所在横、纵坐标，根据坐标位置绘制空格。

· 连续在方块原始位置到最终位置的直线路径上绘制被移动的方块并连续刷新。

根据以上思路设计 slideAnimation( ) 函数，具体代码如下：

```
# 幻灯片动画
def slideAnimation(board,direction,msg,animationSpeed):
    blankx,blanky = getBlankPosition(board)              # 获取空格行、列坐标
    # 获取被移动方块所在行和列
    if direction == UP:
        movex = blankx
        movey = blanky + 1
    elif direction == DOWN:
        movex = blankx
        movey = blanky - 1
    elif direction == LEFT:
        movex = blankx + 1
        movey = blanky
    elif direction == RIGHT:
        movex = blankx - 1
        movey = blanky
    drawBoard(board,msg)
    BASESURF = WINSET.copy()                             # 复制此刻作为背景的 Surface 对象
    # 在要移动的拼图块上绘制空白块
    moveLeft,moveTop = getLeftTopOfTile(movex,movey)
    pygame.draw.rect(BASESURF, BLANKCOLOR, (moveLeft, moveTop, BLOCKSIZE,
BLOCKSIZE))
    # 在移动路径上连续绘制被移动的方块
    for i in range(0, BLOCKSIZE, animationSpeed):
        checkForQuit()
        WINSET.blit(BASESURF, (0,0))
        if direction == UP:
            drawTile(movex, movey, board[movex][movey], 0, -i)
        if direction == DOWN:
            drawTile(movex, movey, board[movex][movey], 0, i)
```

```
                if direction == LEFT:
                    drawTile(movex, movey, board[movex][movey], -i, 0)
                if direction == RIGHT:
                    drawTile(movex, movey, board[movex][movey], i, 0)
            pygame.display.update()          # 更新界面
            FPSCLOCK.tick(FPS)               # 控制帧率
```

slideAnimation( ) 函数中调用了用于获取空格行、列坐标的函数 getBlankPosition( )，事实上在分析随机移动方向函数 getRandomMove( ) 时各位读者可能已有所察觉，isValidMove( ) 函数也是与空格位置有关的函数。当然，这里我们仍遵循旧历，先忽略如何获取空格位置，继续设计第三层的函数。

（3）makeMove( )

makeMove( ) 函数的功能是交换方块列表中被移动方块和空格的位置。得益于 Python 的语法规则，我们在得知移动方向后，可结合空格与方块的相对关系，通过赋值运算符直接将其交换。makeMove( ) 函数的具体实现如下：

```
# 交换拼图列表中元素的位置
def makeMove(board, move):
    blankx, blanky = getBlankPosition(board)
    if move == UP:
        board[blankx][blanky], board[blankx][blanky+1] = board[blankx][blanky+1],
board[blankx][blanky]
    elif move == DOWN:
        board[blankx][blanky], board[blankx][blanky-1] = board[blankx][blanky-1],
board[blankx][blanky]
    elif move == LEFT:
        board[blankx][blanky], board[blankx+1][blanky] = board[blankx+1][blanky],
board[blankx][blanky]
    elif move == RIGHT:
        board[blankx][blanky], board[blankx-1][blanky] = board[blankx-1]
[blanky], board[blankx][blanky]
```

（4）getSpotClicked( )

getSpotClicked( ) 函数用于根据点击位置的横纵坐标，获取被点击位置的方块在序列中的行和列。实现该函数的核心思想是：遍历方块序列，对每一个方块与被点击位置进行碰撞检测，若有碰撞，返回进行碰撞的方块的行和列。具体代码如下：

```
# 根据x,y坐标，获取方块在推盘中的行和列
def getSpotClicked(board, x, y):
    for tilex in range(len(board)):
        for tiley in range(len(board[0])):
            left,top = getLeftTopOfTile(tilex,tiley)
            tileRect = pygame.Rect(left, top, BLOCKSIZE, BLOCKSIZE)
            if tileRect.collidepoint(x, y):      # 如果产生碰撞
                return tilex, tiley               # 返回方块行和列
    return None,None
```

（5）terminate( )

terminate( ) 函数的功能非常简单：释放资源，退出程序，具体代码如下：

笔 记

```
# 终止操作
def terminate():
    pygame.quit()
    sys.exit()
```

至此数字推盘游戏的第三层已设计完毕，应当进入第四层设计，但考虑到第四层设计仅需设计如何获取空格的行和列，功能相对简单，因此将该功能——getBlankPosition( ) 函数——在此处一并实现。

getBlankPosition( ) 函数的实现思路是：遍历方块序列，若元素值为 BLANK，则返回行和列，具体代码如下：

```
# 获取空白拼图块在拼图中的位置
def getBlankPosition(board):
    for x in range(COL):
        for y in range(ROW):
            if board[x][y] == BLANK:
                return (x,y)
```

7.4.4　模块整合

模块整合

前面利用了自顶向下设计方法，已在 MVC 框架的基础上设计和实现了数字推盘游戏的所有函数，下面将完善 main( ) 函数，并对程序数据和代码逻辑进行整理。

1. 数据整理

为了方便修改游戏的基本参数，也为了提高程序的可读性，这里先在 define.py 文件中对表示基本参数的变量和游戏中的常量进行定义，具体如下：

```
import random
WINWIDTH = 640                              # 窗口宽度
WINHEIGHT = 480                             # 窗口高度
ROW = 3
COL = 3
BLANK = None
#------ 颜色预设 ----
DARKGRAY   = ( 60, 60,  60)
WHITE      = (255, 255, 255)
YELLOW     = (255, 255, 193)
GRAY       = (128, 128, 128)
BRIGHTBLUE = (138, 228, 221)
# ------ 颜色常量 ----
BLANKCOLOR = DARKGRAY                        # 预设背景颜色
MSGCOLOR = WHITE                             # 提示信息颜色
BTCOLOR = YELLOW                             # 按钮底色
BTTEXTCOLOR = GRAY                           # 选项字体颜色
BDCOLOR = BRIGHTBLUE
# ----- 静态常量 ------
BLOCKSIZE = 80                               # 滑块边长
FPS = 60
UP = 'up'
DOWN = 'down'
```

```
LEFT = 'left'
RIGHT = 'right'
NEWGAME = 'newgame'
AUTOMOVE = random.randint(50, 100)                    # 随机移动的次数
```

2. 逻辑整理

结合数字推盘游戏的逻辑，整合游戏功能，实现 main( ) 函数，具体代码如下：

```
def main():
    # 全局常量
    global FPSCLOCK, WINSET, STATICSURF, BASICFONT
    global NEW_SURF, NEW_RECT
    ''' 游戏流程 '''
    pygame.init()                                     # 初始化 pygame 模块
    FPSCLOCK = pygame.time.Clock()                    # 定义时钟对象
    BASICFONT = pygame.font.Font('STKAITI.TTF',25)    # 字体对象
    WINSET,NEW_SURF,NEW_RECT = drawStaticWin()        # 静态窗口
    STATICSURF = WINSET.copy()                        # 将静态窗口作为底板
    mainBoard = generateNewPuzzle(AUTOMOVE)           # 初始化
    msg = None                                        # 创建提示信息变量
    while True:
        FPSCLOCK.tick(FPS)                            # 控制帧率
        drawBoard(mainBoard,msg)  # 根据初始拼图信息与提示信息绘制游戏界面
        pygame.display.update()   # 更新显示
        # 判断是否结束游戏
        checkForQuit()                                # 判断是否接收到终止信息
        userInput = getInput(mainBoard)              # 获取用户输入
        mainBoard,msg = processing(userInput,mainBoard,msg)# 处理输入
```

至此，功能设计与逻辑全部整理完毕。

7.5　自底向上的实现

编写程序时即使我们的逻辑思路非常清晰，也难免出现纰漏，若一次性编写大量代码，运行结果往往不尽人意。实际编程中一般一次仅设计、编写并测试一小段底层程序，若此段程序无误，再实现另一个小的底层功能；若底层功能实现完毕，则以这些功能为基础，逐步向上实现更复杂的功能。

以数字推盘游戏中的界面绘制为例，按照自顶向下设计方法，我们先设计了 drawStaticWin( ) 函数和 drawBoard( ) 函数，但这两个函数建立在 makeText( )、drawTile( ) 以及 getLeftTopOfTile( ) 函数之上，只有先实现底层的这 3 个函数，drawStaticWin( ) 和 drawBoard( ) 函数才能够完成并实现，如图 7-19 所示。

同样在实现动画效果时，我们也将 generateNewPuzzle( ) 函数的部分功能封装到了 getRandomMove( )、slideAnimation( ) 和 makeMove( ) 函数中，只有保证这 3 个函数的功能与预期相符，才能正确实现 generateNewPuzzle( ) 函数的功能，以实现动画效果，如图 7-20 所示。

笔 记

自底向上的实现

笔 记

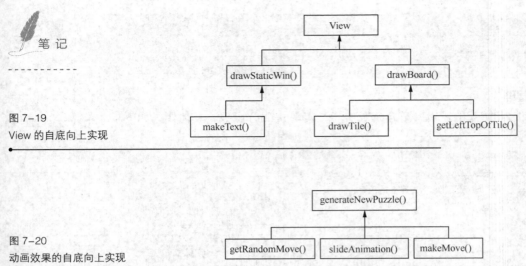

图 7-19
View 的自底向上实现

图 7-20
动画效果的自底向上实现

7.6　运行数字推盘

运行数字推盘

将背景图片 bg.jpg 和预设字体文件 STKAITI.TTF 存储在文件 define.py 所在目录，在该目录中创建文件 simple_puzzle.py，将 7.4 节中设计的功能函数以及 main() 函数都存储在该文件中，并在该文件中导入 pygame、sys、random、time、define 以及 pygame.locals 模块，执行 main() 函数，具体代码如下：

```
import pygame, sys, random, time
from pygame.locals import *
from define import *
......                                              # 函数
if __name__ == '__main__':
    main()
```

从文件所在目录打开控制台窗口，执行程序 simple_puzzle.py，以运行数字推盘游戏，运行结果如下：

```
pygame 1.9.4
Hello from the pygame community. https://www.pygame.org/contribute.html
```

程序执行后创建游戏窗口，窗口中心的方块序列随机移动，窗口左上角的提示信息显示"初始化…"，窗口右下角显示"新游戏"按钮，如图 7-21 所示。

初始化完成后界面展示新游戏，此时窗口左上角的提示信息显示"通过鼠标移动方块。"，如图 7-22 所示。

之后玩家可通过鼠标单击方块以改变方块序列、单击"新游戏"按钮开始新的游戏、单击右上角的关闭按钮或按下 ESC 键退出游戏。若玩家改变方块序列至方块顺序排列，则左上角的提示信息显示"完成！"，此时玩家只能关闭游戏或开始新游戏，界面如图 7-23 所示。

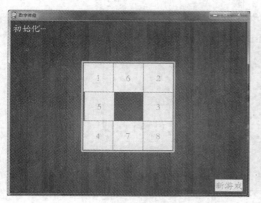

图 7-21
游戏运行结果——初始化

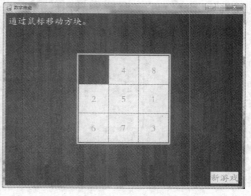

图 7-22
游戏运行结果——新游戏

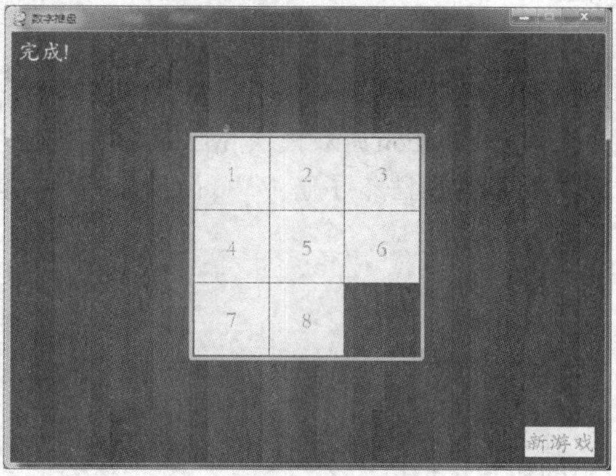

图 7-23
游戏运行结果——完成

多学一招：打包数字推盘

通过 pyinstaller 工具可以打包 Python 程序，pyinstaller 是一个第三方工具，使用之前需要先行安装。使用 pip 安装 pyinstaller，具体命令如下：

```
pip install pyinstaller
```

安装完成后，使用 pip list 命令查看已安装的工具，可观察到工具列表中新增了 pyinstaller 3.4。此时可使用 pyinstaller 打包程序。

使用 pyinstaller 打包程序时需将要打包的程序（包括 .py 文件和引用的资源文件）放在同一个文件夹，在这个文件夹中打开控制台窗口，执行如下命令：

```
pyinstaller -F -w filename.py
```

以上命令中的 filename.py 是程序的入口文件，对于本章实现的程序而言，即 simple_puzzle.py 文件。

稍等片刻后打包完成。此时路径中会新增一个 build 文件夹和一个 dist 文件夹，.exe 可执行文件就存放在 dist 文件夹中。如果程序有引用资源，需将引用资源放在以 .exe

笔 记

文件所在目录为根目录的相对目录下。对于本章实现的数字推盘游戏，需将背景图片
bg.jpg 和字体文件 STKAITI.TTF 放置在 dist 目录下，如图 7-24 所示。

图 7-24
dist 目录列表

此时，双击 simple_puzzle.exe 文件，方可运行数字推盘游戏。

7.7　本章小结

本章通过分析与设计数字推盘游戏，介绍了 MVC 设计模式、自顶向下的设计方法、自底向上的实现方法，以及 Python 游戏模块 pygame 的基础使用。通过本章的学习，读者应掌握 pygame 模块的基本用法，了解 MVC 设计模式，并能熟练使用自顶向下方法设计程序。

7.8　习题

1. 数字推盘游戏中的初始化是指什么？
2. 是否可以将退出放在 processing() 函数中，为什么？
3. 本章实现的数字推盘游戏的模式设计是否存在不足？说说你的理由与改进方法。
4. 简述实现动画效果和移动效果的流程。
5. pygame 中的事件主要分为哪几种？
6. 简述自顶向下设计方法的基本思想。
7. MVC 设计模式将程序分为哪几个部分，各个部分的主要功能分别是什么？
8. pygame 中使用哪个模块控制游戏帧率？控制帧率有何意义？
9. 为了保证 pygame 模块的正常使用，在调用 pygame 中的方法之前必须先做什么？
10. 原型与螺旋式开发思想是程序开发中常用的一种思想，此种思想先开发简单版本，再逐渐添加功能，直到满足完整的规格说明。利用原型与螺旋式开发思想开发的初始朴素版本程序称为"原型"。本节已实现的数字推盘游戏就是一个原型。请读者以数字推盘游戏原型为基础，在其中添加步数统计与展示、重置以及自动等功能。

P

ython 程序设计现代方法

第 8 章

文件和数据格式化

拓展阅读

学习目标

★理解文本文件和二进制文件的意义

★掌握文件的基本操作，熟练管理文件与目录

★了解数据维度的概念，掌握常见的数据格式

★掌握 JSON 数据的组织形式

★掌握 Python 数据与 JSON 数据之间的转换

文件在计算机中应用广泛，计算机中的文件是以硬盘等外部介质为载体，存储在计算机中的数据的集合，文本文档、图片、程序、音频等都是文件。为了方便管理和规范使用，在将数据存储到文件中时需要将其格式化。本章将对 Python 中的文件及数据格式化进行讲解。

8.1　文件概述

为了帮助读者理解程序中的文件操作，这里先对计算机中文件的相关概念进行讲解。

1. 文件标识

文件是指存储在外部介质上的数据的集合。一个文件需要有唯一确定的文件标识，以便用户根据标识找到唯一确定的文件，方便用户对文件的识别和引用。文件标识包含 3 个部分，分别为文件路径、文件名主干、文件扩展名。Windows 系统下一个文件的完整标识如图 8-1 所示。

图 8-1
文件标识

D: \itcast\chapter10\example. dat
路径　　　　　　文件名主干　扩展名

操作系统以文件为单位对数据进行管理，若想找到存放在外部介质上的数据，必须先按照文件标识找到指定的文件，再从文件中读取数据。根据图 8-1 中所示的标识，可以找到 Windows 系统 D:\itcast\chapter10 路径下文件名为 example，扩展名为 .dat 的二进制文件。

2. 文件类型

按照编码方式的不同，计算机中的文件分为文本文件和二进制文件，其中文本文件以文本形式编码（如 ASCII 码、UNICODE 码、UTF-8 等）存储在计算机中，以"行"为基本结构组织和存储数据；二进制文件以二进制形式编码存储在计算机中，人类不能直接理解此种文件中存储的信息，只能通过相应的软件打开文件，以直观地展示信息。二进制文件一般是可执行程序、图像、声音、视频等。

当然我们在第 1 章中已经了解到，计算机在物理层面上以二进制形式存储数据，所以文本文件与二进制文件的区别不在于物理上的存储方式，而是逻辑上数据的组织

方式。

以文本文件中的 ASCII 文件为例，该文件中一个字符占用一个字节，存储单元中存放单个字符对应的 ASCII 码。假设当前需要存储一个整型数据 112185，该数据在磁盘上存放的形式如图 8-2 所示。

'1' (49)	'1' (49)	'2' (50)	'1' (49)	'8' (56)	'5' (53)
00110001	00110001	01010000	00110001	01010110	01010011

图 8-2
文本文件存放形式

由图 8-2 可知，文本文件中的每个字符都要占用一个字节的存储空间，并且在存储时需要进行二进制和 ASCII 码之间的转换，因此使用这种方式既消耗空间又浪费时间。

若使用二进制文件存储整数 112185，该数据首先被转换为二进制形式11011011000111001，此时该数据在磁盘上存放的形式如图 8-3 所示。

112185

00000000	00000001	10110110	00111001

图 8-3
二进制文件存放形式

对比图 8-3 和图 8-2 可以发现，使用二进制文件存放整数 112185 时只需要 4 字节的存储空间，并且不需要进行转换，如此既节省时间，又节省空间。但是这种存放方法不够直观，需要经过转换人们才能理解存储的信息。

3. 标准文件

Python 的 sys 模块中定义了 3 个标准文件，分别为 stdin（标准输入文件）、stdout（标准输出文件）和 stderr（标准错误文件），标准输入文件对应输入设备，如键盘；标准输出文件和标准错误文件对应输出设备，如显示器。

在解释器中导入 sys 模块后，便可对标准文件进行操作。以标准输出文件为例，写入操作的示例如下：

```
>>> import sys
>>> file = sys.stdout
>>> file.write("hello")                # 向标准输出文件写入 hello
hello5
```

以上代码将标准输出文件赋给文件对象 file，又通过文件对象 file 调用内置方法write() 向标准输出文件写数据。观察代码执行结果，"hello" 被成功写到了标准输出中（hello 之后的 5 表示本次写到标准输出中的数据的字符个数）。

每个终端都有其对应的标准文件，这些文件在终端启动的同时打开。

多学一招：计算机中的流

"流"是在不同的输入 / 输出等设备（键盘、内存、显示器等）之间进行传递的数据的抽象。例如，当在一段程序中调用 input() 函数时，会有数据经过键盘流入存储器；当调用 print() 函数时，会有数据从存储器流向屏幕。流实际上就是一个字节序列，输入函数的字节序列被称为输入流，输出函数的字节序列被称为输出流。"流"如同流动在管道中的水，抽象的输入流和输出流如图 8-4 所示。

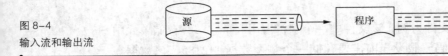

图 8-4
输入流和输出流

根据数据形式，输入输出流可以被细分为文本流（字符流）和二进制流。文本流和二进制流之间的主要差异是：文本流中输入输出的数据是字符或字符串，可以被修改；二进制流中输入输出的是一系列字节，不能以任何方式修改。

8.2 文件的基本操作

对于用户而言，文件和目录以不同的形式展现，但对计算机而言，目录是文件的数据集合，它实质上也是一种文件。基本文件操作包括文件的打开、关闭、文件的读写以及目录的创建、删除与重命名等等。通过 Python 的内置方法和 os 模块中定义的方法可以操作文件。下面对基本文件操作进行讲解。

8.2.1 文件的打开和关闭

文件的打开和
关闭

Python 可通过内置函数 open() 打开文件，该函数的声明如下：

```
open(file, mode='r', buffering=-1)
```

下面先对 open() 函数的参数进行说明。

（1）参数 file 表示文件的路径。

（2）参数 mode 用于设置文件的打开模式，该参数的取值有：r、w、a、b、+，这些字符各自代表的含义分别如下。

· r：以只读方式打开文件（mode 参数的默认值）。

· w：以只写方式打开文件。

· a：以追加方式打开文件。

· b：以二进制形式打开文件。

· +：以更新的方式打开文件（可读可写）。

需要说明的是，用于设置文件打开模式的字符可以搭配使用。常用的文件打开模式如表 8-1 所示。

表 8-1 文件打开模式

打开模式	含　义	说　明
r/rb	只读模式	以只读的形式打开文本文件/二进制文件，如果文件不存在或无法找到，open() 调用失败
w/wb	只写模式	以只写的形式打开文本文件/二进制文件，如果文件已存在，清空文件；若文件不存在则创建文件
a/ab	追加模式	以只写的形式打开文本文件/二进制文件，只允许在该文件末尾追加数据，如果文件不存在，则创建新文件
r+/rb+	读取（更新）模式	以读/写的形式打开文本文件/二进制文件，如果文件不存在，open() 调用失败

续表

打开模式	含　义	说　明
w+/wb+	写入（更新）模式	以读 / 写的形式创建文本文件 / 二进制文件，如果文件已存在，则清空文件
a+/ab+	追加（更新）模式	以读 / 写的形式打开文本 / 二进制文件，但只允许在文件末尾添加数据，若文件不存在，则创建新文件

（3）参数 buffering 可用来设置访问文件的缓冲方式，若 buffering 设置为 0，表示采用非缓冲方式；若设置为 1，表示每次缓冲一行数据；若设置为大于 1 的值，表示使用给定值作为缓冲区的大小。当然若参数 buffering 缺省，或被设置为负值时，表示使用默认缓冲机制（由设备类型决定）。

若使用 open( ) 函数成功打开文件，会返回一个文件流；若待打开的文件不存在，open( ) 函数会抛出 IOError，设置错误码 Errno 并打印错误信息。

下面使用 open( ) 函数打开文件，并将文件流赋给文件对象，具体示例如下：

```
file1 = open('a.txt')           # 以只读方式打开文本文件 a.txt
file2 = open('b.txt', 'w')      # 以只写方式打开文本文件 b.txt
file3 = open('c.txt', 'w+')     # 以读 / 写方式打开文本文件 c.txt
file1 = open('a.txt', 'wb+')    # 以读 / 写方式打开二进制文件 d.txt
```

假设打开文件 a.txt 时，该文件尚未被创建，则会产生以下错误信息：

```
Traceback (most recent call last):
  File "<stdin>", line 1, in <module>
FileNotFoundError: [Errno 2] No such file or directory: 'a.txt'
```

Python 可通过 close( ) 方法关闭文件。使用 close( ) 方法关闭 8.2.1 小节中打开的文件 file1，具体操作如下：

```
file1.close()
```

程序执行完毕后，系统会自动关闭由该程序打开的文件，但计算机中可打开的文件数量是有限的，每打开一个文件，可打开文件数量就减一；打开的文件占用系统资源，若打开的文件过多，会降低系统性能；当文件以缓冲方式打开时，磁盘文件与内存间的读写并非即时的，若程序因异常关闭，可能因缓冲区中的数据未写入文件而产生数据丢失。因此，程序应主动关闭不再使用的文件。

每次使用文件都得调用 open( ) 和 close( ) 方法，着实烦琐，若打开与关闭之间的操作较多，很容易遗失 close( ) 操作，为此 Python 引入了 with 语句实现 close( ) 方法的自动调用。以打开与关闭文件 a.txt 为例，具体示例如下：

```
with open('a.txt') as file:
    代码段
```

以上示例中 as 后的变量用于接收 with 结构打开文件的文件流，通过 with 结构打开的文件将在跳出 with 结构时自动关闭。

多学一招：文件系统分类

文件系统分为缓冲文件系统（标准 I/O）和非缓冲文件系统（系统 I/O）。若为缓冲文件系统，系统会在内存中为正在处理的程序开辟一段空间作为缓冲区，若需从

笔记

磁盘读取数据，内核一次将数据读到输入缓冲区中，程序会先从缓冲区中读取数据，当缓冲区为空时，内核才会再次访问磁盘；反之若要向磁盘写入数据，内核也先将待输出数据放入输出缓冲区中，待缓冲区存满后再将数据一次性写入磁盘。缓冲文件系统中文件的读写过程如图 8-5 所示。

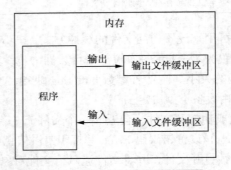

图 8-5
缓冲文件系统读写过程

值得一提的是，在非缓冲文件系统中，每次读写磁盘中的数据，都要对磁盘进行访问。相比内存与缓冲区之间的读写，内存与磁盘间的读写时间消耗更大，因此采用有缓冲的打开方式可减少内存与磁盘的交互次数，提高文件读写的效率。

8.2.2 读文件

读文件

Python 中读取文件内容的方法有很多，其中最常用的有 read( )、readline( ) 和 readlines( )。假设现有文件 a.txt，该文件中的内容如图 8-6 所示。

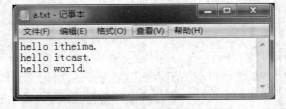

图 8-6
文件 a.txt

下面以文件 a.txt 为例，对 Python 的文件读取方法分别进行介绍。

1. read( ) 方法

read( ) 方法可从指定文件中读取指定字节的数据，该方法的定义如下：

```
read(size)
```

read( ) 方法中的参数 size 用于指定从文件中读取数据的数量，若参数缺省，则一次读取指定文件中的所有数据。

使用 read( ) 方法读取文本文件 a.txt 中的数据，具体代码如下：

```
>>> file = open('a.txt')
>>> file.read(5)                    # 读取 5 个字符
'hello'
>>> file.read(3)                    # 继续读取 3 个字符
' it'
>>> file.read()                     # 读取剩余全部字符
```

```
'heima.\nhello itcast.\nhello world.'
>>> file.read()                            # 再次读取
''                                         # 读取到的数据为空
>>> file.close()
```

由以上示例可知，文件打开后，每次调用 read( ) 方法时，程序会从上次读取位置
继续向下读取数据。

2. readline( ) 方法

readline( ) 方法每次可从指定文件中读取一行数据。以读取文件 a.txt 中的数据为
例演示 readline( ) 的用法，具体如下：

```
>>> file = open('a.txt')
>>> file.readline()                        # 第 1 次读取，读取第 1 行
'hello itheima.\n'
>>> file.readline()                        # 第 2 次读取，读取第 2 行
'hello itcast.\n'
>>> file.readline()                        # 第 3 次读取，读取第 3 行
'hello world.'
>>> file.readline()                        # 第 4 次读取，读取第 4 行
''
>>> file.close()
```

3. readlines( ) 方法

readlines( ) 方法可将指定文件中的数据一次读出，并将每一行视为一个元素，存
储到列表之中。以读取 a.txt 中的数据为例演示 readlines( ) 的用法，具体如下：

```
>>> file = open('a.txt')
>>> file.readlines()
['hello itheima.\n', 'hello itcast.\n', 'hello world.']
>>> type(file.readlines())                 # 获取读取结果的类型
<class 'list'>                             # 类型为列表
>>> file.close()
```

以上介绍的 3 种方法通常用于遍历文件，其中 read( )（参数缺省时）和 readlines( )
方法都可一次读出文件中的全部数据，但这两种操作都不够安全。因为计算机的内
存是有限的，若文件较大，read( ) 和 readlines( ) 的一次读取便会耗尽系统内存，这显
然是不可取的。为了保证读取安全，通常采用 read(size) 方式，多次调用 read( ) 方法，
每次读取 size 字节的数据。

8.2.3 写文件

Python 可通过 write( ) 方法向文件中写入数据，write( ) 方法的定义如下：

```
write(str)
```

write( ) 方法中的参数 str 表示要写入文件的字符串，在一次打开和关闭操作之间，
每调用一次 write( ) 方法，程序向文件中追加一行数据，并返回本次写入文件中的字节数。

新建一个文本文件 b.txt，以读写的方式打开并向其中写入数据，具体代码如下：

```
file = open('b.txt', 'w+')                 # 以读 / 写方式打开文本文件 a.txt
file.write("hello itheima.\n")
```

写文件

笔 记

写入完毕后，双击打开文件 b.txt，观察其中内容。文件 b.txt 中的内容如图 8-7 所示。

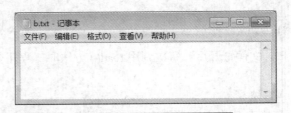

图 8-7
b.txt

此时代码已执行完毕，但由图 8-7 可知，字符串尚未被写入文件 b.txt 中。这是因为，代码中采用默认方式访问文件，然而本教材的开发环境搭建在缓冲设备之中，所以调用 write( ) 方法后数据不会即时写入文件。若要将数据即时写入文件，可以使用以下 3 种方法。

1. 修改 open( ) 函数的 buffering 参数

设置 open( ) 函数的 buffering 参数为 1，以读写的方式打开空文本文件 c.txt，向其中写入字符串，具体代码如下：

```
file1 = open('c.txt', 'w+', 1)          # 打开文件
file1.write("hello itheima.\n")          # 写入字符串
file1.write("hello itcast.\n")           # 写入字符串
```

经以上操作后，双击打开文件 c.txt，文件内容如图 8-8 所示。

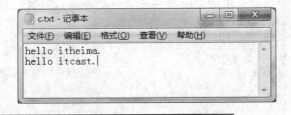

图 8-8
c.txt

由图 8-8 可知，调用 write( ) 方法后字符串便被写入文件。

2. 刷新缓冲区

在缓冲设备中，调用 write( ) 方法向文件写入的数据暂存在缓冲区中。默认情况下，缓冲区存满时系统才将数据一次性写入文件，但若调用 flush( ) 方法刷新缓冲区，缓冲区会被清空，清空前会将其中存储的数据写入文件。以空文件 d.txt 为例，对其执行写入操作后调用 flush( ) 方法刷新缓冲区，具体代码如下：

```
file = open('d.txt', 'w+')
file.write('hello itheima.\n')
file.write('hello itcast.\n')
file.flush()
```

此时打开文件 d.txt，文件中的内容如图 8-9 所示。

3. 关闭文件

关闭文件后系统会自动刷新缓冲区，因此使用 close( ) 方法替换以上示例中的 flush( ) 方法，文件 d.txt 中的内容仍如图 8-9 所示，此处不再演示。

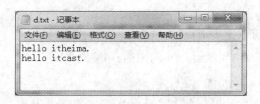

图 8-9
d.txt

虽然以上介绍的方法 1、2 可以实现即时写入，但这意味着程序需要访问硬件设备，如此一来程序的效率将会降低。因此，若非必要，一般推荐使用 with 语句实现文件的自动关闭与刷新，具体示例如下：

```
with open('a.txt', 'w+') as file:
    file.write('hello world.\n')
    file.write('hello itcast.\n')
```

8.2.4　文件读写位置

文件读写位置

经过 8.2.2 和 8.2.3 小节的学习可以发现，在文件的一次打开与关闭之间进行的读写操作都是连续的，程序总是从上次读写的位置继续向下进行读写操作。实际上，每个文件对象都有一个称为 "文件读写位置" 的属性，该属性用于记录文件当前读写的位置。

Python 提供了一些获取文件读写位置以及修改文件读写位置的方法，以实现文件的随机读写，下面对这些方法进行讲解。

1. tell( ) 方法

用户可通过 tell( ) 方法获取文件当前的读写位置。以操作文件 a.txt 为例介绍 tell( ) 的用法，如下所示。

```
>>> file = open('a.txt')
>>> file.tell()
0
>>> file.read(5)
'hello'
>>> file.tell()
5
>>> file.close()
```

由以上示例可知，打开一个文件后，文件默认的读写位置为 0；当对文件进行读操作后，文件的读写位置也随之移动。

2. seek( ) 方法

一般情况下，文件的读写是顺序的，但并非每次读写都需从当前位置开始。Python 提供了 seek( ) 方法，使用该方法可控制文件的读写位置，实现文件的随机读写。seek( ) 方法的声明如下：

```
seek(offset, from)
```

seek( ) 方法中的参数 offset 表示偏移量，即读写位置需要移动的字节数；from 用于指定文件的读写位置，该参数的取值为 0、1、2，它们代表的含义分别如下。

（1）0：表示文件开头。

（2）1：表示使用当前读写位置。

（3）2：表示文件末尾。

seek( ) 方法调用成功后会返回当前读写位置。

以操作文件 a.txt 为例演示 seek( ) 的用法，具体如下：

```
>>> file = open('a.txt')
>>> file.tell()
0
>>> file.seek(5, 0)                          # 相对文件开头进行偏移
5
```

需要注意的是，若打开的是文本文件，那么 seek( ) 方法只允许相对于文件开头移动文件位置，若在参数 from 值为 1、2 的情况下对文本文件进行位移操作，将会产生错误。具体示例如下：

```
>>> file.seek(4, 1)                          # 相对当前读写位置进行偏移
Traceback (most recent call last):
  File "<stdin>", line 1, in <module>
io.UnsupportedOperation: can't do nonzero cur-relative seeks
>>> file.close()
```

换言之，若要相对当前读写位置或文件末尾进行位移操作，需以二进制形式打开文件，示例如下：

```
>>> file = open('a.txt', 'rb')
>>> file.seek(5, 0)
5
>>> file.seek(4, 1)
9
>>> file.seek(5, 2)
48
>>> file.seek(-3, 2)
40
>>> file.close()
```

在文件操作中，可通过修改文件的读写位置，从文件任意位置读取数据，或向指定位置写入数据，以实现文件的随机读写。

多学一招：文件对象的方法和属性

除 open( )、close( )、write( ) 和 read( ) 系列函数或方法之外，文件还有一些相关的内置方法和属性，这些方法和属性的名称及功能分别如表 8-2 所示。

表 8-2　文件常用方法和属性

分　类	名　称	功　能
方法	fileno( )	返回底层文件的文件描述符（文件系统中已打开文件的唯一标识）
	readable( )	若文件对象已打开且等待读取，则返回 True，否则返回 False
	seekable( )	判断文件是否支持随机读写，是则返回 True，否则返回 False
	truncate(size)	截取文件到当前文件读写位置，若给定 size，则截取 size 字节的文件
	__next__( )	返回文件对象的下一行

续表

分　类	名　称	功　能
属性	mode	获取文件对象的打开模式
	name	获取文件对象的文件名
	encoding	获取文件使用的编码格式
	closed	若文件已关闭则返回 True，否则返回 False

8.2.5　管理文件与目录

除 Python 内置方法外，os 模块中也定义了与文件操作相关的函数，包括删除文件、文件重命名、创建 / 删除目录、获取当前目录、更改默认目录与获取目录列表等。os 模块在使用之前需要导入，具体代码如下：

```
import os
```

下面对 os 模块中的常用函数进行介绍。

1. 删除文件

使用 os 模块中的 remove( ) 函数可删除文件，该函数要求目标文件存在，其语法格式如下：

```
remove(文件名)
```

在 Python 解释器中调用该函数处理文件，指定文件将会被删除。例如删除文件 a.txt，可使用如下语句：

```
os.remove('a.txt')
```

2. 文件重命名

使用 os 模块中的 rename( ) 函数可以更改文件名，该函数要求目标文件存在，其语法格式如下：

```
rename(原文件名,新文件名)
```

以将文件 a.txt 重命名为 test.txt 为例演示 rename( ) 函数的用法，具体如下：

```
os.rename('a.txt', 'test.txt')
```

经以上操作后，当前路径下的文件 a.txt 被重命名为 test.txt。

3. 创建 / 删除目录

os 模块中的 mkdir( ) 函数用于创建目录，rmdir( ) 函数用于删除目录，这两个函数的参数都是目录名，其使用方法如下：

```
os.mkdir('dir')
```

经以上操作后，Python 解释器会在默认路径下创建目录 dir。需要注意的是，待创建的目录不能与已有目录重名，否则将创建失败。

```
os.rmdir('dir')
```

经以上操作后，当前路径下的目录 dir 将被删除。

笔 记

管理文件与目录

笔记

4. 获取当前目录

当前目录即 Python 当前的工作路径。os 模块中的 getcwd( ) 函数用于获取当前目录,调用该函数后解释器中将会打印当前位置的绝对路径,具体示例如下:

```
os.getcwd()
```

5. 更改默认目录

os 模块中的 chdir( ) 函数用来更改默认目录。若在对文件或文件夹进行操作时,传入的是文件名而非路径名,Python 解释器会从默认目录中查找指定文件,或将新建的文件放在默认目录下。若没有特别设置,当前目录即为默认目录。本教材所使用的 Python 解释器的默认目录为 "C:\\Users\\admin\\AppData\\Local\\Programs\\Python\\Python37"。

使用 chdir( ) 函数更改默认目录为 "E:\\",再次使用 getcwd( ) 函数获取当前目录,具体示例如下:

```
>>> os.chdir('E:\\')                              # 更改默认目录
>>> os.getcwd()                                   # 获取当前目录
'E:\\'                                            # 当前目录
```

6. 获取目录列表

实际应用中常常需要先获取指定目录下的所有文件,再对目标文件进行相应操作。os 模块中提供了 listdir( ) 函数,使用该函数可方便快捷地获取存储了指定目录下所有文件名的列表。以获取当前目录下的目录列表为例演示 listdir( ) 函数的用法,具体如下:

```
dirs = os.listdir('./')
```

8.3　文件迭代

文件迭代

迭代是一个过程的多次重复,在 Python 中,实现了 __iter__( ) 方法的对象都是可迭代对象(如序列、字典等)。文件对象也是一个可迭代对象,这意味着可以在循环中通过文件对象自身遍历文件内容,具体代码如下:

```
# 01_file_traversal.py
file_name = input("请输入文件名:")
file = open(file_name)
for line in file:
    print(line, end="")
file.close()
```

以遍历图 8-6 所示的文件 a.txt(假设该文件与程序处于同一目录)为例,程序执行结果如下:

```
请输入文件名:a.txt
hello itheima.
hello itcast.
hello world.
```

迭代器有"记忆"功能，若在第一次循环中只打印了部分文件内容，后续再次通过循环获取文件内容时会从上次获取到的文件内容后开始打印数据。

假设现有文件 test.txt，其中内容如图 8-10 所示。

笔 记

图 8-10
test.txt

编写程序，在两个有先后次序关系的循环中以迭代的方式各打印两行文件内容，具体代码如下：

```python
# 02_batch_print.py
file_name = input("请输入文件名：")
file = open(file_name)
print("--- 第一次打印 ---")
i = 1
for line in file:
    print(line, end="")
    i += 1
    if i == 3:
        break
print("--- 第二次打印 ---")
i = 1
for line in file:
    print(line, end="")
    i += 1
    if i == 3:
        break
file.close()
```

执行程序，输入文件名 test.txt，执行结果如下所示：

```
请输入文件名：test.txt
--- 第一次打印 ---
1     hello
2     world
--- 第二次打印 ---
3     itcast
4     itheima
```

以上执行结果证明迭代器具有记忆功能。

8.4　实例 10：用户登录

许多应用都涉及数据的存储和使用，作为存储数据的基本形式，文件与应用密

笔记

不可分。随着智能设备的普及和网络的不断发展，各种 APP 如雨后春笋，层出不穷。在这些 APP 中，用户登录是其中最基本的模块。本节将以登录模块为例，带领大家练习和巩固 Python 中文件的相关操作。

1. 程序分析

实例 10：用户
登录——程序分析

用户登录功模块分为管理员登录和普通用户登录，在用户使用软件时，系统会先判断用户是否为首次使用：若是首次使用，则进行初始化，否则进入用户类型选择。用户类型分为管理员和普通用户两种，若选择管理员，则直接进行登录；若选择普通用户，先询问用户是否需要注册，若需要注册，先注册用户再进行登录。

根据以上功能分析，用户管理模块应包含以下文件。

（1）标识位文件 flag。用于检测是否为初次使用系统，其中的初始数据为 0，在首次启动程序后系统将其中的数据修改为 1。

（2）管理员账户文件 u_root。用于保存管理员的账户信息（唯一），该账户在程序中设置。

（3）普通用户账户文件。用于保存普通用户注册的账户，每个用户对应一个账户文件，普通用户账户文件统一存储于普通用户文件夹 users 中。

结合模块功能，绘制用户登录模块的业务逻辑流程图，具体如图 8-11 所示。

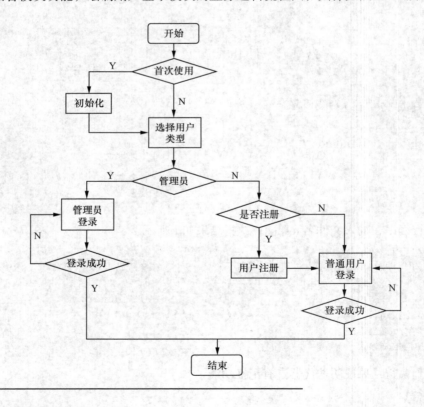

图 8-11
用户登录模块业务逻辑

2. 程序设计

结合程序功能，设计程序接口。用户登录模块应包含的函数及其功能分别如下。

· main( )：程序的入口。
· c_flag( )：标识位文件更改。

实例 10：用户
登录——标志位
文件更改

· init( )：信息初始化。
· print_login_menu( )：打印登录菜单。
· user_select( )：用户选择。
· root_login( )：管理员登录。
· user_register( )：用户注册。
· user_login( )：普通用户登录。

笔 记

下面在文件 03_user_login.py 中逐个实现以上各个函数的功能。

（1）main( )

main( ) 函数是整个程序的入口，该函数需判断是否为首次使用系统，为保证每次读取到的为同一个标志位对象，这里将标志位对象的数值存储到文件 flag 之中。每次启动程序时都先调用 main( ) 函数，该函数应先打开 flag 文件，从其中读取数据进行判断，之后 main( ) 函数根据标识文件的判断结果执行不同的分支：若标志位对象值为 0，说明为首次启动，函数需要更改标志位文件内容、初始化资源、打印登录菜单、接收用户选择；若标志位对象值为 1，说明不是首次启动，直接打印登录菜单，并接收用户选择。

实例 10：用户
登录——程序的
入口

根据以上分析，main( ) 函数的具体实现如下：

```python
# 判断是否为首次使用系统
def main():
    flag = open("flag")
    word = flag.read()
    if word == "0":
        print(" 首次启动！")
        flag.close()                    # 关闭文件
        c_flag()                        # 更改标志为1
        init()                          # 初始化资源
        print_login_menu()              # 打印登录菜单
        user_select()                   # 选择用户
    elif word == "1":
        print(" 欢迎回来！")
        print_login_menu()
        user_select()
    else:
        print(" 初始化参数错误！")
```

实例 10：用户
登录——打印
登录菜单

（2）c_flag( )

c_flag( ) 函数用于修改 flag 文件中的内容，将在初次启动系统时被 is_fisrt_start( ) 函数调用。该函数的实现如下：

```python
# 更改标志位
def c_flag():
    file = open("flag", "w")            # 以写入方式打开文件flag
    file.write("1")                     # 将"1"写入falg文件中
    file.close()                        # 关闭文件
```

（3）init( )

初次启动系统时，需要创建管理员账户和普通用户文件，这两个功能都在 init( ) 函数中完成。init( ) 函数的实现如下：

实例 10：用户
登录——管理员
登录

笔记

```
# 初始化管理员用户
def init():
    file = open("u_root", "w")            # 创建并打开管理员账户文件
    root = {"rnum":"root", "rpwd":"123456"}
    file.write(str(root))                 # 写入管理员信息
    file.close()                          # 关闭管理员账户文件
    os.mkdir("users")                     # 创建普通用户文件夹
```

实例 10：用户
登录——普通
用户登录

（4）print_login_menu( )

print_login_menu( ) 函数用于打印登录菜单，登录菜单中有两个选项，分别为管理员登录和普通用户登录，因此 print_login_menu( ) 函数的实现如下：

```
# 打印登录菜单
def print_login_menu():
    print("---- 用户选择 ----")
    print("1- 管理员登录 ")
    print("2- 普通用户登录 ")
    print("----------------")
```

（5）user_select( )

在打印出登录菜单后，系统应能根据用户输入，选择执行不同的流程。此功能在 user_select( ) 函数中实现，该函数首先接收用户的输入，若用户输入"1"，调用 root_login( ) 函数进行管理员登录；若用户输入"2"，先询问用户是否需要注册，根据用户输入选择执行注册操作或登录操作。user_select( ) 函数的实现如下：

```
# 用户选择
def user_select():
    while True:
        user_type_select = input(" 请选择用户类型 :")
        if user_type_select == "1":             # 管理员登录验证
            root_login()
            break
        elif user_type_select == "2":           # 普通用户
            while True:
                select = input(" 是否需要注册 ?( y/n):")
                if select == "y" or select == "Y":
                    print("---- 用户注册 ----")
                    user_register()       # 用户注册
                    break
                elif select == "n" or select == "N":
                    print("---- 用户登录 ----")
                    break
                else:
                    print(" 输入有误, 请重新选择 ")
            user_login()                          # 用户登录
            break
        else:
            print(" 输入有误, 请重新选择 ")
```

（6）root_login( )

root_login( ) 函数用于实现管理员登录，该函数可接收用户输入的账户和密码，将

接收到的数据与存储在管理员账户文件 u_root 中的管理员账户信息进行匹配，若匹配成功则提示登录成功，并打印管理员功能菜单；若匹配失败则给出提示信息并重新验证。root_login( ) 函数的实现如下：

```
# 管理员登录
def root_login():
    while True:
        print("***** 管理员登录 *****")
        root_number = input(" 请输入账户名：")
        root_password = input(" 请输入密码：")
        file_root = open("u_root")              # 以只读模式打开 root 账户文件
        root = eval(file_root.read())           # 读取账户信息
        # 信息匹配
        if root_number == root["rnum"] and root_password == root["rpwd"]:
            print(" 登录成功！")
            break
        else:
            print(" 验证失败！")
```

（7）user_register( )

user_register( ) 函数用于注册普通用户，该函数在用户于 user_select( ) 函数中选择需要注册用户之后被调用。user_register( ) 函数可接收用户输入的账户名、密码和昵称，并将这些信息保存到 users 目录下与用户账户名同名的文件中。user_register( ) 函数的实现如下：

```
# 用户注册
def user_register():
    user_id = input(" 请输入账户名：")
    user_pwd = input(" 请输入密码：")
    user_name = input(" 请输入昵称：")
    user = {"u_id": user_id , "u_pwd": user_pwd, "u_name": user_name}
    user_path = "./users/" + user_id
    file_user = open(user_path, "w")       # 创建用户文件
    file_user.write(str(user))             # 写入
    file_user.close()                      # 保存关闭
```

（8）user_login( )

user_login( ) 函数用于实现普通用户登录，该函数可接收用户输入的账户名和密码，并将账户名与 users 目录中文件列表的文件名匹配，若匹配成功，说明用户存在，进一步匹配用户密码。账户名和密码都匹配成功则提示"登录成功"，并打印用户功能菜单；若账户名不能与 users 目录中文件列表的文件名匹配，说明用户不存在。user_login( ) 函数的实现如下：

```
# 普通用户登录
def user_login():
    while True:
        print("***** 普通用户登录 ****")
        user_id = input(" 请输入账户名：")
        user_pwd = input(" 请输入密码：")
        # 获取 users 目录中所有的文件名
```

实例 10：用户
登录——信息
初始化

```
            user_list = os.listdir("./users")
            # 遍历列表，判断 user_id 是否在列表中
            flag = 0
            for user in user_list:
                if user == user_id:
                    flag = 1
                    print("登录中…")
                    # 打开文件
                    file_name = "./users/" + user_id
                    file_user = open(file_name)
                    # 获取文件内容
                    user_info = eval(file_user.read())
                    if user_pwd == user_info["u_pwd"]:
                        print("登录成功！")
                        break
            if flag == 1:
                break
            elif flag == 0:
                print("查无此人！请先注册用户")
                break
```

至此，用户登录模块所需的功能已全部实现，以上实现的所有函数都被存储在文件 userLogin.py 之中。需要注意的是，初始化函数 init( ) 和用户登录函数 user_login( ) 中使用了 os 模块的 listdir( ) 函数，因此程序文件中需导入 os 模块。在 userLogin.py 文件的首行添加导入代码，如下所示：

```
import os
```

之后在文件末尾添加如下代码：

```
if __name__ == "__main__":
    main()
```

用户登录模块实现完毕。

3. 功能演示

下面将执行用户登录程序 userLogin.py，演示其中功能。

（1）首次启动

在程序所在目录中创建文件 flag，打开文件在其中写入数据"0"，保存退出。执行程序，程序将打印如下信息：

实例 10：用户
登录——用户选择

```
首次启动！
---- 用户选择 ----
1- 管理员登录
2- 普通用户登录
----------------
请选择用户类型：
```

此时查看程序所在目录，发现其中新建了目录 users 和文件 u_root。在终端中输入"1"，进入管理员登录界面，分别输入正确的账户名和密码，程序的执行结果如下所示：

```
请选择用户类型：1
```

```
**** 管理员登录 *****
请输入账户名：root
请输入密码：123456
登录成功！
```

由以上执行结果可知，管理员的用户名和密码匹配成功。

（2）再次启动

再次执行程序，终端将打印如下信息：

```
欢迎回来！
---- 用户选择 ----
1- 管理员登录
2- 普通用户登录
-----------------
请选择用户类型：
```

由以上执行结果可知，c_flag( ) 函数调用成功。

本次选择使用普通用户登录，并注册新用户，如下所示：

```
请选择用户类型：2
是否需要注册？(y/n)：y
---- 用户注册 ----
请输入账户名：itcast
请输入密码：123123
请输入昵称：章力
**** 普通用户登录 ****
请输入账户名：itcast
请输入密码：123123
登录中 ....
登录成功！
```

此时打开当前目录下的 users 目录，可看到其中新建了名为 itcast 的文件，结合以上执行结果，可知用户注册、普通用户登录功能均已成功实现。

笔 记

实例 10：用户
登录——用户注册

8.5 数据维度与数据格式化

从广义上讲，维度是与事物"有联系"的概念的数量，根据"有联系"的概念的数量，事物可分为不同维度。例如，与线有联系的概念为长度，因此线为一维事物；与长方形面积有联系的概念为长度和宽度，因此长方形面积为二维事物；与长方体体积有联系的概念为长度、宽度和高度，因此长方体体积为三维事物。

在计算机中，根据组织数据时与数据"有联系"的参数的数量，数据可分为不同的维度，本节将对数据维度和与不同维度数据格式化相关的知识进行讲解。

8.5.1 基于维度的数据分类

根据组织数据时与数据有联系的参数的数量，数据可分为一维数据、二维数据和多维数据。

基于维度的
数据分类

笔 记

1. 一维数据

一维数据是具有对等关系的一组线性数据，对应数学之中的集合和一维数组，在 Python 语法中，一维列表、一维元组和集合都是一维数据。一维数据中的各个元素可通过逗号(,)、空格等分隔。我国在 2018 年公布的 15 个新一线城市便是一组一维数据，通过逗号分隔此组数据，具体如下所示：

成都, 杭州, 重庆, 武汉, 苏州, 西安, 天津, 南京, 郑州, 长沙, 沈阳, 青岛, 宁波, 东莞, 无锡

2. 二维数据

二维数据关联参数的数量为 2，此种数据对应数学之中的矩阵和二维数组，在 Python 语法中，二维列表、二维元组等都是二维数据。表格是日常生活中最常见的二维数据的组织形式，二维数据也称为表格数据。班级之中发布的成绩表就是一种表格数据，具体如图 8-12 所示。

姓名	语文	数学	英语	理综
刘婧	124	137	145	260
张华	116	143	139	263
邢昭林	120	130	148	255
鞠依依	115	145	131	240
黄丽萍	123	108	121	235
赵越	132	100	112	210

图 8-12
高三班级考试成绩表

3. 多维数据

多维数据利用键值对等简单的二元关系展示数据间的复杂结构，Python 中字典类型的数据是多维数据。多维数据在网络系统中十分常见，计算机中常见的多维数据形式有 HTML、JSON 等。使用 JSON 格式描述多个高三一班考试成绩，具体如下所示：

```
"高三一班考试成绩":[
                        {"姓名": "刘婧",
                        "语文": "124",
                        "数学": "137",
                        "英语": "145",
                        "理综": "260"};
                        {"姓名": "张华",
                        "语文": "116",
                        "数学": "143",
                        "英语": "139",
                        "理综": "263"};
                        ......
                    ]
```

8.5.2　一二维数据的存储与读写

程序中与数据相关的操作分为数据的存储与读写。下面将对如何存储与读写不同维度的数据进行讲解。

一二维数据的
存储与读写

1. 数据存储

数据通常存储在文件之中，为了方便后续的读写操作，数据通常需要按照约定的组织方式进行存储。

一维数据呈线性排列，一般用特殊字符分隔，具体示例如下。

（1）使用空格分隔：成都 杭州 重庆 武汉 苏州 西安 天津

（2）使用逗号分隔：成都，杭州，重庆，武汉，苏州，西安，天津

（3）使用 & 分隔：成都 & 杭州 & 重庆 & 武汉 & 苏州 & 西安 & 天津

如上所示，在存储一维数据时可使用不同的特殊字符分隔数据元素，但有几点需要注意。

（1）同一文件或同组文件一般使用同一分隔符分隔。

（2）分隔数据的分隔符不应出现在数据中。

（3）分隔符为英文半角符号，一般不使用中文符号作为分隔符。

二维数据可视为多条一维数据的集合，当二维数据只有一个元素时，这个二维数据就是一维数据。国际上通用的一二维数据存储格式为 CSV（Commae-Separeted Values，逗号分隔值），CSV 文件以纯文本形式存储表格数据，文件的每一行对应表格中的一条数据记录，每条记录由一个或多个字段组成，字段之间使用逗号（英文、半角）分隔。因为字段之间可能使用除逗号外的其他分隔符，所以 CSV 也称为字符分隔值。具体示例如下：

```
姓名，语文，数学，英语，理综
刘婧，124,137,145,260
张华，116,143,139,263
邢昭林，120,130,148,255
鞠依依，115,145,131,240
黄丽萍，123,108,121,235
赵越，132,100,112,210
```

CSV 广泛应用于不同体系结构下网络应用程序之间表格信息的交换之中，它本身并无明确格式标准，具体标准一般由传输双方协商决定。

2. 数据读取

在 Windows 平台中，CSV 文件的后缀名为 .csv，此种文件可通过办公软件 Office Excel 或记事本打开。将以上示例中 CSV 格式的数据存储到当前路径下的 score.csv 文件中，通过 Python 程序读取该文件中的数据并以列表形式打印，具体代码如下：

```python
csv_file = open('score.csv')
lines = []
for line in csv_file:
    line = line.replace('\n','')
    lines.append(line.split(','))
print(lines)
csv_file.close()
```

以上程序打开文件 score.csv 后通过对文件对象进行迭代，在循环中逐条获取文件中的记录，根据分隔符 "," 切割记录，将记录存储到了 Python 列表 lines 之中，最后在终端打印了列表 lines。执行程序，程序的执行结果如下：

笔记

```
[['姓名', '语文', '数学', '英语', '理综'], ['刘婧', '124', '137', '145', '260'],
['张华', '116', '143', '139', '263'], ['邢昭林', '120', '130', '148', '255'], [
'鞠依依', '115', '145', '131', '240'], ['黄丽萍', '123', '108', '121', '235'], [
'赵越', '132', '100', '112', '210']]
```

3. 数据写入

将一、二维数据写入文件中，即按照数据的组织形式，在文件中添加新的数据。下面以在保存学生成绩的文件 score.csv 中写入每名学生的总分为例，具体代码如下：

```python
csv_file = open('score.csv')
file_new = open('count.csv', 'w+')
lines = []
for line in csv_file:
    line = line.replace('\n', '')
    lines.append(line.split(','))
# 添加表头字段
lines[0].append('总分')
# 添加总分
for i in range(len(lines) - 1):
    idx = i + 1
    sunScore = 0
    for j in range(len(lines[idx])):
        if lines[idx][j].isnumeric():
            sunScore += int(lines[idx][j])
    lines[idx].append(str(sunScore))
for line in lines:
    print(line)
    file_new.write(','.join(line) + '\n')
csv_file.close()
file_new.close()
```

执行以上代码，程序执行完成后当前目录中将新建写有学生每科成绩与总分的文件 count.csv，使用 Excel 打开该文件，文件中的内容如图 8-13 所示。

姓名	语文	数学	英语	理综	总分
刘婧	124	137	145	260	666
张华	116	143	139	263	661
邢昭林	120	130	148	255	653
鞠依依	115	145	131	240	631
黄丽萍	123	108	121	235	587
赵越	132	100	112	210	554

图 8-13
count.csv

由图 8-13 可知，程序成功将总分写入到文件之中。

多学一招：RFC 4180 CSV格式标准

RFC 4180 提出了 MIME（Multipurpose Internet Mail Extensions，多用途互联网邮件扩展）类型对于 CSV 格式的标准，此标准可满足大多数应用对 CSV 文件的要求，具体格式规范如下。

（1）每一行记录为单独一行，用回车换行符（\r\n）分隔。

（2）文件中最后一行记录可以有回车换行符，也可以没有。

（3）第一行为可选的标题头，此行格式与普通记录格式相同。标题头要包含文件记录字段对应的名称，且与记录字段一一对应。

（4）包括标题头在内的每行记录都存在一个或多个由半角逗号分隔的字段，整个文件中每行包含相同数量的字段；空格也是字段的一部分，不应被忽略；每一行记录最后一个字段后不需要逗号。

（5）每个字段可用（也可以不用）英文半角双引号（""）括起来，如果字段没有使用双引号，那么该字段内部不能出现双引号字符。

（6）字段中若包含回车换行符、双引号或逗号，该字段需要用双引号括起来。

（7）如果用双引号括起字段，那么出现在字段内的双引号前必须加一个双引号（如"alpha"，"eir""c"，"mike"）进行转义。

8.5.3　多维数据的格式化

二维数据是一维数据的集合，以此类推，三维数据可以是二维数据的集合，但按照此种层层嵌套的方式组织数据，多维数据的表示会非常复杂。为了直观地表示多维数据，也为了便于组织和操作，三维及以上的多维数据统一采用键值对的形式进行格式化。

网络平台上传递的数据大多是高维数据，JSON 是网络中常见的高维数据格式，它是一种轻量级的数据交换格式，其本质是一种被格式化了的字符串，既易于人类阅读和编写，也易于机器解析和生成。JSON 语法是 JavaScript 语法的子集，JavaScript 语言中一切都是对象，因此 JSON 也以对象的形式表示数据。

JSON 格式的数据遵循以下语法规则。

（1）数据存储在键值对（key:value）中，例如"姓名":"张华"。

（2）数据的字段由逗号分隔，例如"姓名":"张华","语文":"116"。

（3）一个花括号保存一个 JSON 对象，例如{"姓名":"张华","语文":"116"}。

（4）一个方括号保存一个数组，例如[{"姓名":"张华","语文":"116"}]。

假设目前有存储了高三二班考试成绩的 JSON 数据，具体如下所示：

```
"高三二班考试成绩":[
                        {"姓名":"陈诚",
                        "语文":"124",
                        "数学":"127",
                        "英语":"145",
                        "理综":"259" };
                        {"姓名":"黄思",
                        "语文":"116",
                        "数学":"143",
                        "英语":"119",
                        "理综":"273" };
                        ......
                    ]
```

以上数据首先是一个键值对，key 为"高三二班考试成绩"，value 与 key 通过冒

笔记

号 ":" 分隔；其次 value 本身是一个数组，该数组中存储了多名学生的成绩，通过方括号组织，其中的元素通过分号 ";" 分隔；作为数组元素的学生成绩的每项属性亦为键值对，每项属性通过逗号 "," 分隔。

除 JSON 外，网络平台也会使用 XML、HTML 等格式组织多维数据。XML 和 HTML 格式通过标签组织数据。例如将学生成绩以 XML 格式存储，具体格式如下：

```
< 高三二班考试成绩 >
    < 姓名 > 陈诚 </ 姓名 >< 语文 >124</ 语文 >< 数学 >127< 数学 />< 英语 >145< 英语 />
< 理综 >259< 理综 />
    < 姓名 > 黄思 </ 姓名 >< 语文 >116</ 语文 >< 数学 >143< 数学 />< 英语 >119< 英语 />
< 理综 >273< 理综 />
    ......
</ 高三二班考试成绩 >
```

对比 JSON 格式与 XML、HTML 格式可知，JSON 格式更为直观，且数据属性的 key 只需存储一次，在网络中进行数据交换时耗费的流量更小。

8.6　Python 中的 json 模块

利用 json 模块的 dumps( ) 函数和 loads( ) 函数可以实现 Python 对象和 JSON 数据之间的转换，这两个函数的具体功能如表 8-3 所示。

Python 中的
json 模块

表 8-3　json 模块中的函数

函　　数	功　　能
dumps( )	对 Python 对象进行转码，将其转化为 JSON 字符串
loads( )	将 JSON 字符串解析为 Python 对象

Python 对象与 JSON 数据转换时，它们的数据类型会发生改变，接下来通过一张表来罗列 Python 对象与 JSON 数据的类型对照，具体如表 8-4 所示。

表 8-4　Python 对象与 JSON 数据转化时的类型对照表

Python 对象	JSON 数据
dict	object
list,tuple	array
str,unicode	string
int,long,float	number
True	true
False	false
None	null

使用 json 模块前需先在程序中导入该模块，下面分别来演示 dumps( ) 和 loads( ) 函数的用法。

1. dumps( ) 函数

使用 dumps( ) 函数对 Python 对象进行转码，具体示例如下：

```
>>> import json
>>> pyobj = [[1, 2, 3], 345, 23.12, 'qwe', {'key1':(1,2,3), 'key2':(2,3,4)},
True, False, None]
>>> jsonstr = json.dumps(pyobj)
>>> print(jsonstr)
[[1, 2, 3], 345, 23.12, "qwe", {"key1": [1, 2, 3], "key2": [2, 3, 4]},
true, false, null]
```

以上代码首先定义了 Python 对象 pyobj，其次通过 dumps( ) 函数将该对象转换为 JSON 字符串，之后通过 print( ) 函数打印了 JSON 字符串。

2. loads( ) 函数

以上述示例生成的 JSON 数据 jsonstr 为例，使用 loads( ) 函数将 JSON 数据转换为符合 Python 语法要求的数据类型，具体代码如下：

```
>>> pydata = json.loads(jsonstr)
>>> print(pydata)
[[1, 2, 3], 345, 23.12, 'qwe', {'key1': [1, 2, 3], 'key2': [2, 3, 4]}, True,
False, None]
```

8.7　本章小结

本章主要讲解了与文件和数据格式化相关的知识，包括计算机中文件的定义、文件的基本操作、文件迭代、文件操作模块 os 以及数据维度和高维数据格式化等。通过本章的学习，读者应能了解计算机中文件的意义，熟练读取、更改文件，熟悉文件操作模块，并掌握常见的数据组织形式。

8.8　习题

1. 简单介绍文件类型。

2. 若要在文件末尾追加信息，正确的打开模式为_____。

3. 使用哪个方法可以获取文件的当前读写位置？

4. 简述文件使用完毕后关闭文件的原因和意义。

5. 使用 read( )、readline( ) 和 readlines( ) 方法都可以从文件中读取数据，简述这几个方法的区别。

6. 简述 os 模块中 mkdir( ) 函数的功能。

7. 编写程序，实现文件备份功能。

8. 读取文件，打印除以 # 开头之外的所有行。

9. 编程读取存储若干数字的文件，对其中的数字进行排序后输出。

10. 读取存储《哈姆雷特》英文剧本的文件，分析统计其中单词出现的频率，

笔 记

使用 turtle 模块绘制词频统计结果，以柱状图的形式展示统计结果，统计效果参见图 8–14。

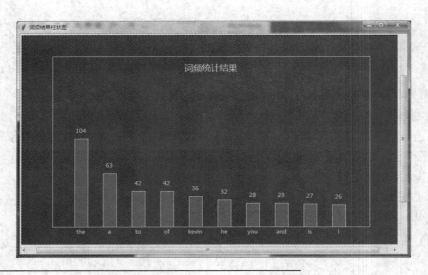

图 8–14
统计结果参考图示

Python 程序设计现代方法

第 9 章

数据分析与可视化

拓展阅读

学习目标

★ 了解什么是数据分析

★ 掌握 numpy 模块，熟练使用 numpy 数组进行科学计算

★ 掌握 matplotlib 模块，熟练使用 matplotlib 绘制图表

★ 掌握 pandas 模块，熟练使用 pandas 处理数据

近些年，随着计算机技术全面地融入社会生活，信息已经积累到一个开始引发变革的程度，世界上充斥着比以往更多的信息，信息增长速度呈指数级增加，驱使着人们进入了一个崭新的大数据时代。在大数据环境下，从数据里面发现并挖掘有价值的信息变得愈发重要，数据分析技术应运而生。

数据分析是 Python 的一个重要发展方向，之所以选择用 Python 做数据分析，主要是依赖于它的大批高质量的第三方模块，常用的有 numpy、matplotlib 和 pandas 等，这些模块受到了很多业界人士的肯定和广泛使用。本章将带领大家学习 Python 中这些优秀的数据分析工具。

9.1   数据分析概述

9.1.1   数据分析的流程

数据分析的流程

数据分析指使用适当的统计分析方法对收集来的大量数据进行分析，从中提取有用信息形成结论，并加以详细研究和概括总结的过程。数据分析一般分为以下几步。

（1）明确分析的目的和思路

在进行分析之前，首先必须要有清晰的目标并明确几个问题：数据对象是谁？要解决什么业务问题？其次需要基于对项目的深刻理解，整理出完整的分析框架和思路。对目的的分析与把握是数据分析成败的关键。

（2）数据收集

按照确定的框架和思路，有目的地从多个渠道获取结构化或非结构化数据。

（3）数据处理

数据处理是指对收集到的数据进行清洗、整理和加工，以保证数据的质量，方便后续开展数据分析工作，是数据分析前必不可少的阶段。

（4）数据分析

数据分析是指通过分析手段、方法和技巧对准备好的数据进行探索、分析，从中发现因果关系、内部联系和业务规律，为目标提供决策参考的过程。

（5）数据展现

俗话说：字不如表，表不如图。一般情况下，数据会使用图表的形式呈现，常见的图表类型有折线图、条形图、柱形图、饼图、散点图等。借用图表这种技术手段，可以更直观地展示想要呈现的信息。

（6）报告撰写

最后一步是报告撰写，它是对整个数据分析过程的总结。一份优秀的报告，需要有明确的主题、清晰的目录、图文并茂的数据描述、明确的结论与建议。

笔 记

9.1.2　数据分析常用工具

Python 凭借着自身无可比拟的优势，被广泛地应用到数据科学领域，并逐渐衍生为该领域的主流语言。Python 本身的数据分析功能并不强，它需要安装一些第三方的扩展模块来增强它的能力。最常用的第三方模块主要有 numpy、matplotlib 和 pandas，关于它们的介绍如下。

数据分析常用工具

1. numpy

numpy 是实现高性能科学计算和数据分析的基础模块，它的前身是由 Jim Hugunin 开发的 numeric 和 numarray，2005 年 Travis Oliphant 将 numarray 的功能集成到 numeric 中创建了 numpy，numpy 自此诞生。由于 numpy 具有开源、强大的特点，numpy 得到了广泛的应用，也得到了许多开发者的贡献和支持。

numpy 模块中包含一个 ndarray 对象，该对象是一个具有矢量运算和复杂广播能力的多维数组，无需使用循环即可对整组数据进行快速运算。此外，numpy 中还提供一些其他模块，可以实现线性代数、随机数生成以及傅里叶变换等功能。

2. matplotlib

matplotlib 是由 John D.Hunter 开发的一款强大的 Python 数据可视化绘图模块。Hunter 从事数据分析与可视化的工作多年，他一直使用 Matlab 工具编写程序。随着程序的难度越来越大，Hunter 发现 Matlab 暴露出很多的缺点，例如数据库交互问题、复杂的数据结构等。因此，Hunter 决定重新找一款符合心意的工具，但最终未能如愿。于是，Hunter 决定使用 Python 编写一个数据可视化模块，以弥补 Matlab 的不足，matplotlib 自此诞生。

matplotlib 源于美国 MathWorks 公司出品的商业数学软件 Matlab，但是它又与 Matlab 不同，它主要有以下几个优点。

（1）matplotlib 是开源免费的。

（2）matplotlib 属于 Python 的扩展模块，它继承了 Python 面向对象、易读、易维护等特点。

（3）matplotlib 可以借助 Python 丰富的第三方模块嵌入到用户界面应用程序，或嵌入到网页中。

3. pandas

pandas 是一个基于 numpy 的数据分析模块，它最初由 AQR Capital Management 于 2008 年 4 月开发，并于 2009 年年底发行开源版本，目前由专注于 Python 数据包开发的 PyData 团队继续开发和维护。pandas 开发之初被作为金融数据分析工具，之后又被应用到学术和其他商业领域，包括神经科学、经济学、统计学、广告、网络分析等。

pandas 中纳入了大量的库和标准数据模型，提供了高效操作大型数据集所需的工具，使用户能快速且便捷地处理数据。pandas 具有以下特点。

（1）它包含一个快速高效、具有默认和自定义索引的 DataFrame 对象。

（2）支持多种格式文件的读取和写入。

笔记

（3）智能数据对齐和缺失数据的集成处理。
（4）可以自由地删除或插入列。
（5）按数据分组进行聚合和转换。
（6）高性能的数据合并和连接。
（7）生成可视化图表。
（8）时间序列功能。

matplotlib 是最出色的绘图库，它可以与 numpy 一起使用实现数据可视化。pandas 建立于 numpy 之上，功能十分强大，不仅可以灵活地处理数据，而且可以实现数据可视化。这些模块在使用之前需要进行安装，可以采用以下方式进行安装：

```
python -m pip install --user numpy matplotlib pandas
```

数据分析模块的更多内容将在后续小节中介绍。

9.2 科学计算

Python 内置模块中有一个 array 类型，用于保存数组类型的数据，但是 array 类型只能处理一维数组，其内部提供的功能较少，不适合做数值计算。相比之下，numpy 拥有对高维数组的处理能力，因此，由 Python 编写的第三方库 numpy 得到了迅速发展，并逐渐成为科学计算的专用模块。

在导入 numpy 模块时可为其设置别名，具体代码如下：

```
import numpy as np
```

在本章的后续内容中，将使用 np 代替 numpy。

9.2.1 numpy 之数组对象 ndarray

numpy 之数组
对象 ndarray

numpy 中包含一个 N 维数组对象，即 ndarray 对象，该对象具有矢量算术能力和复杂的广播能力，常用于科学计算。ndarray 对象中的元素可以通过索引访问，索引序号从 0 开始；ndarray 对象中存储的所有元素的类型必须相同。

创建 ndarray 对象的方式有很多种，关于这些函数的说明如表 9-1 所示。

表 9-1　numpy 中创建数组的常用函数

函　　数	说　　明
np.array(object)	利用常规 Python 列表或元组创建数组
np.zeros((m,n))	创建一个 m 行 n 列且元素均为 0 的数组
np.ones((m,n))	创建一个 m 行 n 列且元素均为 1 的数组
np.empty((m,n))	创建一个 m 行 n 列且不包含初始项的数组
np.arange(x,y,i)	创建一个由 x 到 y 且步长为 i 的数组
np.linspace(x,y,n)	创建一个由 x 到 y 且等分成 n 个元素的数组
np.random.rand(m,n)	创建一个 m 行 n 列且元素为随机值的数组

通过 arange( ) 函数可以创建一个等差数组，它的功能类似于 range( ) 函数，但是 arange( ) 函数返回的结果是数组而非列表。例如，创建一个等差数组，数组中的元素是从 1 到 16 之间且步长为 2 的整数，如下所示：

```
>>> np.arange(1, 16, 2)          # 创建等差数组
array([ 1,  3,  5,  7,  9, 11, 13, 15])
```

数组创建好以后便可以查看它的一些基本属性，这些属性的说明如表 9-2 所示。

表 9-2　ndarray 对象的常见属性

属　　性	说　　明
ndarray.ndim	数组的维度，也就是轴个数
ndarray.shape	表示数组各维度大小的整数元组。例如，一个 n 行和 m 列的数组，它的 shape 属性为 (n,m)
ndarray.size	数组元素的总个数
ndarray.dtype	数组元素的数据类型
ndarray.itemsize	数组中每个元素的字节大小

下面创建一维数组 arr_1d 和二维数组 arr_2d，并查看这两个数组的一些属性，包括维度、各维度大小和元素总个数，代码如下：

```
>>> arr_1d = np.array([10, 12, 13])              # 创建一维数组
>>> print(arr_1d)
[10 12 13]
>>> print(arr_1d.ndim)          # 数组维度
1
>>> print(arr_1d.shape)         # 数组在每个维度上的大小
(3,)
>>> print(arr_1d.size)          # 数组元素的总个数
3
>>> arr_2d = np.array([[10, 12, 13], [0, 2, 3]])    # 创建二维数组
>>> print(arr_2d)
[[10 12 13]
 [0  2  3]]
>>> print(arr_2d.ndim)          # 数组维度
2
>>> print(arr_2d.shape)         # 数组在每个维度上的大小
(2, 3)
>>> print(arr_2d.size)          # 数组元素的总个数
6
```

当使用 print( ) 函数打印二维数组时，numpy 会以类似于嵌套列表的形式显示。不同维度的数组打印方式有所不同，一维数组按行打印，二维数组打印为矩阵，三维数组打印为矩阵列表，且矩阵列表具有以下布局。

· 最后一个轴按从左到右的顺序打印。

· 倒数第二个轴按从上到下的顺序打印。

· 其余部分也按从上到下的顺序打印，每部分之间用空行分隔。

笔 记

> **注　意**
>
> 　　若一个数组的维度过大，则 numpy 只会打印出两端的元素，中间的元素用省略号替换。

多学一招：矩阵

　　矩阵是数学中一个重要的基本概念，是代数的主要研究对象之一，也是数学研究和应用的一个重要工具。"矩阵"这个词由西尔维斯特首先使用，他为了将数字的矩形阵列区别于行列式而发明了这个术语，而实际上矩阵在它的课题诞生之前就已经趋于成熟了。数学中由 m×n 个数排列而成的 m 行 n 列的数据集合称为一个 m 行 n 列的矩阵，简称为 m×n 矩阵，记作：

$$A = \begin{bmatrix} a_{11} & a_{12} & \cdots & a_{1n} \\ a_{21} & a_{22} & \cdots & a_{2n} \\ a_{31} & a_{32} & \cdots & a_{3n} \\ \cdots & \cdots & & \cdots \\ a_{m1} & a_{m2} & \cdots & a_{mn} \end{bmatrix}$$

　　这 m×n 个数称为矩阵 A 的元素，简称为元，数 a_{ij} 位于矩阵 A 的第 i 行第 j 列，称为矩阵 A 的 (i, j) 元。

9.2.2　numpy 的基本操作

numpy 的基本操作

　　ndarray 对象提供了一些可以便捷地改变数组基础形状的属性和方法，例如，将一个 3 行 4 列的二维数组转换成 6 行 2 列的二维数组，关于这些属性和方法的具体说明如表 9-3 所示。

表 9-3　改变数组形状的方法和属性

分　类	名　　称	说　　明
方法	ndarray. reshape(n,m)	不改变数组 ndarray，返回一个形状为（n，m）的数组
	ndarray. resize(new_shape)	与 reshape() 功能相同，直接改变数组本身
	ndarray. ravel()	对数组进行降维，返回数组的一个视图
	ndarray.swapaxes(axis1, axis2)	将数组的任意两个维度进行调换
	ndarray.transpose()	不改变数组 ndarray，返回置换后的数组
属性	ndarray.T	对数组进行轴对换，不改变数组本身

　　上述这些方法都能够改变数组的形状，但是，reshape()、ravel() 方法和 T 属性返回的都是一个已经修改的新数组，并不会修改原始数组。例如：

```
>>> import numpy as np
>>> arr = np.array([[1, 2, 3], [4, 5, 6]])         # 创建一个 2 行 3 列的数组
>>> arr
array([[1, 2, 3],
       [4, 5, 6]])
>>> new_arr = arr.reshape((3, 2))                  # 返回维度为（3,2）的数组
>>> new_arr
```

```
array([[1, 2],
       [3, 4],
       [5, 6]])
>>> arr.ravel()                                  # 对数组进行降维处理
array([1, 2, 3, 4, 5, 6])
>>> arr.T                                         # 对数组进行行轴对换
array([[1, 4],
       [2, 5],
       [3, 6]])
>>> arr                                           # 查看原始数组是否发生变化
array([[1, 2, 3],
       [4, 5, 6]])
```

笔 记

numpy 数组同样支持索引和切片操作，具体的用法与序列类型相似。例如：

```
>>> arr = np.arange(1, 9).reshape((4, 2))    # 生成 4 行 2 列的数组
>>> arr
array([[1, 2],
       [3, 4],
       [5, 6],
       [7, 8]])
>>> arr[2]                                    # 获取第 2 行数据
array([5, 6])
>>> arr[1:3]                                  # 获取第 1~2 行数据
array([[3, 4],
       [5, 6]])
```

除此之外，numpy 中提供了一批具有基本数学运算功能的函数，如表 9-4 所示。

表 9-4　numpy 模块的算术运算函数

函　　数	符 号 说 明
np.add(x1, x2[,y])	y = x1 + x2
np.subtract(x1, x2[,y])	y = x1 − x2
np.multiply(x1, x2[,y])	y = x1 * x2
np.divide(x1, x2[,y])	y = x1 / x2
np.floor_divide(x1, x2[,y])	y = x1 // x2
np.negative(x [,y])	y = −x
np.mod(x1, x2[,y])	y = x1 % x2
np.power(x1, x2[,y])	y = x1 ** x2

表 9-4 中列举的所有运算函数的参数 y 都是可选的，如果指定了参数 y，结果将被保存到 y 中，比如 np.add(a,b,a) 表示 a+=b；如果没有指定参数 y，结果将被保存到一个新创建的数组中，比如 c = np.add(a,b) 表示 c = a+b。

数组无须循环遍历便可以对每个元素执行批量的算术操作，也就是说形状相同的数组之间执行算术运算时，会应用到位置相同的元素上进行计算。例如，数组 a=[1,2,3] 和数组 b=[4,5,6]，a*b 所得的结果为 1*4、2*5 和 3*6 组成的一个新数组。若两个数组的基础形状不同，numpy 可能会触发广播机制，该机制需要满足以下任一条件。

（1）数组在某维度上元素的长度相等。

（2）数组在某维度上元素的长度为1。

广播机制描述了 numpy 如何在算术运算期间处理具有不同形状的数组，较小的数组被"广播"到较大的数组中，使得它们具有兼容的形状。例如：

```
>>> a = np.array([1, 2, 3])
>>> b = np.array([4, 5, 6])
>>> a + b                    # 形状相同的数组进行求和运算
array([5, 7, 9])
>>> c = np.array([[7,8,9],[10,11,12]])
>>> a + c                    # 形状不同的数组进行求和运算
array([[ 8, 10, 12],
       [11, 13, 15]])
```

numpy 模块还包括线性代数、随机和概率分布、基本数值统计运算、傅里叶变换等丰富的功能，欲了解更多功能，读者可以到 numpy 官网查询学习。

9.3　数据可视化

数值是展示数据信息的基本形式，但这种形式枯燥无味，亦难以直观地展示数据之间的关系与规律。实际应用中人们常常借助数据可视化工具以图表形式展现数据，以便更直接地传达信息。接下来，本节将为大家讲解数据可视化的内容及可视化工具 matplotlib 的使用。

9.3.1　数据可视化概述

数据可视化
概述2

可视化最早应用于计算机科学中，后形成了计算科学的一个重要分支——科学计算可视化。科学计算可视化将测量或计算产生的数字信息以图形图像的形式呈现给研究者，使他们能够更加直观地观察和提取数据表示的信息。科学计算可视化自1987年提出以来，在各工程和计算机领域中得到了广泛的应用和发展。

近年来，随着数据仓库技术、网络技术、电子商务技术的发展，可视化涵盖了更广泛的内容，并产生数据可视化的概念。数据可视化是指将大量数据集中的数据以图形图像的形式表示，并利用数据分析工具发现其中未知信息的处理过程。它的基本思想是：每个数据作为单个图元表示（比如点、线段等），大量的数据构成由多个图元组成的图形，数据的分类属性以多维的形式表示，使得人们能够从不同的维度观察数据，以便对数据进行更深入的分析。

matplotlib 是一个强大的绘图工具，它提供了多种输出格式，可以帮助开发人员轻松地建立自己需要的图形。matplotlib 中提供了子模块 pyplot，该模块中封装了一套类似 Matlab 命令式的绘图函数，给用户提供了更友好的接口，用户只要调用 pyplot 模块中的函数，就可以快速绘图以及设置图表的各种细节。

引入 pyplot 模块可以采用如下方式：

```
import matplotlib.pyplot as plt
```

在本章的后续内容中，将使用 plt 代替 matplotlib.pyplot。

9.3.2　pyplot 之绘图区域

pyplot 模块中有一个默认的绘图区域，在此之后绘制的所有图像将展示到当前的绘图区域；该模块中还提供了一些与绘图区域相关的函数，这些函数可以对绘图区域执行一些操作。具体的说明如表 9-5 所示。

表 9-5　pyplot 模块的绘图区域函数

函　　数	说　　明
plt.figure(figsize=None, facecolor=None)	创建绘图区域
plt.axes(rect, projection,axisbg)	创建坐标系风格的子绘图区域
plt.subplot(nrows, ncols, index)	在当前绘图区域中创建一个子绘图区域
plt.subplots(nrows，ncols, index)	在当前绘图区域中创建多个子绘图区域

pyplot 绘图区域

通过 figure( ) 函数可以创建一个 Figure 类对象，该对象代表新的绘图区域。figure( ) 函数的基本语法格式如下：

```
figure(num = None,figsize = None,dpi = None,facecolor = None,
    edgecolor = None,frameon = True,clear = False,** kwargs)
```

以上格式中，figsize 参数用于指定绘图区域的尺寸，宽度和高度均以英寸为单位，facecolor 参数用于设置绘图区域的背景颜色。例如，绘制一个尺寸为 10*6 的灰色绘图区域，代码如下：

```
plt.figure(figsize=(10, 6), facecolor='gray')
plt.show()            # 显示绘图区域
```

此时显示的绘图区域如图 9-1 所示。

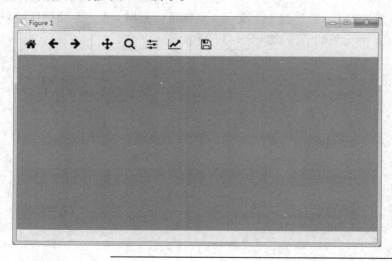

图 9-1
创建绘图区域

Figure 对象允许将整个绘图区域划分为若干个子绘图区域，每个子绘图区域中都包含一个 Axes 对象，该对象具有属于自己的坐标系统。使用 axes( ) 函数可以创建一

笔记

个 Axes 对象，该函数的语法格式如下：

```
axes(rect, projection=None, facecolor='white', **kwargs)
```

以上函数中的 rect 参数表示坐标系与整个绘图区域的关系，它的取值可以为 [left, bottom, width, height]，其中变量 left、bottom、width 和 height 的范围都为 [0,1]；projection 参数表示坐标轴的投影类型；facecolor 参数代表背景色，默认为 white。例如，在当前绘图区域添加一个背景为白色的坐标系：

```
plt.axes([0.1, 0.5, 0.7, 0.3])
plt.show()      # 显示绘图区域
```

此时显示的绘图区域如图 9-2 所示。

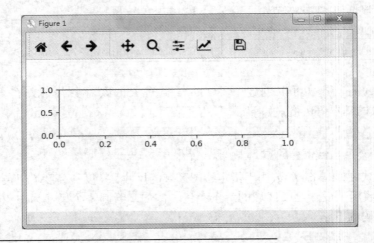

图 9-2
在绘图区域添加坐标系

subplot(nrows, ncols, index) 函数会先将整个绘图区域等分为"nrows（行）* ncols（列）"的矩阵区域，并按照先行后列的计数方式对每个子区域进行编号，编号默认从 1 开始，之后在 index 的位置上生成一个坐标系。例如，将整个绘图区域划分为 3*2 的矩阵区域，划分后的子区域如图 9-3 所示。

子区域1	子区域2
子区域3	子区域4
子区域5	子区域6

图 9-3
创建 3*2 的子区域

之后在编号为 3 的子区域上绘制一个坐标系风格的 Axes 对象：

```
plt.subplot(323)
plt.show()          # 显示绘图区域
```

此时显示的绘图区域如图 9-4 所示。

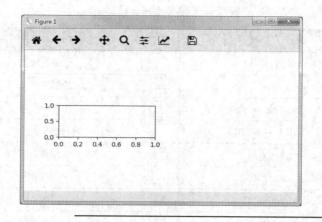

图 9-4
在子区域 3 上绘制坐标系

subplots(nrows, ncols, index) 函数可以一次性生成多个坐标系，该函数会返回一个包含两个元素的元组，其中第 1 个元素为 Figure 对象，第 2 个元素为 Axes 对象或 Axes 对象数组。若创建的是单个坐标系，返回一个 Axes 对象，否则返回一个 Axes 对象数组。例如，将绘图区域划分为 2*2 的子区域，同时在每个子区域上生成坐标系：

```
plt.subplots(2,2)
plt.show()
```

此时显示的绘图区域如图 9-5 所示。

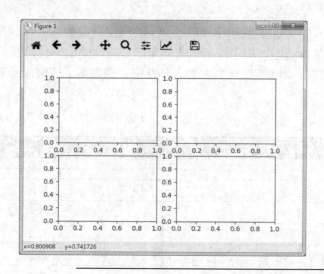

图 9-5
每个子区域上绘制坐标系

9.3.3 pyplot 之图表与风格控制

matplotlib 试图将简单的事情变得更简单，让无法实现的事情变得可能实现，仅

笔 记

pyplot 之图表与
风格控制 2

仅几行代码即可生成图表，例如直方图、功率谱、条形图、箱线图、散点图等。pyplot 模块中包含了一组快速生成基础图表的函数，这些函数的具体说明如表 9-6 所示。

表 9-6   pyplot 模块的绘图函数

函 数	说 明
plt.plot(x, y)	绘制折线图
plt.boxplot(x, notch)	绘制箱形图
plt.bar(x, height, width, bottom)	绘制条形图
plt.barh(y, width, height, left)	绘制水平条形图
plt.hist(x, bins)	绘制直方图
plt.pie(data)	绘制饼图
plt.scatter(x, y)	绘制散点图
plt.specgram(x, NFFT, Fs)	绘制光谱图
plt.stackplot(x)	绘制堆积区域图
plt.step(x, y, where)	绘制步阶图
plt.violinplot(dataset, positions, vert)	绘制小提琴图
plt.vlines(x, ymin, ymax)	绘制垂直线
plt. polar (theta, r)	绘制雷达图（极区图）

pyplot 中的 plot( ) 函数用来绘制简单的折线图，其基本语法格式如下：

```
plot(x, y,fmt,* args,** kwargs )
```

上述语法中，x 和 y 参数用于接收 x 和 y 轴所用到的数据，可以是列表或 numpy 数组；fmt 参数是可选的，用于控制组成线条的字符串，由颜色值字符、风格值字符和标记值字符组成。表 9-7、表 9-8 和表 9-9 中分别列举了控制线条的颜色值、风格值和标记值。

表 9-7   颜色值

颜 色 值	说 明
"b"（blue）	蓝色
"g"（green）	绿色
"r"（red）	红色
"c"（cyan）	青色
"m"（magenta）	品红
"y"（yellow）	黄色
"k"（black）	黑色
"w"（white）	白色

表 9-8　风格值

风 格 值	说 明
"-"	实线
"--"	长虚线
"-."	短点相间线
":"	短虚线

表 9-9　标记值

标 记 值	说 明
"."	点
","	像素（极小点）
"o"	实心圆圈
"v"	倒三角形
"^"	正三角形
">"	一角朝右的三角形
"<"	一角朝左的三角形
"1"	下花三角标记
"2"	上花三角标记
"3"	左花三角标记
"4"	右花三角标记
"s"	实心方形
"p"	五边形
"*"	星形
"h"	六边形 1
"H"	六边形 2
"+"	加号
"x"	x 标记
"D"	菱形
"d"	瘦菱形

　　使用 plot() 函数分别绘制正弦和余弦曲线，其中，正弦曲线由品红色短虚线组成，余弦曲线由青色长虚线组成，具体代码如下：

```python
# 01_sine cosine.py
import numpy as np
import matplotlib.pyplot as plt
x = np.linspace(-np.pi, np.pi, 256, endpoint=True)
c, s = np.cos(x), np.sin(x)
# 绘制正弦曲线，颜色为品红色，线型为短虚线
plt.plot(x, s, 'm:')
# 绘制余弦曲线，颜色为青色，线型为长虚线
plt.plot(x, c, 'c--')
plt.show()
```

执行以上代码，运行结果如图 9-6 所示。

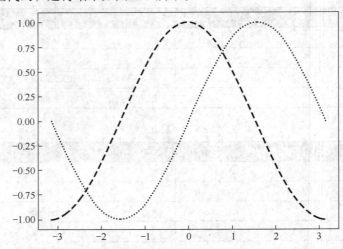

图 9-6
绘制不同风格的曲线

绘制图表时，还可以设置坐标系标签的信息，比如图表标题、坐标名称、坐标刻度等。pyplot 模块提供的设置坐标系标签的函数及说明如表 9-10 所示。

表 9-10　坐标系标签的设置函数

函　　数	说　　明
plt.title( )	设置当前坐标的标题
plt.text( )	为坐标图轴添加注释
plt. xlabel( )	设置当前 x 轴的标签名称
plt. ylabel( )	设置当前 y 轴的标签名称
plt. xticks( )	设置当前 x 轴刻度位置的标签与取值
plt. yticks( )	设置当前 y 轴刻度位置的标签与取值
plt. xlim( )	设置当前 x 轴的取值范围
plt. ylim( )	设置当前 y 轴的取值范围
plt. legend( )	在当前坐标图放置一个图例

表 9-10 展示的函数之间是并列关系，不区分先后顺序，但图例只能在绘制完图形以后添加。例如，使用 plot( ) 函数绘制两条曲线——一条描述 x 和 x*x 的关系，另一条描述 x 和 x*x*x 的关系——并给当前的坐标系添加标题、标签名称和图例：

```
#02_coordinate.py
import numpy as np
import matplotlib.pyplot as plt
plt.rcParams['font.sans-serif'] = ['SimHei']       # 设置显示中文字体
plt.rcParams['axes.unicode_minus'] = False         # 设置正常显示符号
data = np.arange(0, 1.1, 0.01)
plt.title(" 曲线 ")                                  # 添加标题
plt.xlabel("x")                                     # 添加 x 轴的名称
plt.ylabel("y")                                     # 添加 y 轴的名称
```

```
# 设置 x 和 y 轴的刻度
plt.xticks([0, 0.5, 1])
plt.yticks([0, 0.5, 1.0])
plt.plot(data, data**2)              # 绘制 y=x^2 曲线
plt.plot(data, data**3)              # 绘制 y=x^3 曲线
plt.legend(["y=x^2", "y=x^3"])       # 添加图例
plt.show()                           # 在本机上显示图形
```

运行的结果如图 9-7 所示。

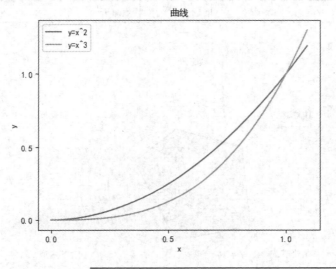

图 9-7
设置坐标系信息

注 意

　　matplotlib 绘图的时候会出现中文字符不能正确显示的情况，出现这种情况主要是因为 matplotlib 的配置信息里面没有中文字体的相关信息，推荐采用如下方式解决：

```
plt.rcParams['font.sans-serif'] = ['SimHei']     # 设置显示中文字体
plt.rcParams['axes.unicode_minus'] = False       # 设置正常显示符号
```

9.4　实例 11：各学科成绩评估分析

　　2018 年，某中学高二 1 班、高二 2 班、高二 3 班进行第一次模拟考试后，教师对此次考试成绩进行录入处理，并求出各个班级中语文、数学、英语、物理、化学和生物的平均成绩，归纳后如表 9-11 所示。

　　本节将根据表 9-11 中各班级各学科的平均成绩绘制雷达图，对各班级的考试情况进行评估，从而对接下来的教学计划做出指导意见。

　　雷达图也称为蜘蛛网图、星状图、极区图，是一种以二维形式展示多维数据的图形，常用于描述企业经营状况和财务分析。雷达图由一组坐标和多个同心圆组成，

实例 11：各学科成绩评估分析

笔 记

可以在同一个坐标系内展示多指标的分析比较情况，是常用的综合评价方法，尤其适用于对多属性对象做出全局性、整体性评价。常见雷达图的基本样式如图 9-8 所示。

表 9-11　各班级各学科平均成绩

班级	语文	数学	英语	物理	化学	生物
高二 1 班	95	96	85	63	91	86
高二 2 班	75	93	66	85	88	76
高二 3 班	86	76	96	93	67	87

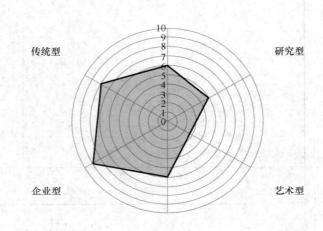

图 9-8
霍兰德职业兴趣测试雷达图

观察图 9-8 可知，霍兰德职业兴趣测试雷达图由若干个等距同心圆组成，每个圆代表着一定的数值，数值从圆心向外逐渐增加（图中是从 0 ~ 10，圆心代表 0，最外围的圆代 10）。整个圆被从圆心到最外圈圆的线等分成六个扇形，每条线就是一个坐标轴，这些坐标轴分别对应现实型、研究型、艺术型、社会型、企业型和传统型中的某一指标。测试所得的每个指标值都记录到相应的坐标轴上，连接各个坐标点，围成一个不规则的填充六边形。

绘制雷达图一般需要以下 3 个步骤。

（1）确定分析指标。

（2）收集指标数据。

（3）绘制雷达图。

程序的完整实现代码如下：

```
#03_radar.py
# 绘制成绩分析雷达图
import numpy as np
import matplotlib.pyplot as plt
plt.rcParams['font.sans-serif'] = 'SimHei'      # 设置显示中文字体
```

```
plt.rcParams['axes.unicode_minus'] = False        # 设置正常显示符号
courses = np.array(['语文', '数学', '英语', '物理','化学', '生物'])
scores = np.array([[95, 75, 86],
                   [96, 93, 76],
                   [85, 66, 96],
                   [63, 85, 93],
                   [91, 88, 67],
                   [86, 76, 87]])
# 数据的长度
data_length = len(scores)
# 把圆周等分为 data_length 份
angles = np.linspace(0, 2*np.pi, data_length, endpoint=False)
scores = np.concatenate((scores, [scores[0]]))
angles = np.concatenate((angles, [angles[0]]))
# 绘制雷达图
plt.polar(angles, scores, 'o-', linewidth=3)
# 设置角度和网格标签
plt.thetagrids(angles*180/np.pi, courses, fontproperties='simhei')
plt.title('成绩评估')
plt.legend(['高二1班', '高二2班', '高二3班'], loc=(0.94, 0.80),
           labelspacing=0.1)
plt.show()
```

以上代码中，courses 代表分析指标，即 6 个学科，scores 是预设的表 9-11 中的数据。

np.linspace( ) 函数可以在指定的间隔内返回均匀的数字，它设定起始点是 0，末值为 2π，生成了 6 个样本数，返回了一个两端点间数值平均分布的长为 6 的数组。

np.concatenate( ) 函数的作用是将角度和数据的数组首尾闭合，以便后续绘制图形。

以上程序通过 polar( ) 函数按照提供的数据绘制了不规则六边形，使用 thetagrids( ) 函数设置了极坐标的标签，并将标签放在了六角形的顶点上。

执行程序，程序运行的结果如图 9-9 所示。

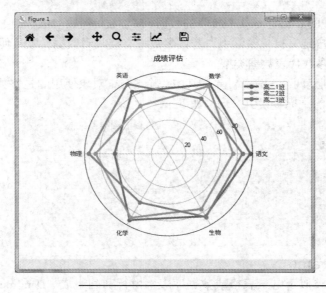

图 9-9
各班级成绩雷达图

9.5　数据分析

pandas 是专门为解决数据分析任务而建立的模块，它包含了与数据处理、数据分析和数据展现相关的功能。pandas 模块的引入方式如下：

```
import pandas as pd
```

后续内容中将使用 pd 代替 pandas。

9.5.1　pandas 数据结构

pandas 之数据结构

pandas 中有两个主要的数据结构：Series（1 维）和 DataFrame（2 维），它们可以处理金融、统计、社会科学和许多工程领域的绝大多数典型用例。关于 Series 和 DataFrame 的介绍如下。

1. Series

Series 表示一维数据，类似于一维数组，能够保存任意类型的数据，比如整型、浮点型等。Series 由数据和与之相关的整数或标签（自定义）索引两部分组成，默认它会给每一项数据分配编号，编号的范围从 0 到 $N-1$（N 为长度）。Series 结构示例如图 9-10 所示。

Series

index	element
0	×
1	×
2	×
3	×
4	×

图 9-10
Series 结构示例

使用 Series( ) 函数可以直接创建 Series 对象，该函数的语法格式如下：

```
pd.Series(data=None, index=None, dtype=None)
```

以上函数中的 data 参数代表接收的数据，该参数可接收一维数组、列表、字典等；index 参数代表自定义行标签索引，若该参数没有接收到数据，默认使用 0 ~ N 的整数索引；dtype 参数代表数据类型。

下面分别创建两个 Series 对象，其中一个 Series 对象使用的是整数索引，另一个 Series 对象使用的是标签索引。示例如下：

```
>>> ser_one = pd.Series([11, 33])    # 创建 Series 对象
>>> ser_one
0    11
1    33
>>> ser_two = pd.Series([11, 33], index=['a', 'c'])
>>> ser_two
a    11
c    33
```

2. DataFrame

DataFrame 类似于电子表格或数据库表，由行和列组成。DataFrame 也可以视为

一组共享行索引的 Series 对象，其结构示意如图 9–11 所示。

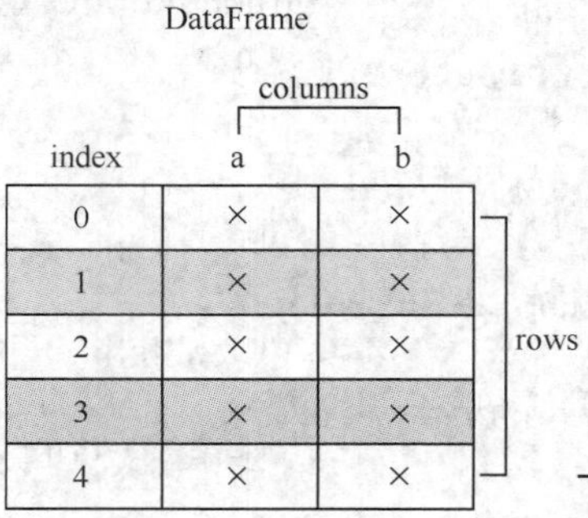

DataFrame

图 9–11
DataFrame 的结构示意

通过 DataFrame( ) 函数可直接创建 DataFrame 对象，该函数的语法格式如下：

```
pd.DataFrame(data=None, index=None, columns=None, dtype=None)
```

以上函数中的 data 参数代表接收的数据，该参数可以是二维数组、字典（包含 Series 对象）、Series 对象或另一个 DataFrame 对象等；index 参数代表自定义的行标签，columns 参数代表自定义的列标签，若这两个参数没有接收到数据，默认使用从 0 ~ N 的整数索引；dtype 参数代表数据类型。

下面分别创建带有整数索引和标签索引的 DataFrame 对象，示例如下：

```
>>> arr = np.array([['a', 'b', 'c'], ['d', 'e', 'f']])
>>> df_obj = pd.DataFrame (arr)    # 创建具有整数索引的 DataFrame 对象
>>> df_obj
  0 1 2
0 a b c
1 d e f

>>> df_obj2 = pd.DataFrame(arr, columns=['No1', 'No2', 'No3'])
>>> df_obj2
 No1 No2 No3
0  a  b  c
1  d  e  f
```

Series 和 DataFrame 对象中一些常见属性的具体说明如表 9–12 所示。

表 9–12　Series 或 DataFrame 的常见属性

属　　性	说　　明
Series/ DataFrame.index	获取行索引（行标签）
Series/ DataFrame.values	返回包含数据的数组
Series/ DataFrame.dtype	返回基础的数据类型对象
Series/ DataFrame.shape	返回基础形状的元组
Series/ DataFrame.size	返回元素个数
DataFrame.columns	获取 DataFrame 对象的列索引（列标签）

创建一个带有自定义列标签的 DataFrame 对象，查看它的行索引、列索引和数据的示例如下：

笔 记

```
>>> df_obj = pd.DataFrame([[11, 22], [33,44]],
                              columns=['第一季度', '第二季度'])
>>> df_obj
    第一季度   第二季度
0      11      22
1      33      44
>>> df_obj.index                      # 获取行索引
RangeIndex(start=0, stop=2, step=1)
>>> df_obj.columns                    # 获取列索引
Index(['第一季度', '第二季度'], dtype='object')
>>> df_obj.values                     # 返回包含数据的数组
array([[11, 22],
       [33, 44]], dtype=int64)
```

pandas 库的基本
使用

9.5.2 pandas 的基本使用

pandas 是数据分析的优选工具，它提供了大量使用户能够快速且便捷处理数据的函数和方法，包括算术运算与数据对齐、I/O 工具、数据预处理和可视化。接下来将对 pandas 的常见功能进行介绍，具体如下。

1. 算术运算与数据对齐

pandas 具有自动对齐的功能，它能够将两个数据结构的索引对齐，这一点尤其体现在算术运算上。参与运算的两个数据结构的基础形状可以不同，具有的索引也可以不同。当 pandas 中的两个数据结构进行运算时，它们会自动寻找重叠的索引进行计算，若索引不重叠则自动赋值为 NaN。若原来的数据都是整型，生成 NaN 以后会自动转换成浮点型。任何数与 NaN 计算的结果都为 NaN。关于 pandas 中算术运算的方法如表 9-13 所示。

表 9-13　算术运算的方法

方　　法	说　　明
x.add(y, fill_value)	等价于 x+y
x.sub(y, fill_value)	等价于 x−y
x.mul(y, fill_value)	等价于 x*y
x.div(y, fill_value)	等价于 x/y
x.mod(y, fill_value)	等价于 x%y
x.pow(y, fill_value)	等价于 x**y

Series 和 DataFrame 进行算术运算时，它们都支持数据自动对齐功能，同时也支持使用 fill_value 参数指定 NaN 为填充值。例如，创建两个 DataFrame 对象，它们执行相加操作的同时指定填充值，代码如下：

```
>>> df_obj = pd.DataFrame([[1,2,3], [4,5,6]])
>>> df_obj
   0  1  2
0  1  2  3
1  4  5  6
>>> other = pd.DataFrame([7,8,9])
```

```
>>> other
   0
0  7
1  8
2  9
>>> df_obj + other
     0   1   2
0  8.0 NaN NaN
1 12.0 NaN NaN
2  NaN NaN NaN
>>> df_obj.add(other, fill_value=0.0)
     0   1   2
0  8.0 2.0 3.0
1 12.0 5.0 6.0
2  9.0 NaN NaN
```

2. I/O 操作

在对数据进行分析时，若是将所有的数据全部写入程序中，不仅会造成程序代码臃肿，而且会降低程序的可用率。常见的处理方式是将待分析的数据以文件的形式存储到本地，之后再对文件进行读 / 写操作。pandas 模块提供了一系列读 / 写不同格式文件的函数和方法，关于这些函数和方法的说明如表 9-14 所示。

表 9-14 pandas 文件操作的常见函数和方法

分 类	名 称	说 明
函数	pd.read_csv( )	读取 CSV 文件，返回 Series/DataFrame
	pd.read_json( )	读取 JSON 文件，返回 Series/DataFrame
	pd.read_html( )	读取 HTML 文件，返回 Series/DataFrame
	pd.read_sql( )	根据 SQL 语句读取数据表，返回 Series/DataFrame
	pd.read_table( )	读取表格，返回 Series/DataFrame
	pd.read_excel( )	读取 Excel 表格，返回 Series/DataFrame
方法	Series/DataFrame.to_csv( )	将 Series/DataFrame 写入 CSV 文件中
	Series/DataFrame.to_json( )	将 Series/DataFrame 写入 JSON 文件中
	Series/DataFrame.to_html( )	将 Series/DataFrame 写入 HTML 文件中
	Series/DataFrame.to_sql( )	将 Series/DataFrame 写入数据库表中
	Series/DataFrame.to_excel( )	将 Series/DataFrame 写入 Excel 表格中

最常见的 I/O 操作是对 CSV 文件的读 / 写。下面以 read_csv( ) 函数为例，讲解如何读取 CSV 文件的内容，该函数的语法格式如下：

```
pd.read_csv(filepath_or_buffer, sep=', ', delimiter=None, header='infer', names=None, index_col=None, usecols=None, squeeze=False, prefix=None, mangle_dupe_cols=True, dtype=None, na_values…)
```

上述函数中常用参数的含义如下。

（1）filepath_or_buffer：表示文件的路径。

（2）sep：指定使用的分隔符，默认用 ","分隔。

（3）header：指定将待读取文件内容中的哪一行作为列标签，默认值为 0，代表

笔 记

将文件的第一行内容作为列标签。若无须设置列标签，则可以将 header 设为 None。

（4）names：指定列标签。

（5）index_col：指定哪一列数据作为行索引。

（6）prefix：给列标签添加前缀。

假设在 E 盘的根目录下有一个名称为 itcast.csv 的文件，打开文件后显示的内容如图 9-12 所示。

	A	B	C	D
1	one_name	two_name		
2	1	4		
3	2	5		
4	3	6		
5				
6				

图 9-12
打开 itcast.csv

使用 read_csv( ) 函数读取位于指定目录下的 itcast.csv 文件，示例如下：

```
>>> with open(r"E:\itcast.csv", "w") as file:
>>>     file_data = pd.read_csv(file)
>>>     print(file_data)
   one_name  two_name
0         1         4
1         2         5
2         3         6
```

3. 数据预处理

实际使用的数据一般都具有不完整性、冗余性和模糊性，无法直接满足数据分析的要求。为了提高数据的质量，在进行数据分析之前，必须对原始数据做一定的预处理工作。数据预处理是整个数据分析过程中最为耗时的操作，使用经过规范化处理后的数据不但可以节约分析时间，而且可以保证分析结果能够更好地起到决策和预测作用。目前，数据预处理有多种方法，常用的包括数据清洗、数据集成、数据变换、数据规约。pandas 模块中专门提供了针对数据预处理的函数或方法，关于这些函数或方法的功能说明如表 9-15 所示。

表 9-15　pandas 预处理的函数或方法

分类	函数或方法	说　明
数据清洗	pd.isnull(obj)	检查 obj 中是否有空值，返回布尔数组
	pd.notnull(obj)	检查 obj 中是否有非空值，返回布尔数组
	Series/DataFrame.dropna(axis)	删除所有包含空值的行或列
	Series/DataFrame.fillna(x)	使用 x 替换所有的 NaN
	Series/DataFrame.duplicated( )	标记重复记录
	Series/DataFrame.drop_duplicates( )	删除重复记录
	Series/DataFrame.astype(dtype)	将数据转换为 dtype 类型
	pd.to_numeric(x)	将 x 转换为数字类型

续表

笔 记

分类	函数或方法	说　明
数据集成	pd.concat(objs, axis, join)	沿着轴方向将 objs 进行堆叠合并
	pd.merge(left, right, how, on)	根据不同的键将 left 和 right 进行连接
	Series/DataFrame.join(other, on, how)	通过指定的列连接 other
	Series/DataFrame.combine_first(other)	使用 other 填充缺失的数据
数据变换	DataFrame.stack(level, dropna)	把 DataFrame 对象的列索引转换成行索引
	Series/DataFrame.unstack(level, fill_value)	把 Series/DataFrame 的行索引转换列索引
	DataFrame.pivot(index, columns, values)	根据 index 和 columns 重新组织 DataFrame 对象
	Series/DataFrame.rename(mapper,index, columns)	重命名个别行索引或列索引的名称
数据规约	pd.cut(x, bins, right)	对数据进行离散化处理
	pd.get_dummies(data, prefix)	对类别数据进行哑变量处理

　　读取的数据中可能会带有一些无效值，这些值会对数据分析造成很大程度的干扰。针对无效值主要有两种处理方法，分别是忽略无效值或者将无效值替换成有效值。

（1）忽略无效值

　　此种方式先使用 isnull( ) 函数确认哪些值是无效值，之后使用 dropna( ) 函数删除无效值，示例如下：

```
>>> df_obj = pd.DataFrame([[11.0, np.nan, 5.0, 6.0],
                           [1.0, np.nan, np.nan, 8.0]])
>>> df_obj
      0   1    2    3
0  11.0 NaN  5.0  6.0
1   1.0 NaN  NaN  8.0
>>> df_obj.isnull()
       0     1     2      3
0  False  True  False  False
1  False  True   True  False
>>> df_obj.dropna(axis=1)
      0    3
0  11.0  6.0
1   1.0  8.0
```

（2）将无效值替换成有效值

　　此种方式可以使用 fillna() 函数将无效值替换为有效值。例如，替换无效值为 1 的代码如下：

```
>>> df_obj.fillna(1)
      0    1    2    3
0  11.0  1.0  5.0  6.0
1   1.0  1.0  1.0  8.0
```

　　将无效值全部替换成同样的值通常意义不大，实际应用中一般使用不同的值进行填充。例如，使用 rename( ) 方法修改 df_obj 对象的行标签和列标签，再使用 fillna( ) 方法将第 2 列的 NaN 值替换为 2，第 3 列的 NaN 值替换为 3，代码如下：

笔记

```
>>> df_obj.rename(index={0: 'row1', 1:'row2', 3:'row3', 4:'row4'},
                  columns={0:'col1', 1:'col2', 2:'col3', 3:'col4'},
                  inplace=True)
>>> df_obj.fillna(value={'col2': 2, 'col3':3}, inplace=True)
>>> df_obj
      col1  col2  col3  col4
row1  11.0   2.0   5.0   6.0
row2   1.0   2.0   3.0   8.0
```

4. 数据可视化

matplotlib 是众多 Python 可视化工具的鼻祖，也是最标准的可视化工具，功能十分强大。但是，matplotlib 的实现较为底层，画图的步骤也较为烦琐，绘制一张完整的图表需要很多基本组件。目前，很多开源框架的绘图功能都是基于 matplotlib 实现的，pandas 便是其中之一。对于 pandas 的数据结构来说，直接使用其自身的绘图功能要比 matplotlib 更加方便简单。表 9-16 中列举了有关 pandas 内置数据结构绘制图形的常用方法。

表 9-16　pandas 绘制图表的常用方法

方　　法	说　　明
Series/ DataFrame.plot(x, y, kind)	绘制线性图
Series/ DataFrame.plot.area(x, y)	绘制面积图
Series/ DataFrame.plot.bar(x, y)	绘制柱状图
Series/ DataFrame.plot.barh(x, y)	绘制条形图
Series/ DataFrame.plot.box(by)	绘制箱形图
Series/ DataFrame.plot.density( )	绘制密度图
Series/ DataFrame.plot.hist(by=, bins)	绘制直方图
Series/ DataFrame.plot.kde( )	绘制核密度估计曲线
Series/ DataFrame.plot.line(x, y)	将 Series 或 DataFrame 的一列绘制为线
Series/ DataFrame.plot.pie(y)	绘制饼图
DataFrame.boxplot(column, by)	绘制箱形图
DataFrame.plot.scatter(x, y)	绘制散点图

表 9-16 的 plot() 方法默认绘制线形图，它还可以绘制其他类型的图表，只需要为 kind 参数传入相应的值即可。kind 参数支持如下值：

（1）"bar" 或 "barh" 为条形图。

（2）"hist" 为直方图。

（3）"box" 为箱形图。

（4）"kde" 或 "density" 为密度图。

（5）"area" 为面积图。

（6）"scatter" 为散点图。

（7）"hexbin" 为六角形图。

（8）"pie" 为饼图。

例如，使用 plot( ) 方法绘制柱形图的代码如下：

```
# 04_Cylindrical graph.py
df = pd.DataFrame(np.random.rand(10, 4), columns=['a', 'b', 'c', 'd'])
# 绘制柱状图, 也可以换用 df.plot.bar(stacked=True)
df.plot(stacked=True, kind="bar")
plt.show()
```

程序运行的结果如图 9–13 所示。

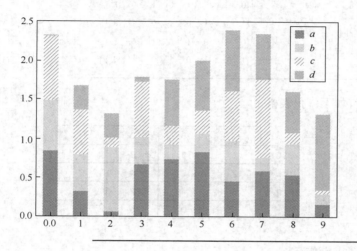

图 9–13
柱状图

9.6　本章小结

本章首先带领大家了解了数据分析，然后介绍了科学计算模块 numpy，之后介绍了数据可视化模块 matplotlib，最后介绍了强大的数据分析模块 pandas，并结合实例巩固了数据分析工具的使用。通过对本章知识的学习，读者可以掌握数据分析工具的使用方法，具备使用工具分析数据的能力。

9.7　习题

1. 简述数据分析的一般流程。

2. 如果 ndarray.ndim 执行的结果为 2，则表示创建的是_____维数组。

3. 如果两个数组的基础形状（ndarray.shape）不同，则它们进行算术运算时会出现_____机制。

4. 思考 ndarray 对象降维有什么意义。

5. pandas 有哪些数据结构?

6. 编写程序，利用 pyplot 将绘图区域划分成 2*1 个子绘图区域，并在每个区域中生成坐标系。

7. 创建一个 5*5 的二维数组，数组外围元素均为 1，内部元素均为 0。

8. 利用 numpy 创建一个如图 9-14 所示的形如国际象棋的数组。

```
[[0. 1. 0. 1. 0. 1. 0. 1.]
 [1. 0. 1. 0. 1. 0. 1. 0.]
 [0. 1. 0. 1. 0. 1. 0. 1.]
 [1. 0. 1. 0. 1. 0. 1. 0.]
 [0. 1. 0. 1. 0. 1. 0. 1.]
 [1. 0. 1. 0. 1. 0. 1. 0.]
 [0. 1. 0. 1. 0. 1. 0. 1.]
 [1. 0. 1. 0. 1. 0. 1. 0.]]
```

图 9-14
形如国际象棋的数组

9. 已知有如下一张表格：

	A	B	C	D
0	1	5	8	8
1	2	2	4	9
2	7	4	2	3
3	3	0	5	2

按以下要求操作。

（1）仿照以上表格结构，创建一个 DataFrame 对象。

（2）将 DataFrame 的 B 列数据按照降序排列。

（3）将排序后的 DataFrame 写入到 test.csv 文件中。

10. 现有如图 9-15 所示的股票数据：

证券代码	证券简称	最新价	涨跌幅%
000609	中迪投资	4.80	10.09
000993	闽东电力	4.80	10.09
002615	哈尔斯	5.02	10.09
000795	英洛华	3.93	10.08
002766	索菱股份	6.78	10.06
000971	高升控股	3.72	10.06
000633	合金投资	4.60	10.06
300173	智慧松德	4.60	10.05
300279	和晶科技	5.81	10.05
000831	五矿稀土	9.87	10.04

图 9-15
股票数据

按以下要求操作。

（1）仿照图 9-15 的表格，创建一个 DataFrame 对象。

（2）使用条形图展示股票数据，其中证券简称为 x 轴、最新价为 y 轴。

（3）将条形图以 shares_bar.png 为文件名保存在桌面上。

P
ython 程序设计现代方法

第 10 章

网络爬虫

拓展阅读

笔记

★ 了解网络爬虫的概念及分类

★ 熟悉网络爬虫爬取网页的详细流程

★ 掌握抓取网页的过程，会使用 requests 抓取网页数据

★ 掌握解析网页的过程，会使用 Beautiful Soup 4 解析网页数据

网络爬虫也是 Python 的重要应用领域之一。通过 Python 编写爬虫简单易学，无须掌握太多知识就可以快速上手，并且能快速看到成果。本章将带领大家认识网络爬虫并学会编写简单的网络爬虫。

10.1　网络爬虫概述

什么是网络爬虫

在大数据时代，信息的采集是一项很重要的工作。互联网中充斥着海量的数据，若单纯地靠人工采集信息，不仅效率低，而且成本也比较高。如何自动且高效地获取互联网中的有用信息是开发人员需要考虑的问题，为此爬虫技术应运而生，并迅速发展成为一门成熟的技术。

网络爬虫又称为网页蜘蛛、网络机器人，它是一种按照一定的规则自动地爬取万维网信息的程序或脚本。如果把网络比作一张网，那么爬虫就是网上的一只虫子，它在网上爬行的过程中采集网络中的数据。

根据使用场景，网络爬虫可分为通用爬虫和聚焦爬虫两种。

（1）通用爬虫（Scalable Web Crawler）又称全网爬虫，它将爬取对象从一些种子 URL 扩充到整个 Web 上的网站，主要用途是为门户站点搜索引擎和大型 Web 服务提供商采集数据。这类网络爬虫的爬行范围和数量巨大，对于爬取速度和存储空间要求较高，对于爬取页面的顺序要求相对较低，同时由于待刷新的页面太多，通常采用并行工作方式，但需要较长时间才能刷新一次页面。

（2）聚焦爬虫（Focused Crawler），又称主题网络爬虫（Topical Crawler），是指选择性地爬取那些与预先定义好的主题相关的页面的网络爬虫。

和通用爬虫相比，聚焦爬虫只需要爬取与主题相关的页面，从而极大地节省了硬件和网络资源，保存的页面也因数量变少而加快了更新速度，还可以很好地满足一些特定人群对特定领域信息的需求。

10.2　爬虫爬取网页的流程

爬虫爬取网页
的流程

下面我们先带大家了解使用网络爬虫爬取网页数据的整个流程，具体如图 10-1 所示。

图 10-1 中描述的爬取步骤如下。

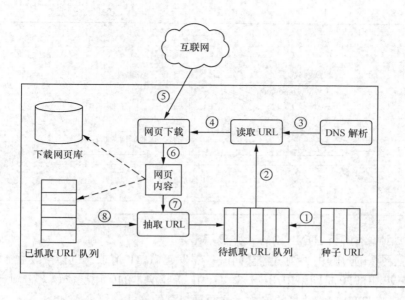

笔 记

图 10-1
爬虫爬取网页数据的流程

（1）首先选取一些网页，将这些网页的链接地址作为种子 URL。

（2）将（1）中的种子 URL 放入到待抓取 URL 队列中。

（3）爬虫从待抓取 URL 队列（队列先进先出）中依次读取 URL，并通过 DNS 解析 URL，把链接地址转换为网站服务器所对应的 IP 地址。

（4）将（3）中生成的 IP 地址和网页相对路径名称交给网页下载器。

（5）网页下载器将相应网页的内容下载到本地。

（6）将（5）中下载的网页存储到页面模块中，等待建立索引以及后续处理；与此同时，将已下载的网页 URL 放入到已抓取 URL 队列中，以避免重复抓取网页。

（7）从（6）中下载的网页中抽取出所有链接信息，检查其是否已被抓取，若未被抓取，将这个 URL 放入待抓取 URL 队列中。

（8）重复步骤（2）～（7），直到待抓取 URL 队列为空。

10.3 抓取网页数据

10.3.1 浏览网页过程

网络爬虫抓取网页数据的过程可以理解为模拟浏览器操作的过程，因此我们有必要了解浏览器浏览网页的基本过程。例如，在浏览器的地址栏输入网址 "http://www.baidu.com"，按下回车键后会在浏览器中显示百度的首页。那么，这段网络访问过程中到底发生了什么？接下来通过一张图来描述浏览网页的过程，具体如图 10-2 所示。

浏览网页过程

图 10-2 中浏览网页的过程可分为以下 4 个步骤。

（1）浏览器通过 DNS 服务器查找域名对应的 IP 地址。

（2）向 IP 地址对应的 Web 服务器发送请求。

（3）Web 服务器响应请求，返回 HTML 页面。

笔 记

图 10-2
浏览网页的过程

（4）浏览器解析 HTML 内容，并显示出来。

浏览网页的过程中，浏览器会向服务器发起 HTTP 请求，也会接收服务器返回的 HTTP 响应。HTTP 是网络中用于传输 HTML 等超文本的应用层协议，它规定了 HTTP 请求消息与 HTTP 响应消息的格式，这两种消息的格式介绍分别如下。

1. 请求

请求由请求行、请求头、空行和请求参数 4 部分组成，示例如下：

```
GET / HTTP/1.1
Host: www.baidu.com
User-Agent: Mozilla/5.0 (Windows NT 5.1; rv:25.0) Gecko/20100101 Firefox/25.0
Accept: text/html,application/xhtml+xml,application/xml;q=0.9,*/*;q=0.8
Accept-Language: zh-cn,zh;q=0.8,en-us;q=0.5,en;q=0.3
Accept-Encoding: gzip, deflate
Connection: keep-alive

username=jack
```

上述请求消息中，第 1 行是请求行，请求行中包含请求方式和 HTTP 协议版本；请求行后面是请求头信息，常用的请求头 Host 用于指定被请求资源的主机地址与端口号，User-Agent 用于标识客户端的身份；空行代表请求头的结束；若有请求参数，则会将请求参数置于空行之后。

2. 响应

响应由状态行、响应报头、空行和响应正文组成，示例如下：

```
HTTP /1.1 200 OK
Server: Tengine
Connection: keep-alive
Date: Wed, 30 Nov 2016 07:58:21 GMT
Cache-Control: no-cache
Content-Type: text/html;charset=UTF-8
Keep-Alive: timeout=20
Vary: Accept-Encoding
Pragma: no-cache
X-NWS-LOG-UUID: bd27210a-24e5-4740-8f6c-25dbafa9c395
```

```
Content-Length: 180945

<!DOCTYPE html PUBLIC "-//W3C//DTD XHTML 1.0 Transitional//EN" ....
```

上述响应消息中，第 1 行是响应状态行，响应状态行中包含 HTTP 协议版本、状态码以及对状态码的描述信息；响应状态行后面的是响应头信息，空行代表响应头的结束，空行后面的内容是响应消息。

网络爬虫可以简单地理解为模拟浏览器发送 HTTP 请求，获取网页数据的过程，如果想深刻理解网络爬虫，必须掌握 HTTP 请求的基础知识。由于篇幅有限，只能带大家入门 HTTP，关于 HTTP 的更多内容大家可以自行查阅相关资料了解。

10.3.2　使用 requests 模块抓取网页

爬取网页其实就是通过 URL 获取网页信息，网页信息的实质是一段添加了 JavaScript 和 CSS 的 HTML 代码。Python 提供了一个抓取网页信息的第三方模块 requests，requests 模块自称 "HTTP for Humans"，直译过来的意思是专门为人类而设计的 HTTP 模块，该模块支持发送请求，也支持获取响应。

使用 requests 模块
抓取网页

1. 发送请求

requests 模块提供了很多发送 HTTP 请求的函数，常用的请求函数具体如表 10–1 所示。

表 10–1　requests 模块的请求函数

函　　数	功 能 说 明
requests.request( )	构造一个请求，支撑以下各方法的基础方法
requests.get( )	获取 HTML 网页的主要方法，对应于 HTTP 的 GET 请求方式
requests.post( )	向 HTML 网页提交 POST 请求的方法，对应于 HTTP 的 POST 请求方式

2. 获取响应

requests 模块提供的 Response 类对象用于动态地响应客户端的请求，控制发送给用户的信息，并且将动态地生成响应，包括状态码、网页的内容等。接下来通过一张表来列举 Response 类可以获取到的信息，如表 10–2 所示。

表 10–2　Response 类的常用属性

属　　性	说　　明
status_code	HTTP 请求的返回状态，200 表示连接成功，404 表示失败
text	HTTP 响应内容的字符串形式，即 URL 对应的页面内容
encoding	从 HTTP 请求头中猜测的响应内容编码方式
apparent_encoding	从内容中分析出的响应编码的方式（备选编码方式）
content	HTTP 响应内容的二进制形式

接下来通过一个案例来演示如何使用 requests 模块抓取百度网页，具体代码如下：

```
# 01_requests_baidu
import requests
base_url = 'http://www.baidu.com'
res = requests.get(base_url)                          # 发送 GET 请求
print("响应状态码：{}".format(res.status_code))       # 获取响应状态码
print("编码方式：{}".format(res.encoding))            # 获取响应内容的编码方式
res.encoding = 'utf-8'                                # 更新响应内容的编码方式为 UTF-8
print("网页源代码：\n{}".format(res.text))            # 获取响应内容
```

以上代码中，第 2 行使用 import 导入了 requests 模块；第 3 ~ 4 行代码根据 URL 向服务器发送了一个 GET 请求，并使用变量 res 接收服务器返回的响应内容；第 5 ~ 6 行代码打印了响应内容的状态码和编码方式；第 7 行将响应内容的编码方式更改为 "utf-8"；第 8 行代码打印了响应内容。

运行程序，程序的输出结果如下：

```
响应状态码：200
编码方式：ISO-8859-1
网页源代码：
<!DOCTYPE html>
<!--STATUS OK--><html> <head><meta http-equiv=content-type content=text/html;
charset=utf-8><meta http-equiv=X-UA-Compatible content=IE=Edge><meta content=
always name=referrer><link rel=stylesheet type=text/css href=http://s1.bdstatic.
com/r/www/cache/bdorz/baidu.min.css><title> 百度一下，你就知道 </title></head>
<body link=#0000cc> …省略 N 行… </body> </html>
```

值得一提的是，使用 requests 模块爬取网页时，可能会因为没有连接网络、服务器连接失败等原因导致产生各种异常，最常见的两个异常是 URLError 和 HTTPError，这些网络异常可以使用 try…except 语句捕获与处理。

10.4　解析网页数据

10.4.1　网页数据结构分析

通过 requests 模块抓取的是整个 HTML 网页的数据，如果希望对网页的数据进行过滤筛选，需要先了解 HTML 网页内容。

HTML 是用来描述网页的一种语言，它包含了文字、按钮、图片、视频等各种复杂的元素，不同类型的元素通过不同类型的标签表示。例如，图片使用 img 表示，段落使用 p 标签表示，布局通过 div 标签排列嵌套形成。接下来我们在 Google Chrome 浏览器中打开百度首页，右击选择【检查】，这时在 "Elements" 选项卡中可以看到百度首页的源代码，具体如图 10-3 所示。

从图 10-3 中可以看出，整个网页由各种标签嵌套组合而成，这些标签定义的节点元素互相嵌套和组合形成了复杂的层次关系，就形成了网页的架构。关于 HTML 的更多内容，大家可以在 W3Cschool 官网自行学习了解。

```
                                                                   $0
      Elements   Console   Sources   Network   Performance   Memory
   ◄──STATUS OK──
   <html>
   ▶ <head>…</head>
   ▼ <body link="#0000cc" style>
     ▶ <script>…</script>
     ▼ <div id="wrapper" style="display: block;">
       ▶ <script>…</script>
       ▼ <div id="head">
         ▼ <div class="head_wrapper">
…          ▶ <div class="s_form">…</div> == $0
           ▶ <div id="u">…</div>
           ▶ <div id="u1">…</div>
           ▶ <div class="bdbri bdbriimg" style="opacity: 1; min-height:
           600px; display: none;">…</div>
           </div>
         </div>
     ▶ <div class="s_tab" id="s_tab">…</div>
     ▶ <div class="qrcodeCon">…</div>
     ▶ <div id="ftCon">…</div>
       <div id="wrapper_wrapper">
```

图 10-3
百度首页源代码（部分）

10.4.2　解析网页的过程和技术

了解了网页结构以后，我们可以借助网页解析器（用于解析网页的工具）从网页中解析提取出有价值的数据，或者是新的 URL 链接，过程如图 10-4 所示。

解析网页过程和技术

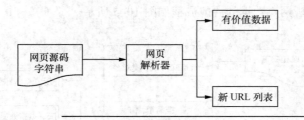

图 10-4
解析网页的示意图

Python 支持一些解析网页的技术，分别为正则表达式、XPath、Beautiful Soup 和 JSONPath。

（1）正则表达式基于文本的特征来匹配或查找指定的数据，它可以处理任何格式的字符串文档，类似于模糊匹配的效果。

（2）XPath 和 Beautiful Soup 基于 HTML/XML 文档的层次结构来确定到达指定节点的路径，所以它们更适合处理层级比较明显的数据。

（3）JSONPath 专门用于 JSON 文档的数据解析。

针对不同的网页解析技术，Python 分别提供支持不同技术的模块。其中，re 模块支持正则表达式语法的使用，lxml 模块支持 XPath 语法的使用，json 模块支持 JSONPath 语法的使用。此外，Beautiful Soup 本身就是一个 Python 模块，官方推荐使用 Beautiful Soup 4 进行开发。接下来通过一张表来比较一下 re、lxml 和 Beautiful Soup 4 的性能，如表 10-3 所示。

表 10–3　解析工具的性能比较

抓 取 工 具	速　度	使 用 难 度	安 装 难 度
re	最快	困难	无（内置）
lxml	快	简单	一般
Beautiful Soup 4	慢	最简单	简单

10.4.3　使用 Beautiful Soup 4 解析网页数据

使用 BeautifulSoup4
解析网页数据

Beautiful Soup 4（简称 bs4）是一个 HTML/XML 的解析器，主要的功能是解析和提取 HTML/XML 数据，它不仅支持 CSS 选择器，而且支持 Python 标准库中的 HTML 解析器，以及 lxml 的 XML 解析器。使用这些转化器，可以实现惯用的文档导航和查找方式，从而可节省大量的工作时间，提高开发项目的效率。

bs4 模块会将复杂的 HTML 文档换成树结构（HTML DOM），这个结构中的每个节点都是一个 Python 对象，这些对象可以归纳为如下 4 种。

（1）bs4.element.Tag 类：表示 HTML 中的标签，最基本的信息组织单元。它有两个非常重要的属性，分别为表示标签名字的 name 属性，表示标签属性的 attrs 属性。

（2）bs4.element.NavigableString 类：表示 HTML 中标签的文本（非属性字符串）。

（3）bs4.BeautifulSoup 类：表示 HTML DOM 中的全部内容。

（4）bs4.element.Comment 类：表示标签内字符串的注释部分，是一种特殊的 NavigableString 对象。

使用 bs4 解析网页数据的一般流程如图 10–5 所示。

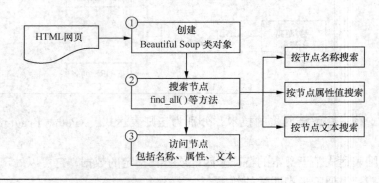

图 10–5
bs4 模块的使用流程

接下来通过解析 10.3.2 小节中爬取的百度网页源码的案例来演示如何使用 bs4 解析网页数据，具体代码如下：

```
# 02_bs4_ Analytic.py
import requests
from bs4 import BeautifulSoup
base_url = 'http://www.baidu.com'
res = requests.get(base_url)   # 发送 GET 请求
res.encoding = 'utf-8'
```

```
# 创建 BeautifulSoup 类对象
soup = BeautifulSoup(res.text, 'lxml')
# 查找所有 <a> 标签
a_all = soup.find_all('a')
print(' 查找所有 <a> 标签 : \n{}'.format(a_all))
# 查找 href="http://v.baidu.com" 的 <a> 标签
a_attrs = soup.find_all('a', attrs={'href':'http://v.baidu.com'})
print(' 查找指定属性的 <a> 标签 : \n{}'.format(a_attrs))
# 查找文本为地图的 <a> 标签
a_string = soup.find_all('a', string=' 地图 ')
print(' 查找指定文本的 <a> 标签 : \n{}'.format(a_string))
```

以上代码首先使用 requests 模块爬取到百度首页的源代码，然后根据源代码创建一个 BeautifulSoup 类对象 soup，最后调用 find_all( ) 方法分别按照节点的名称、节点的属性、节点文本这三种方式来搜索标签 <a>。

执行程序，程序输出的结果如下 :

（1）查找所有 <a> 标签

```
[<a class="mnav" href="http://news.baidu.com" name="tj_trnews">新闻 </a>,
<a class="mnav" href="http://www.hao123.com"
name="tj_trhao123">hao123</a>,
<a class="mnav" href="http://map.baidu.com" name="tj_trmap">地图 </a>,
<a class="mnav" href="http://v.baidu.com" name="tj_trvideo">视频 </a>,
<a class="mnav" href="http://tieba.baidu.com" name="tj_trtieba">贴吧 </a>,
<a class="lb"
href="http://www.baidu.com/bdorz/login.gif?login&amp;tpl=mn&amp;u=http%3
A%2F%2Fwww.baidu.com%2f%3fbdorz_come%3d1" name="tj_login">登录 </a>,
<a class="bri" href="//www.baidu.com/more/" name="tj_briicon"
style="display: block;">更多产品 </a>,
<a href="http://home.baidu.com">关于百度 </a>,
<a href="http://ir.baidu.com">About Baidu</a>,
<a href="http://www.baidu.com/duty/"> 使用百度前必读 </a>,
<a class="cp-feedback" href="http://jianyi.baidu.com/">意见反馈 </a>]
```

（2）查找指定属性的 <a> 标签

```
[<a class="mnav" href="http://v.baidu.com" name="tj_trvideo">视频 </a>]
```

（3）查找指定文本的 <a> 标签

```
[<a class="mnav" href="http://map.baidu.com" name="tj_trmap">地图 </a>]
```

多学一招：多线程流程分析

网络环境通常是不太稳定的。爬虫程序在爬取网页数据时，它会从待抓取的网址列表中逐个取出每个网址，向服务器请求网页数据，若发送的过程中遇到某个网页的响应速度慢或网页无响应，则爬虫程序需要暂停等待。显而易见，这种等待是无效率的。因此，我们可以通过多线程爬虫技术开启多个线程爬取网页数据，实现并发下载网页的效果。

　　多线程爬虫将多线程技术运用在采集网页信息和解析网页内容上，其流程如图 10-6 所示。

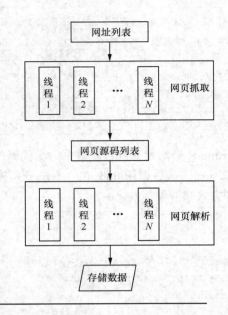

图 10-6
多线程爬虫流程

　　图 10-6 中展示的多线程爬虫的整个过程如下。

　　（1）准备一个存放待抓取网页的网址列表。与单线程爬虫不同，多线程爬虫可以同时抓取多个网页，因此需要准备一个待抓取网址列表。

　　（2）同时启动多个线程抓取网页内容。一般启动固定数量的线程抓取网页内容，一个线程抓取完一个网页之后继续抓取下一个网页。线程的数量不宜过多，否则爬虫程序会因线程的调度时间太长导致执行效率降低；线程的数量也不宜过少，否则将无法最大限度地提高抓取速度。

　　（3）将抓取到的网页源码存储到一个列表中。

　　（4）同时启动多个线程解析上一步骤创建的列表中存储的网页源码。

　　（5）将解析后的数据保存到本地。

10.5　实例 12：龙港房地产爬虫

实例 12：龙港
房地产爬虫

　　在中国，衣食住行是老百姓的生存根本，是关乎社会民生的大计。其中，住房问题是人们面临的重要问题，因为受到传统观念"成家立业"的影响，购房成家是很多年轻人的首选。为了方便人们了解房地产信息，互联网上出现了很多能够实时给用户提供准确楼盘信息的平台。本实例将以龙湾房产网为例进行教学。

　　龙港房产网致力打造权威的苍南县房地产信息平台，集海量龙港房产、龙港租房、苍南房产、苍南租房、房产中介、新楼盘等信息，该网站首页如图 10-7 所示。

　　请利用网络爬虫技术抓取龙港房地产网站首页的楼房信息，提取出页面中的部分数据，包括详细地址、详情链接、房型、户型、面积、出售价格、登记时间，并以 Excel 表格的形式存放到本地。

　　按照前面给出的目标，构建龙港房地产爬虫项目需要以下 3 个步骤。

（1）从网站上加载网页源代码。

（2）分析网页结构，并提取数据到合适的数据结构中。

详细地址	区域	房型	户型	面积(㎡)	出售价格(元)	登记时间
龙金首府生活区性价比高	龙港	别墅	四室三厅三卫三阳台	300㎡	13000万元	[03-30]
海港路交通便利拎包入住	龙港	套房	三室一厅一卫一阳台	138㎡	78万元	[03-30]
龙金首府生活区性价比高	龙港	别墅	四室三厅三卫三阳台	300㎡	13000万元	[03-30]
龙金首府生活区性价比高	龙港	别墅	四室三厅三卫三阳台	300㎡	13000万元	[03-30]
锦港嘉园大面积出售 国有出让 跃	龙港	套房	二室二厅二卫一阳台	40㎡	88万元	[03-30]
锦港嘉园大面积出售 国有出让	龙港	套房	三室一厅二卫一阳台	152㎡	170万元	[03-30]
刘南一街有房产证和土地证,没贷	龙港	套房	一室一卫一阳台	50㎡	65万元	[03-30]
外滩嘉园-三证齐全-新建小区-环境	龙港	套房	三室一厅二卫一阳台	144㎡	150万元	[03-30]
锦绣名苑 小高楼 5楼 欢迎来电咨	龙港	套房	三室二厅二卫一阳台	165㎡	215万元	[03-30]
银城花园 中等装修 诚心出售 心动	龙港	套房	三室二厅二卫一阳台	120㎡	75万元	[03-30]
国发花园顶越 价格先登160万,有	龙港	套房	三室二厅二卫一阳台	200㎡	160万元	[03-30]
新渡街3楼,靠近西一街,精装修,	龙港	套房	三室二厅二卫一阳台	125㎡	65万元	[03-30]
中环大厦中心地带五小学区毛坯	龙港	套房	三室二厅二卫一阳台	141㎡	256万元	[03-30]
龙港大厦 国有出让 办公装修 诚	龙港	套房	四室一厅二卫二阳台	141㎡	135万元	[03-30]

图 10-7
龙港房地产网站首页
（部分）

（3）进一步处理数据，将其以 Excel 文件的形式存储到本地。

　　第 1 步描述的加载任务交给 requests 模块完成，第 2 步描述的解析任务交给 bs4 模块完成，最后一步的保存任务交给 pandas 模块完成。下面将分步骤演示如何开发爬虫项目。

1. 从网站上加载网页源代码

　　开发爬虫项目的第一步是利用 requests 模块抓取整个网页的源代码，此操作只需要向目标网站发送最基本的 GET 请求即可。因为网站中采用的编码方式为 GB 2312，所以这里需要将响应内容的编码方式修改为"gb2312"。抓取网页数据的代码封装到 get_html( ) 函数中，该函数的定义如下所示：

```
# 获取网页源码
def get_html(url):
    try:
        res = requests.get(url, timeout=30)
        res.encoding = 'gb2312'    # 统一改成 GB 2312 编码
        return res.text
    except:
        return ''
```

2. 分析网页结构，并提取数据到合适的数据结构中

　　接下来使用 bs4 模块解析网页源码。为了能够正确地解析页面中的信息，需要程序开发者先观察整个页面的结构，以便能精准地搜索到要解析的数据。打开龙港房地产网站的首页，在浏览器中右击选择【查看网页源代码】，即可在浏览器另一个窗口中打开 HTML 源代码，也可以在图 10-7 的网页中某位置处（比如表格中详细地址列的第一行）右击选择【检查】，浏览器底部弹出开发者窗口，并

笔 记

定位到 HTML 源码中对应"龙金首府生活区性价比高"的标签位置，如图 10-8 所示。

观察图 10-8 可知，网页中"龙金首府生活区性价比高"对应着标签 <strong>，该标签嵌套在标签 <a> 中，顺着标签结构往上一级是标签 <td>，与之处在同一级别中还有其他若干个标签 <td>，依次打开这些 <td> 标签，可以看到每个标签中的文本都对应着图 10-7 中的表格第一行。

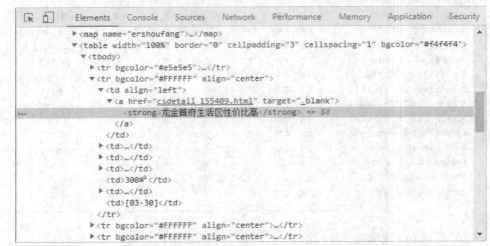

图 10-8
龙港房地产网站首
页源代码（部分）

标签 <td> 的上一级是 <tr> 标签，与之处于同一级别中还有多个 <tr> 标签。同样点击右三角查看其他 <tr> 标签中的内容，发现这些 <tr> 标签的结构与刚刚查看的第一个 <tr> 标签结构相似，且标签中的文本对应的是图 10-7 表格中其他行的数据。因此，我们可以断定所有的标签 <tr> 中的文本是后续要解析的数据。

在解析网页数据之前，需要了解一下标签 <tr> 的结构。下面以图 10-7 表格中的第一行数据为例，它对应的源代码如下：

```
<tr bgcolor="#FFFFFF" align="center">
  <td align="left">
    <a href="csdetail_153950.html" target="_blank">
      <strong>龙金首府生活区性 价比高</strong></a>
  </td>
  <td><a href="?dq=0">龙港</a></td>
  <td><a href="?fwtype=1">别墅</a></td>
  <td><a href="?hx=四室三厅">四室三厅三卫三阳台</a></td>
  <td>300 ㎡</td>
  <td><font color="#FF0000">13000 万元</font></td>
  <td>[03-30]</td>
</tr>
```

以上代码的每个 <td> 标签的文本对应着图 10-7 中表格第一行的每列数据。

除此之外，图 10-7 的表格中没有"详情链接"这一列，这时需要查看 HTML 源代码中的"详细地址"一列数据对应的 <a> 标签，该标签中的 href 属性对应的是一个链接，单击打开后对应的是详情页。通过比较详情页的链接和 href 的属性值可以发现，href 对应的链接是不完整的，需要在其前面加上 http://www.lgfdcw.com/cs/，如图 10-9 所示。

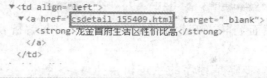

图 10-9
href 完整链接

笔 记

解析网页数据的代码封装到 parse_html( ) 函数中，该函数的定义如下所示：

```python
def parse_html(html):
    soup = BeautifulSoup(html, 'lxml')
    tr_list = soup.find_all('tr', attrs={"bgcolor": "#FFFFFF"})
    # 保存所有房屋信息
    houses = []
    for tr in tr_list:
        house = {}
        # 详细地址
        house["详细地址"] = tr.find_all('a',
            attrs={"target": "_blank"})[0].string
        # 详情链接
        house["详情链接"] = "http://www.lgfdcw.com/cs/" +
            tr.find_all('a', attrs={"target": "_blank"})[0].attrs["href"]
        # 房型
        house["房型"] = tr.find_all("td")[2].string
        # 户型
        house["户型"] = tr.find_all("td")[3].string
        # 面积
        house["面积"] = tr.find_all("td")[4].string[:-2] + "平方米"
        # 出售价格
        house["出售价格"] = tr.find_all("td")[5].string.strip()
            if tr.find_all("td")[5].string != None else '面议'
        # 登记时间
        house["登记时间"] = tr.find_all("td")[6].string
        houses.append(house)
    return houses
```

以上代码将解析后的数据保存到列表 houses 中，其中，获取到的房屋面积数据中有无法识别的字符（m²），因此这里使用切片 [:-2] 舍弃这些不能显示的字符，并将这些字符替换为"平方米"；获取的房屋价格数据中包含多个空格，这些空格对于数据来说是没有意义的，因此这里使用 strip() 方法进行删除处理。

3. 使用 Excel 文件保存数据

为了方便用户查看解析后的数据，这里使用 pandas 模块将这些数据写入到 Excel 文件。保存解析数据的代码封装到 save_file() 函数中，该函数的定义如下所示：

```
def save_file(dic):
    df = pd.DataFrame(dic, columns=["详细地址", "详情链接", "房型",
                      "户型", "面积", "出售价格", "登记时间"])
    df.to_excel(r'C:\Users\admin\Desktop\houses.xlsx')
```

上述操作会在桌面上自动新建 houses.xlsx 文件，并将解析后的数据保存到该文件中。

如前所述的 3 个步骤是程序的主逻辑：抓取 –> 解析 –> 保存，此逻辑交由 main( ) 函数处理，该函数中会依次调用前面定义的每个函数。main( ) 函数的实现代码如下：

```
def main():
    # 抓取网页数据
    html = get_html('http://www.lgfdcw.com/cs/index.php?PageNo=1')
    # 解析网页数据
    res = parse_html(html)
    # 保存到本地
    save_file(res)
```

调用 main( ) 函数执行程序：

```
main()
```

此时在桌面上可以看到生成的 houses.xlsx 文件，打开该文件，文件内容如图 10-10 所示。

	B	C	D	E	F	G	H
	详细地址	详情链接	房型	户型	面积	出售价格	登记时间
0	海港路 中装修 有土地证 四楼	http://www.lgfdcw.com/cs/csdetail_156327.html	套房	三室二厅一卫一阳台	120平方米	65万元	[02-28]
1	西一街 中装修 电梯房 地段好	http://www.lgfdcw.com/cs/csdetail_155036.html	套房	三室二厅一卫一阳台	120平方米	98万元/套	[02-28]
2	中间套 毛坯 六楼 价格便宜	http://www.lgfdcw.com/cs/csdetail_156309.html	套房	三室二厅一卫一阳台	130平方米	20.8万元	[02-28]
3	西二街 家具市场对面 新装修 电梯	http://www.lgfdcw.com/cs/csdetail_156287.html	套房	三室二厅一卫一阳台	120平方米	90.8万元	[02-28]
4	龙金首府 毛坯房 楼层好 花园小	http://www.lgfdcw.com/cs/csdetail_156270.html	套房	三室二厅一卫二阳台	129平方米	225万元	[02-28]
5	镇安路 豪华装修 电梯房 西边间套	http://www.lgfdcw.com/cs/csdetail_156264.html	套房	三室二厅一卫一阳台	140平方米	85.8万元	[02-28]
6	人民路 铂金公寓 中装修 楼层好	http://www.lgfdcw.com/cs/csdetail_156953.html	套房	三室二厅一卫一阳台	120平方米	66万元	[02-28]
7	金钗街 金河新村 简装修 地段好	http://www.lgfdcw.com/cs/csdetail_155035.html	套房	三室一厅二卫一阳台	90平方米	55万元	[02-28]
8	彩虹智慧园 大面积 毛坯 价格实惠	http://www.lgfdcw.com/cs/csdetail_155033.html	套房	五室二厅二卫二阳台	575平方米	270万元	[02-28]
9	仪邦公馆 中装修 三证满五 楼层高	http://www.lgfdcw.com/cs/csdetail_156807.html	套房	三室二厅一卫一阳台	78平方米	80万元	[02-28]
10	宣后路 新装修 地段繁华 生活便利	http://www.lgfdcw.com/cs/csdetail_156805.html	套房	三室二厅一卫一阳台	132.8平方米	88.8万元	[02-28]
11	海港路 毛坯 三证齐全 地段好 二	http://www.lgfdcw.com/cs/csdetail_156804.html	套房	三室二厅一卫一阳台	96平方米	55万元	[02-28]
12	海港路 毛坯 三证齐全 地段好 楼	http://www.lgfdcw.com/cs/csdetail_156803.html	套房	三室二厅一卫一阳台	96平方米	60万元	[02-28]
13	阳光小区 简装修 一楼已隔两层 两	http://www.lgfdcw.com/cs/csdetail_156801.html	店面	一室一厅一卫一阳台	100平方米	90万元	[02-28]
14	西联小区 毛坯房 有证 六楼 欢迎	http://www.lgfdcw.com/cs/csdetail_156800.html	套房	三室二厅一卫一阳台	110平方米	76.8万元	[02-28]
15	东新街 中装修 面积大 九中旁边	http://www.lgfdcw.com/cs/csdetail_156770.html	套房	三室二厅二卫一阳台	140平方米	53万元	[02-28]
16	站前路 地段繁华 落地房 简装修	http://www.lgfdcw.com/cs/csdetail_156769.html	民房	民房	350平方米	300万元	[02-28]

图 10-10
houses.xlsx 文件

至此就完成了龙港房地产的爬虫项目。

10.6　本章小结

本章首先介绍了网络爬虫的基础知识，包括网络爬虫的概述和爬取网页的流程，其次介绍了如何使用 requests 抓取网页数据，最后介绍了使用 Beautiful Soup 4 解析网页数据的流程。通过对本章的学习，读者应能够了解爬虫的基本流程，具备开发简单爬虫项目的能力。

10.7　习题

1. 请说明网络爬虫的分类及其区别。

2. 请简述网络爬虫爬取网页的流程。

3. 练习使用浏览器的开发窗口查看网站的请求信息和响应信息。

4. 请举出一些解析网页数据的技术。

5. 使用 requests 和 bs4 模块爬取豆瓣电影排行榜的电影名称和评分信息。

6. 使用 requests 模块抓取诗词名句网的网页源代码，并使用 bs4 模块解析出《三国演义》书籍的文本数据，并将解析的数据存储到本地文件中。